# 全栈开发 高阶编程

夏正东 ◎ 编著

清华大学出版社
北京

## 内 容 简 介

Python 全栈系列包括 4 册书籍，分别为《Python 全栈开发——基础入门》《Python 全栈开发——高阶编程》《Python 全栈开发——数据分析》《Python 全栈开发——Web 编程》。

本书是 Python 全栈开发系列的第 2 册，重点讲解 GUI 编程和游戏编程的相关知识，并搭配 200 多个示例代码和 4 个综合项目，可以帮助读者快速、深入地理解和应用相关技术。

本书共分为 6 章。第 1 章 GUI 编程，主要包括 GUI 简介和 GUI 的开发工具包等知识点；第 2 章 Tkinter，主要包括 Tkinter 的安装、Misc 类、Wm 类、主窗口、控件、布局管理器、事件处理、对话框和 ttk 模块等知识点；第 3 章 wxPython，主要包括 wxPython 的安装、wxPython 的基本要素、应用程序、窗口、控件、布局管理器、事件处理、消息对话框、网格和滚动面板等知识点；第 4 章游戏编程，主要包括游戏编程简介和游戏的开发工具包等知识点；第 5 章 PyGame，主要包括 PyGame 的安装、PyGame 的基础知识、Surface 对象、Rect 对象、窗口图层、图片加载、图片变形、图片蒙版、图形绘制、文本显示、时间控制、事件处理、精灵、精灵组、碰撞检测、音效和音乐等知识点；第 6 章 Cocos2d，主要包括 Cocos2d 的安装、Cocos2d 的基础知识、导演、节点、事件、粒子系统、动作、音效和音乐等知识点。

本书可以作为广大计算机软件技术人员的参考用书，也可以作为高等院校计算机科学与技术、自动化、软件工程、网络工程、人工智能和信息管理与信息系统等专业的教学参考用书。

本书封面贴有清华大学出版社防伪标签，无标签者不得销售。
版权所有，侵权必究。举报：010-62782989，beiqinquan@tup.tsinghua.edu.cn。

图书在版编目(CIP)数据

Python 全栈开发：高阶编程/夏正东编著．—北京：清华大学出版社，2022.8
（清华开发者书库·Python）
ISBN 978-7-302-60894-3

Ⅰ．①P… Ⅱ．①夏… Ⅲ．①软件工具－程序设计 Ⅳ．①TP311.561

中国版本图书馆 CIP 数据核字(2022)第 083233 号

责任编辑：赵佳霓
封面设计：刘　键
责任校对：焦丽丽
责任印制：朱雨萌

出版发行：清华大学出版社
　　　　网　　址：http://www.tup.com.cn，http://www.wqbook.com
　　　　地　　址：北京清华大学学研大厦 A 座　　邮　编：100084
　　　　社 总 机：010-83470000　　邮　购：010-62786544
　　　　投稿与读者服务：010-62776969，c-service@tup.tsinghua.edu.cn
　　　　质量反馈：010-62772015，zhiliang@tup.tsinghua.edu.cn
　　　　课件下载：http://www.tup.com.cn，010-83470236
印 装 者：三河市君旺印务有限公司
经　　销：全国新华书店
开　　本：185mm×260mm　　印　张：24　　字　数：583 千字
版　　次：2022 年 8 月第 1 版　　印　次：2022 年 8 月第 1 次印刷
印　　数：1～2000
定　　价：89.00 元

产品编号：093017-01

# 序
## FOREWORD

Python 的产生已有 30 多年的历史,近几年更成为流行的编程语言。在多数知名技术交流网站的排名中,能稳定地排前三名,说明了 Python 的巨大市场需求和良好的发展前景,也使更多人希望学习和掌握 Python 编程技术,以便提升自身的竞争力,乃至获得更好的求职机会。

Python 语言的流行得益于自身的特点和能力。首先,作为一种通用语言,Python 具有简单、易学、免费、开源、可移植、可扩展、可嵌入和面向对象等诸多优点,能帮编程人员轻松完成编程工作;其次,Python 被广泛应用于 GUI 设计、游戏编程、Web 开发、运维自动化、科学计算、数据可视化、数据挖掘及人工智能等多行业和领域。有专业调查显示,Python 正在成为越来越多开发者的语言选择。目前,国内外很多大企业在应用 Python 完成各种各样的任务。

时至今日,Python 几乎可以应用于任何领域和场合。

从近几年的相关领域招聘岗位的需求来看,Python 工程师的岗位需求量巨大,并且这种需求量还在呈现不断上升的趋势。截至目前,根据知名招聘网站的数据显示,全国 Python 岗位的需求量接近 10 万个,平均薪资水平约在 13000 元。可见,用"炙手可热"来描述 Python 工程师并不为过。

本书是市面上难得一见的同时汇集 GUI 编程和游戏编程中四大主流模块的 Python 高阶书籍。除了涵盖知识点广泛的特点之外,其内容编排也非常新颖,各章节之间既有独立性,又能递进支撑,可以有效缩短学习的时间。此外,本书搭配了多个示例代码和综合项目,使原本就比较难以理解和学习的 GUI 编程和游戏编程变得更容易接受,极大地提升了读者的学习乐趣和信心。

本书的另一个值得推荐的理由来自作者的工程素养。与一般的高阶技术书籍不同,本书在讲述语法和编程知识的同时,更认真、细致地介绍了与工程相关的规范,并且这种规范贯穿了示例代码的始终。对于实际的软件开发工作来讲,它们既是必须掌握的知识,又是在实际编程实践中应具备的良好素养。

衷心希望本书能够为想提升 Python 编程能力的广大读者提供帮助,并快速掌握 GUI 编程和游戏编程的相关技术,体会到运用 Python 解决工作中的实际问题所带来的乐趣和成就感。同时,也希望作者能够再接再厉,为广大读者奉献更多的优质书籍。

牛连强
2022 年 2 月于沈阳工业大学

# 前 言
## PREFACE

随着互联网的快速崛起,众多编程语言进入了大众的视野。尤其是目前的大数据、人工智能等技术领域更是火遍大江南北,几乎每天都可以从各种新闻报道中看到它们的身影,相关工作岗位所需要的技术人才更是一度出现供不应求的现象,而 Python 正是实现上述技术的最佳编程语言。

Python 横跨多个互联网核心技术领域,并且以其简单高效的特点,被广泛应用于各种应用场景,包括 GUI 开发、游戏开发、Web 开发、运维自动化、科学计算、数据可视化、数据挖掘及人工智能等。

此外,随着国家对未来的人工智能等技术领域的重视和布局,更凸显出 Python 的重要地位。从 2018 年起,浙江省信息技术教材启用 Python,放弃 VB,这一改动也意味着 Python 将成为浙江省高考内容之一。更有前瞻性的是,山东省最新出版的小学信息技术教材,在六年级课本中也加入了 Python 的相关内容——终于,小学生也开始学习 Python 了!

本书正是在这样的背景之下应运而生。本书是 Python 全栈开发系列的第 2 册,全书共分为 6 章,重点讲解 GUI 编程和游戏编程的四大主流模块,即 Tkinter、wxPython、PyGame 和 Cocos2d,并搭配 200 多个示例代码和 4 个综合项目,理论知识与实战开发并重,可以帮助读者快速、深入地理解和应用 GUI 编程和游戏编程的相关技术。

著名的华人经济学家张五常曾经说过,"即使世界上 99% 的经济学论文没有发表,世界依然会发展成现在的样子",而互联网时代的发展同样具有其必然性,所以要想成功,我们就必须顺势而为,真正地站稳在时代的风口之上。

**勘误**

在本书的编写过程中,笔者始终本着科学、严谨的态度,力求精益求精,但书中难免存在疏漏之处,恳请广大读者批评指正。

**致谢**

首先,感谢每位读者,感谢你在茫茫书海中选择了这本书,笔者衷心地祝愿各位读者能够借助本书学有所成,并最终顺利地完成自己的学习目标、学业考试和职业选择。

其次,感谢笔者的导师、同事、学生和朋友,感谢他们不断地鼓励和帮助笔者,非常荣幸能够和这些聪明、勤奋、努力、踏实的人一起学习、工作和交流。

最后,感谢笔者的父母,是他们给予了我所需要的一切,没有他们无私的爱,就没有笔者今天的事业,更不能达成我的人生目标!

此外,本书在编写和出版过程中得到了来自沈阳工业大学的牛连强教授、大连东软信息学院的张明宝副教授、大连华天软件有限公司的陈秋男先生、51CTO 学堂的曹亚莉女士、印孚瑟斯技术(中国)有限公司的崔巍先生和清华大学出版社的赵佳霓编辑的大力支持和帮助,在此表示衷心的感谢。

夏正东

2022 年 2 月 22 日

于辽宁省大连市

本书源代码

# 目 录
## CONTENTS

第 1 章　GUI 编程 ································································· 1

 1.1　GUI 简介 ······························································· 1
  1.1.1　GUI 的特点 ···················································· 1
  1.1.2　GUI 的设计原则 ············································· 2
 1.2　GUI 的开发工具包 ················································ 3

第 2 章　Tkinter ································································· 6

 2.1　Tkinter 的安装 ······················································ 6
 2.2　Misc 类和 Wm 类 ················································· 6
 2.3　主窗口 ·································································· 7
 2.4　控件 ···································································· 10
  2.4.1　跟踪控件的值 ················································ 11
  2.4.2　标签(Label 类) ············································· 11
  2.4.3　按钮(Button 类) ············································ 14
  2.4.4　单选按钮(Radiobutton 类) ······························ 15
  2.4.5　多选按钮(Checkbutton 类) ······························ 17
  2.4.6　文本输入框(Entry 类) ··································· 18
  2.4.7　下拉菜单(OptionMenu 类) ······························ 19
  2.4.8　列表框(Listbox 类) ······································· 20
  2.4.9　静态框(LabelFrame 类) ································· 21
  2.4.10　微调节器(Spinbox 类) ································· 22
  2.4.11　滑块(Scale 类) ··········································· 24
  2.4.12　消息(Message 类) ········································ 25
  2.4.13　文本(Text 类) ············································· 26
  2.4.14　滚动条(Scrollbar 类) ··································· 29
  2.4.15　框架(Frame 类) ·········································· 31
  2.4.16　顶级窗口(Toplevel 类) ································· 32
  2.4.17　菜单栏(Menu 类) ········································ 33
 2.5　布局管理器 ·························································· 36
  2.5.1　pack 布局管理器 ··········································· 36

  2.5.2 grid 布局管理器 ·············· 38

  2.5.3 place 布局管理器 ············· 38

2.6 事件处理 ······························ 40

  2.6.1 事件处理的 4 要素 ············· 40

  2.6.2 事件序列 ······················ 40

  2.6.3 事件绑定 ······················ 41

  2.6.4 事件 ··························· 46

  2.6.5 系统级事件 ···················· 50

2.7 对话框 ································· 52

  2.7.1 消息对话框 ···················· 52

  2.7.2 文件对话框 ···················· 58

  2.7.3 颜色选择对话框 ··············· 63

2.8 ttk 模块 ······························· 63

  2.8.1 主题和样式 ···················· 64

  2.8.2 控件 ··························· 66

2.9 项目实战：文本编辑器 ············· 73

  2.9.1 程序概述 ······················ 73

  2.9.2 程序编写 ······················ 75

## 第 3 章 wxPython ···························· 84

3.1 wxPython 的安装 ···················· 84

3.2 wxPython 的基本要素 ·············· 84

3.3 应用程序 ······························ 84

3.4 窗口 ··································· 85

  3.4.1 框架（Frame 类） ············· 85

  3.4.2 内容面板（Panel 类） ········· 90

  3.4.3 菜单栏（MenuBar 类） ········ 91

  3.4.4 分隔窗口（SplitterWindow 类） ··· 96

3.5 控件 ··································· 97

  3.5.1 静态文本（StaticText 类） ···· 98

  3.5.2 文本输入框（TextCtrl 类） ··· 101

  3.5.3 普通按钮（Button 类） ······· 103

  3.5.4 位图按钮（BitmapButton 类） ··· 104

  3.5.5 开关按钮（ToggleButton 类） ··· 105

  3.5.6 单选按钮（RadioButton 类） ··· 106

  3.5.7 单选框（RadioBox 类） ······ 107

  3.5.8 复选框（CheckBox 类） ······ 108

  3.5.9 可编辑下拉菜单（ComboBox 类） ··· 110

  3.5.10 不可编辑下拉菜单（Choice 类） ··· 111

3.5.11　列表框(ListBox 类) ······················································· 113
　　3.5.12　静态框(StaticBox 类) ····················································· 114
　　3.5.13　静态图像(StaticBitmap 类) ············································· 116
　　3.5.14　静态直线(StaticLine 类) ················································· 116
　　3.5.15　微调节器(SpinCtrl 类) ···················································· 118
　　3.5.16　滑块(Slider 类) ······························································ 119
　　3.5.17　树(TreeCtrl 类) ······························································ 120
　　3.5.18　工具栏(ToolBar 类) ························································ 124
　　3.5.19　状态栏(StatusBar 类) ······················································ 125
3.6　布局管理器 ··················································································· 127
　　3.6.1　BoxSizer 布局管理器 ························································· 129
　　3.6.2　StaticBoxSizer 布局管理器 ················································· 131
　　3.6.3　GridSizer 布局管理器 ························································ 132
　　3.6.4　FlexGridSizer 布局管理器 ·················································· 134
3.7　事件处理 ······················································································ 136
　　3.7.1　事件处理的 4 要素 ····························································· 136
　　3.7.2　事件 ················································································ 137
3.8　消息对话框 ··················································································· 158
3.9　网格 ···························································································· 160
3.10　滚动面板 ···················································································· 163
3.11　项目实战：QQ ············································································· 165
　　3.11.1　程序概述 ········································································· 165
　　3.11.2　创建数据库 ······································································ 166
　　3.11.3　程序目录结构 ··································································· 168
　　3.11.4　程序编写 ········································································· 168

# 第 4 章　游戏编程 ···················································································· 221

4.1　游戏编程简介 ················································································· 221
4.2　游戏的开发工具包 ·········································································· 221

# 第 5 章　PyGame ···················································································· 223

5.1　PyGame 的安装 ············································································· 223
5.2　PyGame 的基础知识 ······································································· 223
　　5.2.1　基本概念 ·········································································· 223
　　5.2.2　坐标系 ············································································· 223
　　5.2.3　基本开发流程 ···································································· 223
5.3　Surface 对象和 Rect 对象 ································································ 224
　　5.3.1　Surface 对象 ····································································· 224
　　5.3.2　Rect 对象 ········································································· 227

5.4 窗口图层 ………………………………………………………………… 231
5.5 图片加载 ………………………………………………………………… 232
5.6 图片变形 ………………………………………………………………… 233
5.7 图片蒙版 ………………………………………………………………… 235
5.8 图形绘制 ………………………………………………………………… 235
5.9 文本显示 ………………………………………………………………… 239
  5.9.1 pygame.font 模块 …………………………………………… 239
  5.9.2 pygame.freetype 模块 ……………………………………… 241
5.10 时间控制 ……………………………………………………………… 243
5.11 事件处理 ……………………………………………………………… 245
  5.11.1 事件和事件队列 ……………………………………………… 245
  5.11.2 窗口事件 ……………………………………………………… 246
  5.11.3 键盘事件 ……………………………………………………… 246
  5.11.4 鼠标事件 ……………………………………………………… 248
  5.11.5 自定义事件 …………………………………………………… 250
5.12 精灵、精灵组和碰撞检测 …………………………………………… 251
  5.12.1 精灵和精灵组 ………………………………………………… 251
  5.12.2 碰撞检测 ……………………………………………………… 254
5.13 音效和音乐 …………………………………………………………… 257
  5.13.1 音效 …………………………………………………………… 257
  5.13.2 音乐 …………………………………………………………… 258
5.14 项目实战：五子棋 …………………………………………………… 261
  5.14.1 程序概述 ……………………………………………………… 261
  5.14.2 程序编写 ……………………………………………………… 263

## 第 6 章 Cocos2d ……………………………………………………… 268

6.1 Cocos2d 的安装 ………………………………………………………… 268
6.2 Cocos2d 的基础知识 …………………………………………………… 268
  6.2.1 基本元素 ……………………………………………………… 268
  6.2.2 坐标系 ………………………………………………………… 268
  6.2.3 基本开发流程 ………………………………………………… 269
6.3 导演（Director 类）……………………………………………………… 270
6.4 节点（CocosNode 类）………………………………………………… 271
  6.4.1 场景（Scene 类）……………………………………………… 274
  6.4.2 图层（Layer 类）……………………………………………… 277
  6.4.3 精灵（Sprite 类）……………………………………………… 279
  6.4.4 菜单（Menu 类）……………………………………………… 281
6.5 事件 ……………………………………………………………………… 284
  6.5.1 键盘事件 ……………………………………………………… 284

6.5.2　鼠标事件 ………………………………………………………… 285
6.6　粒子系统 ……………………………………………………………………… 287
6.7　动作（Action 类） …………………………………………………………… 292
　　　6.7.1　瞬时动作 ………………………………………………………… 292
　　　6.7.2　间隔动作 ………………………………………………………… 294
6.8　音效和音乐 …………………………………………………………………… 298
　　　6.8.1　Pyglet ……………………………………………………………… 299
　　　6.8.2　Pygame/SDL ……………………………………………………… 302
6.9　项目实战：飞机大战 ………………………………………………………… 306
　　　6.9.1　程序概述 ………………………………………………………… 306
　　　6.9.2　程序目录结构 …………………………………………………… 308
　　　6.9.3　程序编写 ………………………………………………………… 308

# 第 1 章 GUI 编程

## 1.1 GUI 简介

在学习《Python 全栈开发——基础入门》一书中的相关示例代码时,其输入和输出都是在 Python 编辑器或 IDE 工具中实现的,但是在现实的项目中,程序却经常以 Web 系统(该内容将在《Python 全栈开发——Web 编程》一书中为读者做详细介绍)的形式,或 GUI 的形式展现在用户面前。

GUI(Graphical User Interface,图形用户界面,又称图形用户接口)是指采用图形方式显示的计算机操作用户界面。

图形用户界面与通过键盘输入文本或字符命令来完成例行任务的字符界面相比,有着不可比拟的优势。由于图形用户界面是一种人与计算机通信的界面显示格式,所以其允许用户使用鼠标、键盘等输入设备操纵屏幕上的图标或菜单选项,以执行选择命令、调用文件、启动程序或其他一些日常任务。

此外,图形用户界面由窗口、下拉菜单、对话框及其相应的控制机制构成,在各种新式应用程序中都是标准化的,即相同的操作总是以同样的方式来完成,并且在图形用户界面中,用户所看到的和所操作的都是图形对象,应用的是计算机图形学的技术。

### 1.1.1 GUI 的特点

#### 1. 人机交互性

图形用户界面的主要功能是实现人与计算机等电子设备的人机交互。它是用户与操作系统之间进行数据传递和互动操控的工具,用户可以通过一定的操作实现对电子设备的控制,同时电子设备将用户操作的结果通过屏幕进行反馈。作为使用电子信息产品的必备环节,图形用户界面实现了人与软件之间的信息交互。这种人机交互性使用户的操作更加便捷。

#### 2. 美观性

对于日新月异的电子产品来讲,图形用户界面发挥着越来越重要的作用。美观、友好的图形用户界面设计往往更能吸引用户,成为企业获得竞争优势的关键。图形用户界面综合了人机工程学、认知心理学、设计艺术学、语言学、社会学、传播学等众多学科领域的知识,现在已经发展成为一门独立的学科。在电子技术飞速发展的今天,电子产品的性能和功能的区别已经不是很大,致使开发者更加注重产品的美观性。图形用户界面是多种元素的组合,包含众多艺术性和美观性的设计元素,大气的外观、简约的设计风格、良好的视觉效果日益成为影响用户体验的关键因素,而正是这种美好的视觉感受促使用户购买相应的产品,进而可以提高企业的经济效益。

**3．实用性**

图形用户界面的目的是实现人机交互。开发人员研究并设计出具体的用户界面,将晦涩难懂的计算机语言包装成简单易懂的图形,用户通过对图形的识别,进而理解复杂的计算机语言其背后所表达的内容。图形化的操作方式具有很强的实用性,方便了用户的使用,提高了使用效率。这种创造性的转化使冷冰冰的电子产品变得更加亲切,进而从实验室走进千家万户的生活之中。现如今,开发人员通过对图形用户界面的进一步优化,使信息、数据的传输更高效,使运行与反馈结果更准确,这势必会带来更好的用户体验,极大地增加了图形用户界面的实用性。

**4．技术性**

早期电子产品的图形用户界面采用字符界面,需要操作人员具有较高的专业性,文字转换为图形后,相应的信息、数据也被转化为图形。用户操作、接收的信息都是图形对象,不再需要记忆大量的命令符号,并且无须具备专业知识和操作技能即可实现对电子产品的操作,但简化了的操作过程并不意味着图形用户界面不具有技术性,与之相反,其隐藏在图形对象背后的是更加专业的代码编写等相关技术性操作。技术人员通过编写和设计相关的代码,将字符界面转换为图形界面,以便用户可以利用图形界面实现他们想要操作的内容。这样的转换方式往往需要较高的技术性,所以图形用户界面只是将技术性命令符号隐藏起来,而并非是不具有技术性。

### 1.1.2　GUI 的设计原则

**1．风格的一致性原则**

图形用户界面的一致性主要是指呈现给用户的通用操作序列、术语和信息的措辞,以及界面元素的布局、颜色搭配方案和排版样式等都要保持一致。具有高度一致的图形用户界面可以让各部分的信息安排得井然有序,给用户以清晰感和整体感,有利于用户对图形用户界面运作建立起精确的心理模型,从而降低培训和支持成本。

除特殊情况外,图形用户界面的设计风格都应保持高度的一致性,一致性是界面设计是否成功的重要因素之一,而保证一致性的一个有效方法就是撰写正式的"设计风格标准"文件。这一文件规定在一个产品或系列产品的图形用户界面设计中都必须遵守的设计准则。"设计风格标准"文件规定的设计准则应当非常具体,包括所使用的图标、尺寸、字体等内容和格式的例子。该文件可以有效地用于图形用户界面的管理和调整,是设计大型、复杂图形用户界面或多人多部门共同协作的设计工作所必不可少的。

**2．布局的逻辑性原则**

图形用户界面布局的逻辑性一般情况包含以下几点：第一,图形用户界面的布局应当体现用户操作时的一般顺序和被使用到的频繁程度,例如应当符合人们通常阅读和填写纸质表单的顺序,即人们的阅读顺序是从左至右、由上而下；第二,用户经常使用的图形用户界面元素应当放在突出的位置,让用户可以轻松地注意到它们。相反,一些不常用的元素可以放在不显眼的位置,甚至允许用户可以将它们隐藏起来,以便扩大屏幕的可用区域；第三,对于那些需要具备一定条件才可以使用的元素,应当把它们显示成灰色状态,当具备了使用条件时才改变成正常状态;第四,特定的元素应放置在它所要控制数据的邻近位置,帮助用户确立元素和数据之间的关系。此外,影响整个对话框的元素应当与那些控制特定数据的元素区分开来,关系紧密的元素应有组织地放置在同一个区域。

### 3. 图形元素的启示性原则

启示性是唐纳德·诺曼在研究日常物品的设计时提出的术语,定义为事物被感觉到的特性和实际特性,主要确定事物可能的使用方式的基本特征,也就是说启示性指的是物品的某个属性,而这个属性可以让使用者知道如何使用这个物品。例如不同形状的门把手分别暗示着"推""拉"或"旋转"。图形用户界面中的图形元素(如按钮、图标、滚动条、窗口和链接等)同样可以暗示它们所代表的功能,或启发用户如何使用它们。

而在众多元素中,图标则是图形用户界面中最重要的元素之一,例如把窗口缩小成一个图标,可以用来表示暂时不需要执行的一个对话过程,用户可以随时单击它重新执行该对话;图标也可以用来表示用户可以访问的程序和功能,例如回收站、磁盘等图标;图标还可以用于数据存储形式和组织形式,例如各种类型的文件图标和文件夹图标。

此外,由于技术的限制,最初出现在图形用户界面中的图标,大多数是单色的几何型符号,并且尺寸都比较小,但随着显示器分辨率的增大,越来越多的图标采用写实的设计风格,不再局限于简单的几何型符号,而设计代表系统功能或对象操作方式的图标会给设计师带来一些有趣的挑战,其中最重要的一个挑战就是用图标的视觉语言代表抽象的概念,这就要求图标设计要保持统一的视觉风格,同时也要注意使每个图标具有鲜明的个性。

综上所述,图形元素不仅是让图形用户界面具有视觉艺术性,更重要的是图形元素要具有一定的启示性,以帮助用户理解界面。

### 4. 界面的习惯性用法原则

习惯性用法是基于用户学习和使用习惯的方式。遵循习惯性用法的界面应当不关注技术知识或人的直觉功能,也不会引发人的联想。图形用户界面容易使用的主要原因是限定了一系列用户和系统进行交互的词汇,即由指向、单击和拖动等不可分割的动作和反馈机制形成基本的使用词汇,再使用基本的使用词汇构成一系列的组合词汇,进而形成更为复杂的组合用法,例如双击、单击并拖动等操作方法,以及按钮、复选框等操作对象。

## 1.2 GUI 的开发工具包

Python 中有许多优秀的图形用户界面开发工具包,包括 PyQt、PyGTK、Kivy、Flexx、pyui4win、Tkinter 和 wxPython 等。

### 1. PyQt

PyQt 是 Qt 与 Python 的成功融合,或者也可以认为 PyQt 是 Qt 库的 Python 版本。PyQt 结合了二者的优点,可以用于快速地创建应用程序,并且 PyQt 还可以进行跨平台开发。PyQt 包括 PyQt 3、PyQt 4、PyQt 5 和 PyQt 6 等,PyQt 5 之前的版本均不再支持更新,所以对于新开发的应用程序,强烈推荐使用 PyQt 5 或 PyQt 6。

### 2. PyGTK

PyGTK 是使用 Python 封装的 GTK 图形库,通过 PyGTK 可以轻松创建具有图形用户界面的程序。PyGTK 真正具有跨平台性,它能不加任何修改,稳定地运行在各种操作系统之上,如 Linux、Windows 和 macOS 等。除了简单易用和快速的原型开发能力之外,PyGTK 还拥有一流的处理本地化语言的独特功能。

### 3. Kivy

Kivy 是一个开源工具包,能够让使用相同源代码创建的程序跨平台运行,如图 1-1 所示。Kivy 主要关注创新型的图形用户界面开发,例如多点触摸应用程序等。Kivy 还支持 GPU 加速,拥有 Flash 般的动画效果,开发者只需简单的几行代码便可以写出炫丽的界面。除此之外,Kivy 还具有良好的 API 文档,便于初学者快速入门学习。

图 1-1　Kivy

### 4. Flexx

Flexx 是一个纯 Python 工具包,用来创建图形化界面应用程序,其使用 Web 技术进行界面的渲染,并且由于 Flexx 是使用 Python 开发的,所以 Flexx 同样具有跨平台性。

### 5. pyui4win

pyui4win 是一个采用自绘技术的开源界面库,支持 C++ 和 Python。由于 pyui4win 拥有所见即所得的界面设计器,所以在 pyui4win 中,界面设计甚至可以完全交由美工人员去处理,而开发人员只需负责处理业务逻辑,彻底地将开发人员从繁杂的界面设计工作中解放出来。

### 6. Tkinter

Tkinter 是 Python 官方提供的图形用户界面开发工具包,基于 Tk GUI 工具包封装而来。Tkinter 是一个轻量级的跨平台图形用户界面开发工具包,可以在 UNIX、Linux、Windows 和 macOS 中运行,并且在 Tkinter 8.0 之后可以实现本地窗口风格。Tkinter 用起来非常简单,并且开发速度也较快,Python 自带的 IDLE 就是使用 Tkinter 编写的,但是 Tkinter 所包含的控件较少,在开发复杂的图形用户界面时,会显得力不从心。

### 7. wxPython

wxPython 是一款开源的 GUI 图形库,其基于 wxWidgets 工具包封装而来,允许 Python 程序员很方便地创建完整的、功能健全的 GUI 用户界面,并且 wxPython 同样具有非常优秀的跨平台能力,如图 1-2 所示。除此之外,wxPython 提供了丰富的控件,可以开发复杂的图形用户界面,而且 wxPython 的帮助文档非常完善,易于初学者快速入门学习。

通过对上述图形用户界面开发工具包的初步介绍,可以得知每个图形用户界面开发工具包都具有其鲜明的优缺点,所以在项目开发前,读者需要根据项目的具体应用场景来选择使用更为合适的图形用户界面开发工具包进行开发。

本书将为读者重点讲解 Tkinter 和 wxPython 的使用方式。

图 1-2 wxPython

# 第 2 章 Tkinter

## 2.1 Tkinter 的安装

由于 Tkinter 是 Python 的标准 GUI 库,所以不需要进行额外的安装,而仅需要在使用前引入 tkinter 包即可进行编程,示例代码如下:

```
#资源包\Code\chapter2\2.1\0201.py
import tkinter
```

## 2.2 Misc 类和 Wm 类

Misc 类和 Wm 类是 Tkinter 中的两大基类,其中,Misc 类是所有控件的根父类,而 Wm 类则提供了一些与窗口管理器相关的功能函数。

图 2-1 中列出了 Tkinter 中类的继承关系。

此外,对于 Misc 类和 Wm 类这两大基类而言,在 GUI 编程的过程中并不会直接使用它们,而是使用它们的子类,并且由于它们是所有 GUI 控件的父类,因此 GUI 中的控件都可以直接使用这两大基类的方法,其常用的方法如下。

1) after()方法

该方法用于按照指定的时间间隔重复执行指定的函数,其语法格式如下:

```
after(ms, func)
```

其中,参数 ms 表示时间间隔,单位为毫秒;参数 func 表示待执行的函数。

2) winfo_x()方法

该方法用于获取当前窗口左上角相对于主屏幕左上角的 $x$ 轴坐标,其语法格式如下:

```
winfo_x()
```

3) winfo_y()方法

该方法用于获取当前窗口左上角相对于主屏幕左上角的 $y$ 轴坐标,其语法格式如下:

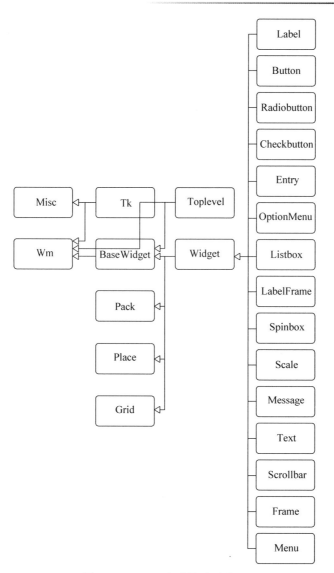

图 2-1　Tkinter 中类的继承关系

```
winfo_y()
```

4) config() 方法

该方法用于配置控件中的参数,其语法格式如下:

```
config(options)
```

其中,参数 options 表示控件中的参数。

## 2.3　主窗口

主窗口是一个容器元素,可以在其上添加控件,并呈现给用户。

### 1. 创建主窗口对象

可以通过 Tkinter 模块中的 Tk 类创建主窗口对象,用于完成主窗口的创建,其语法格式如下:

```
Tk()
```

### 2. 主窗口对象的相关方法

1) title()方法

该方法用于设置主窗口的标题,其语法格式如下:

```
title(string)
```

其中,参数 string 表示主窗口的标题。

2) iconbitmap()方法

该方法用于设置和获取主窗口的图标,其语法格式如下:

```
iconbitmap(bitmap)
```

其中,参数 bitmap 表示主窗口的图标。

3) geometry()方法

该方法用于调节主窗口的尺寸和位置,其语法格式如下:

```
geometry(newGeometry)
```

其中,参数 newGeometry 表示主窗口尺寸和位置的特定格式,该格式为 widthxheight$\pm x \pm y$,width 和 height 表示主窗口的宽和高,$x$ 和 $y$ 表示主窗口左上角的 $x$ 轴坐标和 $y$ 轴坐标。

4) resizable()方法

该方法用于设置主窗口能否最大化,其语法格式如下:

```
resizable(width, height)
```

其中,参数 width 表示主窗口横向能否最大化;参数 height 表示主窗口纵向能否最大化。

5) maxsize()方法

该方法用于设置和获取主窗口的最大尺寸,其语法格式如下:

```
maxsize(width, height)
```

其中,参数 width 表示主窗口的宽度;参数 height 表示主窗口的高度。

6) protocol()方法

该方法用于将回调函数与相应的规则进行绑定,其语法格式如下:

```
protocol(name, func)
```

其中,参数 name 表示规则,包括 WM_DELETE_WINDOW(窗口被关闭时)、WM_SAVE_YOURSELF(窗口被保存时)和 WM_TAKE_FOCUS(窗口获得焦点时);参数 func 表示回调函数。

7) mainloop()方法

该方法用于主事件循环,其语法格式如下:

```
mainloop()
```

### 3. 创建主窗口

创建主窗口有两种方式,分别为使用 Tk 类和 Tk 类的子类。

1) 使用 Tk 类创建主窗口

示例代码如下:

```
# 资源包\Code\chapter2\2.3\0202.py
import tkinter as tk
# 创建窗口
root = tk.Tk()
# 设置窗口标题
root.title('第1个Tkinter程序')
# 设置窗口的尺寸和位置
root.geometry('500x400+20+20')
# 设置窗口横向不能最大化
root.resizable(width=False, height=True)
# 主事件循环
root.mainloop()
```

上面代码的运行结果如图 2-2 所示。

图 2-2 通过 Tk 类创建主窗口

2)使用 Tk 类的子类创建主窗口

示例代码如下:

```python
#资源包\Code\chapter2\2.3\0203.py
import tkinter as tk
class App(tk.Tk):
    def __init__(self):
        super().__init__()
        self.set_window()
    def set_window(self):
        self.title("第 1 个 Tkinter 程序")
        self.geometry('500x400+20+20')
        self.resizable(False, True)
if __name__ == "__main__":
    app = App()
    app.mainloop()
```

上面代码的运行结果如图 2-3 所示。

图 2-3 使用 Tk 类的子类创建主窗口

## 2.4 控件

在 Tkinter 中,通过 Widget 类的子类来创建各种控件,其包括标签(Label 类)、按钮(Button 类)、单选按钮(Radiobutton 类)、多选按钮(Checkbutton 类)、文本输入框(Entry 类)、下拉菜单(OptionMenu 类)、列表框(Listbox 类)、静态框(LabelFrame 类)、微调节器(Spinbox 类)、滑块(Scale 类)、消息(Message 类)、文本(Text 类)、滚动条(Scrollbar 类)、框架(Frame 类)、顶级窗口(Toplevel 类)和菜单栏(Menu 类)等。

## 2.4.1 跟踪控件的值

Tkinter 支持部分控件与变量进行双向绑定,即当程序更改变量值时,其对应的控件所显示的文本内容或控件的其他参数的值也会随之改变;反之,当控件所显示的文本内容或控件的其他参数的值发生改变时,其对应的变量值同样会随之改变。

而实现这种双向绑定非常简单,只需将变量传递给控件的参数 textvariable、参数 listvariable 或参数 variable,其中,参数 textvariabl 和参数 listvariable 主要与控件的文本内容相关,而参数 variable 主要与控件的其他参数的值相关。

除此之外,双向绑定对变量的类型有着严格的要求,即该变量不能是普通类型的变量,其类型仅可以是 Tkinter 模块中 Variable 类的子类,包括 IntVar 类(整数类型的变量)、DoubleVar 类(浮点数类型的变量)、StringVar 类(字符串类型的变量)和 BooleanVar 类(布尔值型的变量)。

此外,Variable 类具有两个常用的方法,即 get()方法和 set()方法,分别用于获取变量的值和设置变量的值。

## 2.4.2 标签(Label 类)

在 Tkinter 中,标签主要用于显示文本内容和图像。

### 1. 创建标签对象

可以通过 Tkinter 模块中的 Label 类创建标签对象,用于完成标签的创建,其语法格式如下:

```
Label(master, text, background, width, height, cursor, image, bitmap, anchor, relief,
textvariable)
```

其中,参数 master 表示标签的父容器;参数 text 表示标签的文本内容;参数 background 表示标签的背景颜色;参数 width 表示标签的宽度;参数 height 表示标签的高度;参数 cursor 表示当鼠标移动到标签上时光标的形状,其值包括 arrow、circle、cross 和 plus,默认值为 arrow;参数 image 表示标签的图片,该图片的类型需为 PhotoImage 类型、BitmapImage 类型,或者其他能兼容的类型;参数 bitmap 表示标签的位图,并且如果指定了标签的图片,则该选项忽略,常用的位图类型包括 gray75、gray50、gray25、gray12、error、hourglass、info、questhead、question 和 warning 等;参数 anchor 表示标签中文本内容或图像的位置,其值包括 n、s、w、e、ne、nw、sw、se 和 center,默认值为 center;参数 relief 表示标签的边框样式,其值包括 flat、sunken、raised、groove 和 ridge,默认值为 flat;参数 textvariable 用于修改标签的文本内容,并且必须与 Variable 类型的变量进行绑定。

### 2. 创建标签

示例代码如下:

```
#资源包\Code\chapter2\2.4\0204.py
import tkinter as tk
root = tk.Tk()
root.title('标签(Label 类)')
```

```
root.geometry('500x400 + 20 + 20')
root.resizable(width = False, height = True)
# 在创建完控件之后,必须调用 Tkinter 中的布局管理器才可以正常显示控件.pack 就是 Tkinter
# 中的布局管理器之一,关于布局管理器的相关知识,将在后续章节为读者进行详细讲解,本章节读
# 者只需知道使用 pack 布局管理可以使控件正常显示
tk.Label(root, text = "标签", background = 'yellow', height = '5', width = '50', cursor = "plus").pack()
tk.Label(root, text = "标签", background = 'pink', height = '5', width = '50', cursor = "cross", anchor = 'e', relief = 'groove').pack()
# 通过 PhotoImage 创建图片对象
photo = tk.PhotoImage(file = 'pic/oldxia.png')
tk.Label(root, image = photo).pack()
root.mainloop()
```

上面代码的运行结果如图 2-4 所示。

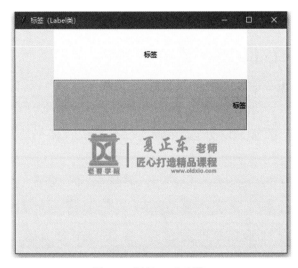

图 2-4　标签(Label 类)

这里需要注意的是,如果将上面创建标签的代码放在函数中,在运行代码之后,则会发现标签中的图片无法正常显示,示例代码如下:

```
# 资源包\Code\chapter2\2.4\0205.py
import tkinter as tk
root = tk.Tk()
root.title('标签(Label 类)')
root.geometry('500x400 + 20 + 20')
root.resizable(width = False, height = True)
def createLabel():
    tk.Label(root, text = "标签", background = 'yellow', height = '5', width = '50', cursor = "plus").pack()
    tk.Label(root, text = "标签", background = 'pink', height = '5', width = '50', cursor = "cross", anchor = 'e', relief = 'groove').pack()
    # 通过 PhotoImage 创建图片对象
```

```
        photo = tk.PhotoImage(file = 'pic/oldxia.png')
        tk.Label(root, image = photo).pack()
createLabel()
root.mainloop()
```

上面代码的运行结果如图 2-5 所示。

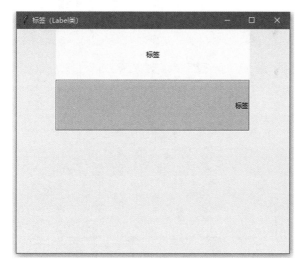

图 2-5　标签中的图片无法正常显示

这是因为虽然控件可以保存其内部对象的引用，但是 Tkinter 却无法正确处理图片对象的引用，即当函数调用完成之后，Python 的垃圾回收机制会通知控件释放其中的图片，但是由于该图片是由控件所使用的，所以控件并不会完全销毁该图片，而是将该图片清空，使其完全透明。

如果当函数内的控件使用到图片时，则必须保留对该图片对象的引用，否则图片就无法正常显示，示例代码如下：

```
# 资源包\Code\chapter2\2.4\0206.py
import tkinter as tk
root = tk.Tk()
root.title('标签(Label 类)')
root.geometry('500x400 + 20 + 20')
root.resizable(width = False, height = True)
# 定义图片列表，以达到保存图片对象引用的目的
lt_pic = [ ]
def createLabel():
    tk.Label(root, text = "标签", background = 'yellow', height = '5', width = '50', cursor = "plus").pack()
    tk.Label(root, text = "标签", background = 'pink', height = '5', width = '50', cursor = "cross", anchor = 'e', relief = 'groove').pack()
    photo = tk.PhotoImage(file = 'pic/oldxia.png')
    tk.Label(root, image = photo).pack()
    # 将图片对象添加到图片列表中
```

```
        lt_pic.append(photo)
createLabel()
root.mainloop()
```

上面代码的运行结果如图 2-6 所示。

图 2-6　标签中的图片正常显示

## 2.4.3　按钮（Button 类）

在 Tkinter 中，按钮主要用于捕获用户的单击事件。

**1．创建按钮对象**

可以通过 Tkinter 模块中的 Button 类创建按钮对象，用于完成按钮的创建，其语法格式如下：

```
Button(master, text, background, width, height, image, anchor, relief, command, textvariable, state)
```

其中，参数 master 表示按钮的父容器；参数 text 表示按钮的文本内容；参数 background 表示按钮的背景颜色；参数 width 表示按钮的宽度；参数 height 表示按钮的高度；参数 image 表示按钮的图片，该图片的类型需为 PhotoImage 类型、BitmapImage 类型，或者其他能兼容的类型；参数 anchor 表示按钮中文本内容或图像的位置，其值包括 n、s、w、e、ne、nw、sw、se 和 center，默认值为 center；参数 relief 表示按钮的边框样式，其值包括 flat、sunken、raised、groove 和 ridge，默认值为 flat；参数 command 表示按钮关联的函数，即当按钮被单击时，所执行的函数；参数 textvariable 用于修改按钮的文本内容，并且必须与 Variable 类型的变量进行绑定；参数 state 用于设置按钮的状态，其值包括 normal、active 和 disabled，默认值为 normal。

**2．创建按钮**

示例代码如下：

```
#资源包\Code\chapter2\2.4\0207.py
import tkinter as tk
root = tk.Tk()
root.title('按钮(Button类)')
root.geometry('500x400 + 20 + 20')
root.resizable(width = False, height = True)
def onclick():
    print('按钮被单击')
tk.Button(root, text = '按钮', width = '10', background = 'yellow',
relief = 'sunken', anchor = 'e', command = onclick).pack()
photo = tk.PhotoImage(file = 'pic/oldxia.png')
tk.Button(root, image = photo, command = onclick).pack()
root.mainloop()
```

上面代码的运行结果如图 2-7 所示。

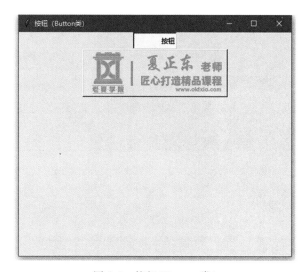

图 2-7　按钮(Button 类)

## 2.4.4　单选按钮(Radiobutton 类)

在 Tkinter 中，单选按钮主要用于选中指定组内的一个选项。

**1. 创建单选按钮对象**

可以通过 Tkinter 模块中的 Radiobutton 类创建单选按钮对象，用于完成单选按钮的创建，其语法格式如下：

```
Radiobutton(master, text, value, background, width, height, image, anchor, relief, command,
variable, textvariable, state)
```

其中，参数 master 表示单选按钮的父容器；参数 text 表示单选按钮的文本内容；参数 value 表示单选按钮的值，并且在同一组中的所有单选按钮应该拥有各不相同的值；参数 background 表示单选按钮的背景颜色；参数 width 表示单选按钮的宽度；参数 height 表示单选按钮的高度；参数 image 表示单选按钮的图片，该图片的类型需为 PhotoImage 类型、BitmapImage 类型，或者其他能兼容的类型；参数 anchor 表示单选按钮中文本内容或图像的位置，其值包括 n、s、w、e、ne、nw、sw、se 和 center，默认值为 center；参数 relief 表示单选按钮的边框样式，其值包括 flat、sunken、raised、groove 和 ridge，默认值为 flat；参数 command 表示单选按钮关联的函数，即当单选按钮被单击时，所执行的函数；参数 variable 表示与单选按钮相关联的 Variable 类型的变量，同一组中所有单选按钮的参数 variable 都应该指向同一个变量，并且通过将该变量与参数 value 的值对比，即可判断出用户所选中的单选按钮；参数 textvariable 用于修改单选按钮的文本内容，并且必须与 Variable 类型的变量进行绑定；参数 state 用于设置单选按钮的状态，其值包括 normal、active 和 disabled，默认值为 normal。

### 2. 创建单选按钮

示例代码如下：

```python
#资源包\Code\chapter2\2.4\0208.py
import tkinter as tk
root = tk.Tk()
root.title('单选按钮(Radiobutton类)')
root.geometry('500x400 + 20 + 20')
root.resizable(width = False, height = True)
v = tk.IntVar()
#默认选项为"男"
v.set(100)
def onclick():
    print('单选按钮被单击')
tk.Radiobutton(root, text = '男', variable = v, value = 100, background = 'yellow',
width = '10', anchor = 'e', relief = 'raised', command = onclick).pack()
tk.Radiobutton(root, text = '女', variable = v, value = 200).pack()
root.mainloop()
```

上面代码的运行结果如图 2-8 所示。

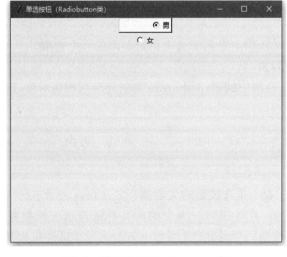

图 2-8　单选按钮(Radiobutton 类)

## 2.4.5 多选按钮(Checkbutton 类)

在 Tkinter 中,多选按钮主要用于同时选中指定组内的多个选项。

**1. 创建多选按钮对象**

可以通过 Tkinter 模块中的 Checkbutton 类创建多选按钮对象,用于完成多选按钮的创建,其语法格式如下:

```
Checkbutton(master, text, background, width, height, image, anchor, relief, command, onvalue,
offvalue, variable, textvariable, state)
```

其中,参数 master 表示多选按钮的父容器;参数 text 表示多选按钮的文本内容;参数 background 表示多选按钮的背景颜色;参数 width 表示多选按钮的宽度;参数 height 表示多选按钮的高度;参数 image 表示多选按钮的图片,该图片的类型需为 PhotoImage 类型、BitmapImage 类型,或者其他能兼容的类型;参数 anchor 表示多选按钮中文本内容或图像的位置,其值包括 n、s、w、e、ne、nw、sw、se 和 center,默认值为 center;参数 relief 表示多选按钮的边框样式,其值包括 flat、sunken、raised、groove 和 ridge,默认值为 flat;参数 command 表示多选按钮关联的函数,即当多选按钮被单击时所执行的函数;参数 onvalue 用于设置多选按钮选中状态的值;参数 offvalue 用于设置多选按钮未选中状态的值;参数 variable 表示与多选按钮相关联的 Variable 类型的变量,当多选按钮按下时,该变量在参数 onvalue 的值和参数 offvalue 的值之间自动切换;参数 textvariable 用于修改多选按钮的文本内容,并且必须与 Variable 类型的变量进行绑定;参数 state 用于设置多选按钮的状态,其值包括 normal、active 和 disabled,默认值为 normal。

**2. 创建多选按钮**

示例代码如下:

```
#资源包\Code\chapter2\2.4\0209.py
import tkinter as tk
root = tk.Tk()
root.title('多选按钮(Checkbutton 类)')
root.geometry('500x400 + 20 + 20')
root.resizable(width = False, height = True)
def onclick():
    print('多选按钮被单击')
var = tk.StringVar()
#Python 默认选中
var.set("on")
tk.Checkbutton(root, text = 'Python', width = '10', background = 'yellow',
anchor = 'w', relief = 'raised', variable = var, onvalue = 'on', offvalue = 'off',
command = onclick).pack()
tk.Checkbutton(root, text = 'PHP', width = '10', anchor = 'w',
command = onclick).pack()
tk.Checkbutton(root, text = 'C++', width = '10', anchor = 'w',
command = onclick).pack()
tk.Checkbutton(root, text = 'Java', width = '10', anchor = 'w',
command = onclick).pack()
root.mainloop()
```

上面代码的运行结果如图 2-9 所示。

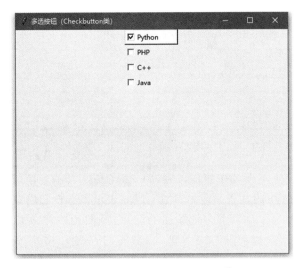

图 2-9　多选按钮(Checkbutton 类)

## 2.4.6　文本输入框(Entry 类)

在 Tkinter 中,文本输入框主要用于输入文本,并与用户进行交互。

**1. 创建文本输入框对象**

可以通过 Tkinter 模块中的 Entry 类创建文本输入框对象,用于完成文本输入框的创建,其语法格式如下:

```
Entry(master, show, background, width, cursor, relief, state, textvariable, xscrollcommand)
```

其中,参数 master 表示文本输入框的父容器;参数 show 用于设置文本输入框如何显示文本内容;参数 background 表示文本输入框的背景颜色;参数 width 表示文本输入框的宽度;参数 cursor 表示当鼠标移动到文本输入框上时光标的形状,其值包括 arrow、circle、cross 和 plus,默认值为 arrow;参数 relief 表示文本输入框的边框样式,其值包括 flat、sunken、raised、groove 和 ridge,默认值为 flat;参数 state 用于设置文本输入框的状态,其值包括 normal 和 disabled,默认值为 normal;参数 textvariable 用于修改文本输入框的文本内容,并且必须与 Variable 类型的变量进行绑定;参数 xscrollcommand 用于绑定水平方向上的滚动条。

**2. 创建文本输入框**

示例代码如下:

```
#资源包\Code\chapter2\2.4\0210.py
import tkinter as tk
root = tk.Tk()
root.title('文本输入框(Entry 类)')
root.geometry('500x400+20+20')
```

```
root.resizable(width = False, height = True)
entry1 = tk.Entry(root)
entry2 = tk.Entry(root, show = '*')
entry3 = tk.Entry(root, relief = 'ridge', state = 'disable')
entry1.pack()
entry2.pack()
entry3.pack()
root.mainloop()
```

上面代码的运行结果如图 2-10 所示。

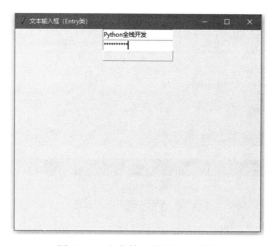

图 2-10　文本输入框(Entry 类)

## 2.4.7　下拉菜单(OptionMenu 类)

在 Tkinter 中,下拉菜单用于以下拉列表框的形式展现多个选项。

**1. 创建下拉菜单对象**

可以通过 Tkinter 模块中的 OptionMenu 类创建下拉菜单对象,用于完成下拉菜单的创建,其语法格式如下:

```
OptionMenu(master, variable, *value)
```

其中,参数 master 表示下拉菜单的父容器;参数 variable 表示与下拉菜单相关联的 Variable 类型的变量,用于指定下拉菜单的显示值;参数 value 表示下拉菜单的选项。

此外,还有一点需要重点注意,即 OptionMenu 类的参数不可以使用关键字参数的形式进行传参,而是必须使用位置参数的形式进行传参。

**2. 创建下拉菜单**

示例代码如下:

```
# 资源包\Code\chapter2\2.4\0211.py
import tkinter as tk
root = tk.Tk()
```

```
root.title('下拉菜单(OptionMenu 类)')
root.geometry('500x400 + 20 + 20')
root.resizable(width = False, height = True)
op_list = ['未选择', 'Python', 'PHP', 'Java', 'C++']
val = tk.StringVar()
# 设置下拉菜单的初始值
val.set(op_list[0])
tk.OptionMenu(root, val, * op_list).pack()
def onclick():
    label_val.set(val.get())
tk.Button(root, text = "获取下拉菜单的值", command = onclick).pack()
label_val = tk.StringVar()
# 设置标签的初始文本内容
label_val.set('未选择')
tk.Label(root, textvariable = label_val, background = 'yellow', height = '5',
width = '50', cursor = "plus").pack()
root.mainloop()
```

上面代码的运行结果如图 2-11 所示。

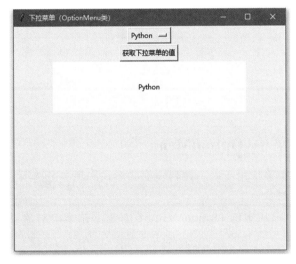

图 2-11 下拉菜单(OptionMenu 类)

## 2.4.8 列表框(Listbox 类)

在 Tkinter 中,列表框用于从列表中选中一个或者多个选项。

**1. 创建列表框对象**

可以通过 Tkinter 模块中的 Listbox 类创建列表框对象,用于完成列表框的创建,其语法格式如下:

```
Listbox(master, background, width, height, cursor, relief, selectmode, listvariable,
xscrollcommand, yscrollcommand)
```

其中，参数 master 表示列表框的父容器；参数 background 表示列表框的背景颜色；参数 width 表示列表框的宽度；参数 height 表示列表框显示的行数；参数 cursor 表示当鼠标移动到列表框上时光标的形状，其值包括 arrow、circle、cross 和 plus，默认值为 arrow；参数 relief 表示列表框的边框样式，其值包括 flat、sunken、raised、groove 和 ridge，默认值为 flat；参数 selectmode 表示列表框的选择模式，其值包括 single(单选)、browse(单选，并且拖动鼠标或通过键盘的方向键同样可以改变选项)、multiple(多选) 和 extended(多选，但需要同时按住键盘的 Shift 键或 Ctrl 键，亦或者通过拖曳鼠标实现)，默认值为 browse；参数 listvariable 表示用于存放列表框中的所有选项，并且必须与 Variable 类型的变量进行绑定；参数 xscrollcommand 用于绑定水平方向上的滚动条；参数 yscrollcommand 用于绑定垂直方向上的滚动条。

2．创建列表框

示例代码如下：

```python
#资源包\Code\chapter2\2.4\0212.py
import tkinter as tk
root = tk.Tk()
root.title('列表框(Listbox类)')
root.geometry('500x400 + 20 + 20')
root.resizable(width = False, height = True)
list_var = tk.StringVar()
list_var.set(['Python', 'PHP', 'JavaScript', 'C++', 'Java'])
tk.Listbox(root, listvariable = list_var, selectmode = 'extended').pack()
root.mainloop()
```

上面代码的运行结果如图 2-12 所示。

图 2-12　列表框(Listbox 类)

## 2.4.9　静态框(LabelFrame 类)

在 Tkinter 中，静态框会在其子控件的周围绘制一条边框及一个标题，用于表示选项的逻辑分组。

### 1. 创建静态框对象

可以通过 Tkinter 模块中的 LabelFrame 类创建静态框对象,用于完成静态框的创建,其语法格式如下:

```
LabelFrame(master, text)
```

其中,参数 master 表示静态框的父容器;参数 text 表示静态框的文本内容。

### 2. 创建静态框

示例代码如下:

```python
# 资源包\Code\chapter2\2.4\0213.py
import tkinter as tk
root = tk.Tk()
root.title('静态框(LabelFrame 类)')
root.geometry('500x400 + 20 + 20')
root.resizable(width = False, height = True)
labelframe = tk.LabelFrame(root, text = "请选择书籍:")
labelframe.pack()
tk.Checkbutton(labelframe, text = '《Python 全栈开发——基础入门》', width = '30',
background = 'yellow', anchor = 'w', relief = 'raised').pack()
tk.Checkbutton(labelframe, text = '《Python 全栈开发——高阶编程》', width = '30',
anchor = 'w').pack()
tk.Checkbutton(labelframe, text = '《Python 全栈开发——数据分析》', width = '30',
anchor = 'w').pack()
tk.Checkbutton(labelframe, text = '《Python 全栈开发——Web 编程》', width = '30',
anchor = 'w').pack()
root.mainloop()
```

上面代码的运行结果如图 2-13 所示。

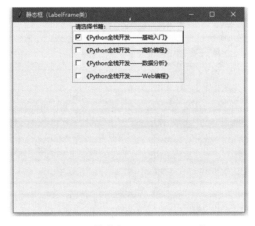

图 2-13 静态框(LabelFrame 类)

## 2.4.10 微调节器(Spinbox 类)

在 Tkinter 中,微调节器可以通过箭头调整所需的数据值。

### 1. 创建微调节器对象

可以通过 Tkinter 模块中的 Spinbox 类创建微调节器对象,用于完成微调节器的创建,其语法格式如下:

```
Spinbox(master, background, from_, to, values, increment, relief, command, textvariable, xscrollcommand)
```

其中,参数 master 表示微调节器的父容器;参数 background 表示微调节器的背景颜色;参数 from_ 表示微调节器可获取的最大值;参数 to 表示微调节器可获取的最小值;参数 values 表示微调节器的可选值;参数 increment 表示微调节器的步长;参数 relief 表示微调节器的边框样式,其值包括 flat、sunken、raised、groove 和 ridge,默认值为 flat;参数 command 表示微调节器关联的函数,即当单击微调节器中的箭头时所执行的函数;参数 textvariable 用于修改微调节器中输入框的内容,并且必须与 Variable 类型的变量进行绑定;参数 xscrollcommand 用于绑定水平方向上的滚动条。

### 2. 创建微调节器

示例代码如下:

```python
#资源包\Code\chapter2\2.4\0214.py
import tkinter as tk
root = tk.Tk()
root.title('微调节器(Spinbox类)')
root.geometry('500x400+20+20')
root.resizable(width=False, height=True)
spinbox1 = tk.Spinbox(root, from_=0, to=10)
spinbox1.pack()
spinbox2 = tk.Spinbox(root, values=("Python", "PHP", "Java", "C++", "JavaScript"))
spinbox2.pack()
root.mainloop()
```

上面代码的运行结果如图 2-14 所示。

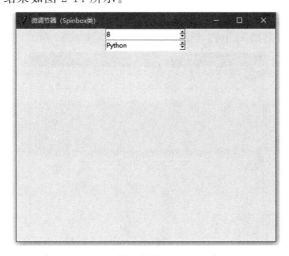

图 2-14　微调节器(Spinbox 类)

## 2.4.11 滑块(Scale 类)

在 Tkinter 中,滑块可以通过滑动的方式调整所需的数据值。

**1. 创建滑块对象**

可以通过 Tkinter 模块中的 Scale 类创建滑块对象,用于完成滑块的创建,其语法格式如下:

```
Scale(master, background, from_, to, digits, tickinterval, resolution, showvalue, orient, relief, length, command, variable)
```

其中,参数 master 表示滑块的父容器;参数 background 表示滑块的背景颜色;参数 from_表示滑块最顶端的值;参数 to 表示滑块最底端的值;参数 digits 表示滑块刻度所显示数字的位数;参数 tickinterval 用于设置滑块是否显示刻度;参数 resolution 表示滑块滑动的步长;参数 showvalue 用于设置是否显示滑块旁边的数字;参数 orient 表示滑块的方向,其值包括 horizontal 和 vertical;参数 relief 表示滑块的边框样式,其值包括 flat、sunken、raised、groove 和 ridge,默认值为 flat;参数 length 表示滑块的长度;参数 command 表示与滑块关联的函数,即当滑块发生改变时所执行的函数;参数 variable 表示与滑块相关联的 Variable 类型的变量,用于存放滑块最新的位置。

**2. 创建滑块**

示例代码如下:

```
# 资源包\Code\chapter2\2.4\0215.py
import tkinter as tk
root = tk.Tk()
root.title('滑块(Scale 类)')
root.geometry('500x400 + 20 + 20')
root.resizable(width = False, height = True)
tk.Scale(root, from_ = 0, to = 100, ).pack()
tk.Scale(root, from_ = 0, to = 200, orient = "horizontal").pack()
tk.Scale(root, from_ = 0, to = 200, orient = "horizontal", tickinterval = 20,
    resolution = 2, length = 300).pack()
root.mainloop()
```

上面代码的运行结果如图 2-15 所示。

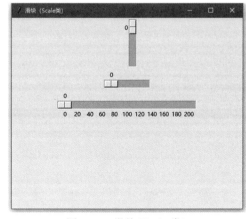

图 2-15 滑块(Scale 类)

## 2.4.12 消息(Message 类)

在 Tkinter 中,消息用于显示多行文本消息,其通常可以使用标签(Label 类)进行代替,但是如果需要显示更加复杂的文本,则需要使用后续所讲解的文本(Text 类)。

**1. 创建消息对象**

可以通过 Tkinter 模块中的 Message 类创建消息对象,用于完成消息的创建,其语法格式如下:

```
Message(master, text, background, width, cursor, anchor, relief, textvariable)
```

其中,参数 master 表示消息的父容器;参数 text 表示消息的文本内容;参数 background 表示消息的背景颜色;参数 width 表示消息的宽度;参数 cursor 表示当鼠标移动到消息上时光标的形状,其值包括 arrow、circle、cross 和 plus,默认值为 arrow;参数 anchor 表示消息中文本内容或图像的位置,其值包括 n、s、w、e、ne、nw、sw、se 和 center,默认值为 center;参数 relief 表示消息的边框样式,其值包括 flat、sunken、raised、groove 和 ridge,默认值为 flat;参数 textvariable 用于修改消息的文本内容,并且必须与 Variable 类型的变量进行绑定。

**2. 创建消息**

示例代码如下:

```
#资源包\Code\chapter2\2.4\0216.py
import tkinter as tk
root = tk.Tk()
root.title('消息(Message 类)')
root.geometry('500x400+20+20')
root.resizable(width = False, height = True)
tk.Message(root, text = '《Python 全栈开发——高阶编程》', width = 300).pack()
tk.Message(root, text = '作者:夏正东', width = 300).pack()
root.mainloop()
```

上面代码的运行结果如图 2-16 所示。

图 2-16 消息(Message 类)

## 2.4.13 文本(Text 类)

在 Tkinter 中,文本主要用于显示和处理多行文本。在所有控件中,文本的功能是异常强大和灵活的,其可以插入文字、图片,甚至其他控件,并且可以适用于多种任务,例如,经常被用作简单的文本编辑器或者网页浏览器等。

**1. 创建文本对象**

可以通过 Tkinter 模块中的 Text 类创建文本对象,用于完成文本的创建,其语法格式如下:

```
Text(master, background, width, height, cursor, relief, padx, pady, takefocus, state, wrap,
undo, xscrollcommand, yscrollcommand)
```

参数 master 表示文本的父容器;参数 background 表示文本的背景颜色;参数 width 表示文本的宽度;参数 height 表示文本的高度;参数 cursor 表示当鼠标移动到文本上时光标的形状,其值包括 arrow、circle、cross 和 plus,默认值为 arrow;参数 relief 表示文本的边框样式,其值包括 flat、sunken、raised、groove 和 ridge,默认值为 flat;参数 padx 表示水平方向上文本内容与边框的间距;参数 pady 表示垂直方向上文本内容与边框的间距;参数 takefocus 表示是否允许使用键盘中的 Tab 键将焦点移动到文本中;参数 state 表示是否响应键盘事件和鼠标事件,其值包括 normal(响应)和 disabled(不响应);参数 wrap 表示当文本中的文本内容长度超过指定宽度后是否自动换行,其值包括 none(不自动换行)、char(按字符自动换行)和 word(按单词自动换行);参数 undo 表示是否开启撤销功能,其值包括 True(开启)和 False(不开启);参数 xscrollcommand 用于绑定水平方向上的滚动条;参数 yscrollcommand 用于绑定垂直方向上的滚动条。

**2. 文本对象的相关方法**

1) index()方法

该方法用于返回指定位置的 line.column 格式的索引,其语法格式如下:

```
index(index)
```

其中,参数 index 表示索引,即文本中相关内容的位置,其常用的格式如表 2-1 所示。

表 2-1 index 索引的常用格式

| 格 式 | 描 述 |
| --- | --- |
| Mark 标记 | 通过 mark_set()方法进行设置,用于控制文本内容、图片或控件的位置 |
| INSERT | 表示当前光标的位置 |
| CURRENT | 表示与鼠标坐标最接近的位置 |
| END | 表示文本末尾的位置 |
| line.column | 该格式用于直接指定行和列的位置,例如"1.0",表示第 1 行第 1 列,需要注意的是,文本中的行号从 1 开始,列号从 0 开始 |
| line.end | 该格式用于指定行末尾的位置,例如"1.end",表示第 1 行末尾的位置 |
| +n chars | 该格式用于设置偏移位置,可简写为+nc,例如"1.0+5c",表示在第 1 行第 1 列向右偏移 5 个字符的位置 |

续表

| 格 式 | 描 述 |
|---|---|
| −n chars | 该格式用于设置偏移位置,可简写为−nc,例如"1.0−5c",表示在第 1 行第 1 列向左偏移 5 个字符的位置 |
| linestart | 表示当前光标所在行的起始位置,例如 insert linestart |
| lineend | 表示当前光标所在行的末尾位置,例如 insert lineend |

2) delete()方法

该方法用于删除指定范围内的文本、图片或控件,其语法格式如下:

```
delete(index1, index2)
```

其中,参数 index1 表示索引的起始值;参数 index2 表示索引的结束值。

3) insert()方法

该方法用于将指定的文本内容插入文本之中,其语法格式如下:

```
insert(index, chars, tag)
```

其中,参数 index 表示索引;参数 chars 表示待插入的文本内容;参数 tag 表示 Tag 标签,用于改变内容的样式。

4) image_create()方法

该方法用于将指定的图片插入文本之中,其语法格式如下:

```
image_create(index, image)
```

其中,参数 index 表示索引;参数 image 表示待插入的图片,该图片的类型需为 PhotoImage 类型、BitmapImage 类型,或者其他能兼容的类型。

5) window_create()方法

该方法用于将指定的控件插入文本之中,其语法格式如下:

```
window_create(index, window)
```

其中,参数 index 表示索引;参数 window 表示待插入的控件。

6) mark_set()方法

该方法用于设置一个标记,用于控制文本内容、图片或控件的位置,其语法格式如下:

```
mark_set(markName, index)
```

其中,参数 markName 表示标记的名称;参数 index 表示索引。

7) mark_unset()方法

该方法用于删除一个标记,其语法格式如下:

```
mark_unset(markName)
```

其中,参数 markName 表示标记的名称。

8) tag_config()方法

该方法用于设置一个标签,用于改变文本中内容的样式和功能,其语法格式如下:

```
tag_config(tagName, background, relief, wrap)
```

其中,参数 tagName 表示标签的名称;参数 background 表示标签所描述内容的背景色;参数 relief 表示标签所描述内容的边框样式,其值包括 flat、sunken、raised、groove 和 ridge,默认值为 flat;参数 wrap 表示标签所描述的内容是否自动换行,其值包括 none(不自动换行)、word(按单词自动换行)和 char(按字符自动换行,默认值)。

9) tag_add()方法

该方法用于在指定的范围内设置一个标签,其语法格式如下:

```
tag_add(tagName, index1, index2)
```

其中,参数 tagName 表示标签的名称;参数 index1 表示索引的起始值;参数 index2 表示索引的结束值。

10) tag_delete()方法

该方法用于删除一个标签,其语法格式如下:

```
tag_delete(tagName)
```

参数 tagName 表示标签的名称。

11) tag_remove()方法

该方法用于删除指定范围内的标签,其语法格式如下:

```
tag_remove(tagName, index1, index2)
```

其中,参数 tagName 表示标签的名称;参数 index1 表示索引的起始值;参数 index2 表示索引的结束值。

12) search()方法

该方法用于检索文本中的文本内容,其语法格式如下:

```
search(pattern, index, stopindex, nocase)
```

其中,pattern 表示待检索的文本内容;参数 index 表示索引的起始值;参数 stopindex 表示索引的结束值;参数 nocase 表示待检索的文本内容是否忽略大小写,默认值为 False。

3. 创建文本

示例代码如下:

```
#资源包\Code\chapter2\2.4\0217.py
import tkinter as tk
root = tk.Tk()
root.title('文本(Text类)')
root.geometry('500x400+20+20')
root.resizable(width = False, height = True)
def clear():
    text.delete("1.0", tk.END)
text = tk.Text(root, width = 500, height = 400)
text.pack()
#设置标记,标记名为pos
text.mark_set('text_pos', '1.0')
#设置标签,标签名 bg_yellow
text.tag_config('bg_yellow', background = 'yellow')
#插入文本内容
text.insert(tk.INSERT, '《Python全栈开发》', 'bg_yellow')
text.insert('text_pos', '作者:夏正东')
photo = tk.PhotoImage(file = "pic/oldxia.png")
#插入图片
text.image_create(tk.END, image = photo)
btn = tk.Button(text, text = "清除文本", command = clear, cursor = 'arrow')
#插入控件
text.window_create('1.end', window = btn)
root.mainloop()
```

上面代码的运行结果如图 2-17 所示。

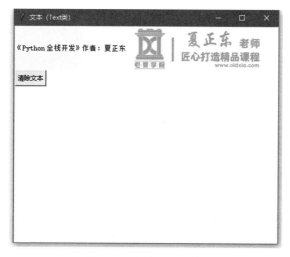

图 2-17 文本(Text 类)

## 2.4.14 滚动条(Scrollbar 类)

在 Tkinter 中,滚动条用于调整一些控件的可见范围,其根据方向可分为垂直滚动条和水平滚动条。

滚动条通常与文本输入框、列表框、微调节器和文本等控件组合使用。

**1. 创建滚动条对象**

可以通过 Tkinter 模块中的 Scrollbar 类创建滚动条对象,用于完成滚动条的创建,其语法格式如下:

```
Scrollbar(master, command)
```

其中,参数 master 表示滚动条的父容器;参数 command 表示当滚动条的滑块移动时的回调函数,注意,该回调函数通常指的是其对应控件(包括文本输入框、列表框、微调节器和文本等)所继承的 xview()方法和 yview()方法,这两种方法分别来自于 XView 类和 YView 类,主要用于设置滚动条在水平或垂直方向上进行滚动。

**2. 滚动条对象的相关方法**

滚动条对象的相关方法为 set()方法,用于设置滚动条的滑块位置,注意,该方法通常与可设置滚动条控件的参数 xscrollcommand 或参数 yscrollcommand 进行绑定,作为回调函数使用,其语法格式如下:

```
set(first, last)
```

其中,参数 first 表示滑块的顶端或左端的位置,其取值范围为 0.0~1.0;参数 last 表示滑块的底端或右端的位置,其取值范围为 0.0~1.0。

**3. 创建滚动条**

示例代码如下:

```python
# 资源包\Code\chapter2\2.4\0218.py
import tkinter as tk
root = tk.Tk()
root.title('滚动条(Scrollbar类)')
root.geometry('300x100 + 20 + 20')
listbox = tk.Listbox(root)
for i in range(1000):
    listbox.insert("end", str(i))
listbox.pack(fill = 'both', expand = 'yes')
scrollbar = tk.Scrollbar(listbox, command = listbox.yview)
scrollbar.pack(side = "right", fill = "y")
# 绑定水平方向上的滚动条
listbox['yscrollcommand'] = scrollbar.set
root.mainloop()
```

上面代码的运行结果如图 2-18 所示。

图 2-18 滚动条(Scrollbar类)

## 2.4.15 框架(Frame 类)

在 Tkinter 中,框架是一个矩形区域,主要用于作为其他控件的框架基础,或为其他控件提供间距填充。

### 1. 创建框架对象

可以通过 Tkinter 模块中的 Frame 类创建框架对象,用于完成框架的创建,其语法格式如下:

```
Frame(background, cursor, width, height, relief)
```

其中,参数 background 表示框架的背景颜色;参数 cursor 表示当鼠标移动到框架上时光标的形状,其值包括 arrow、circle、cross 和 plus,默认值为 arrow;参数 width 表示框架的宽度;参数 height 表示框架的高度;参数 relief 表示框架的边框样式,其值包括 flat、sunken、raised、groove 和 ridge,默认值为 flat。

### 2. 创建框架

示例代码如下:

```python
#资源包\Code\chapter2\2.4\0219.py
import tkinter as tk
root = tk.Tk()
root.title('框架(Frame类)')
root.geometry('500x400+20+20')
root.resizable(width=False, height=True)
tk.Label(text="《Python全栈开发——高阶编程》").pack()
tk.Frame(background='khaki', width=100, height=80, relief="sunken").pack()
#使用Frame创建分割线
tk.Frame(height=2, bd=1, relief="sunken").pack(fill="x", padx=5, pady=5)
tk.Label(text="http://www.oldxia.com").pack()
root.mainloop()
```

上面代码的运行结果如图 2-19 所示。

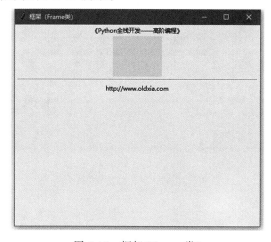

图 2-19　框架(Frame 类)

## 2.4.16 顶级窗口（Toplevel 类）

在 Tkinter 中，顶级窗口用于显示额外的窗口、对话框和其他弹出窗口。

### 1. 创建顶级窗口对象

可以通过 Tkinter 模块中的 Toplevel 类创建顶级窗口对象，用于完成顶级窗口的创建，其语法格式如下：

```
Toplevel(master)
```

其中，参数 master 表示顶级窗口的父容器。

### 2. 创建顶级窗口

示例代码如下：

```python
#资源包\Code\chapter2\2.4\0220.py
import tkinter as tk
root = tk.Tk()
root.title('顶级窗口(Toplevel类)')
root.geometry('500x400+20+20')
root.resizable(width=False, height=True)
def create():
    top = tk.Toplevel()
    top.title("Python")
    top.geometry('300x200+20+20')
    message = tk.Message(top, text='《Python全栈开发——高阶编程》', width='200').pack()
tk.Button(root, text="创建顶级窗口", command=create).pack()
root.mainloop()
```

上面代码的运行结果如图 2-20 所示。

图 2-20　顶级窗口（Toplevel 类）

## 2.4.17 菜单栏(Menu 类)

在 Tkinter 中,菜单栏实际是一种树状结构,为软件的大多数功能提供功能入口,其布局如图 2-21 所示。

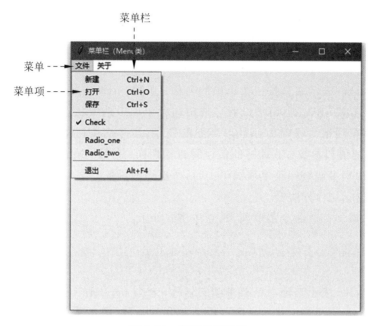

图 2-21 菜单栏的布局

**1. 创建菜单栏对象**

可以通过 Tkinter 模块中的 Menu 类创建菜单栏对象,用于完成菜单栏的创建,其语法格式如下:

```
Menu(master)
```

其中,参数 master 表示菜单栏的父容器,并且父容器必须为根窗口。

**2. 创建菜单对象**

Menu 类除了可以创建菜单栏对象,还可以创建菜单对象,其区别在于菜单栏对象的父容器必须是根窗口,而菜单对象的父容器必须是菜单栏对象,其语法格式如下:

```
Menu(master, tearoff)
```

其中,参数 master 表示菜单的父容器,并且父容器必须是菜单栏对象;参数 tearoff 表示菜单的特性,即菜单可以脱离,默认值为 True。

**3. 菜单对象的相关方法**

1) add_cascade()方法

该方法用于设置多级菜单,其语法格式如下:

```
add_cascade(label, menu)
```

其中，参数 label 表示菜单的名称；参数 menu 表示菜单对象。

2) add_checkbutton()方法

该方法用于添加多选按钮菜单项，其语法格式如下：

```
add_checkbutton(label, onvalue, offvalue, variable, command)
```

其中，参数 label 表示多选按钮菜单项的名称；参数 onvalue 用于设置多选按钮菜单项选中状态的值；参数 offvalue 用于设置多选按钮菜单项未选中状态的值；参数 variable 表示与多选按钮菜单项相关联的 Variable 类型的变量，当多选按钮菜单项被单击时，该变量在参数 onvalue 的值和参数 offvalue 的值之间自动切换；参数 command 表示多选按钮菜单项关联的函数，即当多选按钮菜单项被单击时，所执行的函数。

3) add_command()方法

该方法用于添加普通命令菜单项，其语法格式如下：

```
add_command(label, accelerator, command, compound)
```

其中，参数 label 表示普通命令菜单项的名称；参数 accelerator 表示普通命令菜单项的快捷键；参数 command 表示普通命令菜单项关联的函数，即当菜单项被单击时，所执行的函数；参数 compound 用于控制普通命令菜单项中文本和图像的混合模式，其值包括 center（文本和图像重叠）、bottom（图像在文本的下方）、left（图像在文本的左侧）、right（图像在文本的右侧）和 top（图像在文本的上方）。

4) add_radiobutton()方法

该方法用于添加单选按钮菜单项，其语法格式如下：

```
add_radiobutton(label, command)
```

其中，参数 label 表示单选按钮菜单项的名称；参数 command 表示单选按钮菜单项关联的函数，即当单选按钮菜单项被单击时，所执行的函数。

5) add_separator()方法

该方法用于添加分割线，其语法格式如下：

```
add_separator()
```

6) post()方法

该方法用于在指定的位置显示弹出菜单，其语法格式如下：

```
post(x, y)
```

其中，参数 x 表示 $x$ 轴坐标；参数 y 表示 $y$ 轴坐标。

## 4. 创建菜单栏

示例代码如下：

```python
#资源包\Code\chapter2\2.4\0221.py
import tkinter as tk
root = tk.Tk()
root.title('菜单栏(Menu 类)')
root.geometry('500x400+20+20')
root.resizable(width=False, height=True)
#创建菜单栏
menubar = tk.Menu(root)
#在菜单栏中创建"文件"菜单
file_menu = tk.Menu(menubar, tearoff=0)
#将"文件"菜单设置为多级菜单
menubar.add_cascade(label='文件', menu=file_menu)
#在多级菜单中添加普通命令菜单项
file_menu.add_command(label='新建', accelerator='Ctrl+N')
file_menu.add_command(label='打开', accelerator='Ctrl+O')
file_menu.add_command(label='保存', accelerator='Ctrl+S')
#在多级菜单中添加分割线
file_menu.add_separator()
file_menu.add_checkbutton(label='Check')
file_menu.add_separator()
file_menu.add_radiobutton(label='Radio_one')
file_menu.add_radiobutton(label='Radio_two')
file_menu.add_separator()
file_menu.add_command(label='退出', accelerator='Alt+F4')
about_menu = tk.Menu(menubar, tearoff=0)
menubar.add_cascade(label='关于', menu=about_menu)
about_menu.add_command(label='关于')
about_menu.add_command(label='帮助')
#显示菜单栏
root.config(menu=menubar)
#鼠标右击菜单
popup_menu = tk.Menu(root, tearoff=0)
for it1, it2 in zip(['剪切', '复制', '粘贴', '撤销', '恢复'], ['cut', 'copy',
'paste', 'undo', 'redo']):
    popup_menu.add_command(label=it1)
popup_menu.add_separator()
popup_menu.add_command(label='全选')
#关于事件的相关知识点会在后续章节为读者详细讲解,此处只需了解如何创建弹出菜单
root.bind('<Button-3>', lambda event: popup_menu.post(event.x_root, event.y_root))
root.mainloop()
```

上面代码的运行结果如图 2-22 所示。

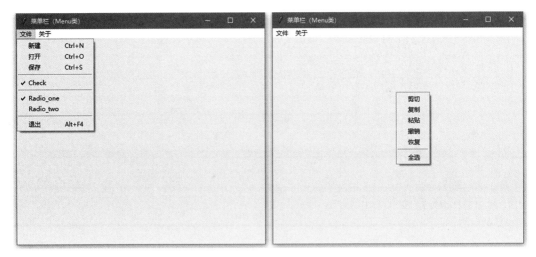

图 2-22　菜单栏(Menu 类)

## 2.5　布局管理器

在 Tkinter 中,可以通过布局管理器对添加到窗口中的控件的大小和位置进行设置,并且当调整窗口的大小之后,布局管理器还可以自动调整窗口中各个控件的大小和位置。

此外,在创建完控件之后,必须调用相关的布局管理器,否则创建的控件将无法正常显示。

Tkinter 包括 3 种布局管理器,分别为 pack 布局管理器、grid 布局管理器和 place 布局管理器。

### 2.5.1　pack 布局管理器

pack 布局管理器指的是按照添加顺序排列控件的布局管理器,其语法格式如下:

```
pack(fill, expand, side, ipadx, ipady, padx, pady, anchor)
```

其中,参数 fill 表示填充 pack 布局管理器所分配空间的方式,其值包括 x(水平填充)、y(垂直填充)、both(水平和垂直填充)和 None(默认值,不填充);参数 expand 表示是否填充父控件的额外控件,默认值为 False;参数 side 表示控件的放置位置,其值包括 top(上)、left(左)、right(右)和 bottom(下),默认值为 top;参数 ipadx 表示水平方向上的内边距;参数 ipady 表示垂直方向上的内边距;参数 padx 表示水平方向上的外边距;参数 pady 表示垂直方向上的外边距;参数 anchor 表示控件在 pack 布局管理器所分配空间中的位置,其值包括 n(北)、ne(东北)、e(东)、se(东南)、s(南)、sw(西南)、w(西)、nw(西北)和 center(中),默认值为 center。

示例代码如下:

```
#资源包\Code\chapter2\2.5\0222.py
import tkinter as tk
root = tk.Tk()
root.title('pack布局管理器')
root.geometry('300x600+20+20')
tk.Label(root, text = "————示例1————").pack()
tk.Label(root, text = "Red", bg = "red", fg = "white").pack()
tk.Label(root, text = "Green", bg = "green", fg = "black").pack()
tk.Label(root, text = "Blue", bg = "blue", fg = "white").pack()
tk.Label(root, text = "————示例2————").pack()
tk.Label(root, text = "Red", bg = "red", fg = "white").pack(fill = 'x')
tk.Label(root, text = "Green", bg = "green", fg = "black").pack(fill = 'y')
tk.Label(root, text = "Blue", bg = "blue", fg = "white").pack(fill = 'both')
tk.Label(root, text = "————示例3————").pack()
tk.Label(root, text = "Red", bg = "red", fg = "white").pack(anchor = 'n')
tk.Label(root, text = "Green", bg = "green", fg = "black").pack(anchor = 'w',
expand = True, fill = 'y')
tk.Label(root, text = "Blue", bg = "blue", fg = "white").pack(anchor = 'e',
expand = True, fill = 'x')
tk.Label(root, text = "————示例4————").pack()
tk.Label(root, text = "Red", bg = "red", fg = "white").pack(side = 'top')
tk.Label(root, text = "Green", bg = "green", fg = "black").pack(side = 'left',
expand = True, fill = 'y')
tk.Label(root, text = "Blue", bg = "blue", fg = "white").pack(side = 'right',
expand = True, fill = 'x')
root.mainloop()
```

上面代码的运行结果如图2-23所示。

图2-23  pack布局管理器

## 2.5.2 grid 布局管理器

grid 布局管理器指的是按照网格形式排列控件的布局管理器,其语法格式如下:

```
grid(row, column, sticky, rowspan, columnspan, ipadx, ipady, padx, pady)
```

其中,参数 row 表示控件插入的行号,默认值为 0(第 1 行);参数 column 表示控件插入的列号,默认值为 0(第 1 列);参数 sticky 表示控件在 grid 布局管理器所分配空间中的位置,其值包括 n(北)、ne(东北)、e(东)、se(东南)、s(南)、sw(西南)、w(西)和 nw(西北);参数 rowspan 表示控件所跨越的行数;参数 columnspan 表示控件所跨越的列数;参数 ipadx 表示水平方向上的内边距;参数 ipady 表示垂直方向上的内边距;参数 padx 表示水平方向上的外边距;参数 pady 表示垂直方向上的外边距。

示例代码如下:

```python
# 资源包\Code\chapter2\2.5\0223.py
import tkinter as tk
root = tk.Tk()
root.title('grid 布局管理器')
root.geometry('500x400 + 20 + 20')
root.resizable(width = False, height = True)
tk.Label(root, text = "用户名").grid(row = 0, sticky = "w")
tk.Label(root, text = "密码").grid(row = 1, sticky = "w")
tk.Entry(root).grid(row = 0, column = 1)
tk.Entry(root, show = "*").grid(row = 1, column = 1)
photo = tk.PhotoImage(file = "pic/oldxia.png")
tk.Label(root, image = photo).grid(row = 0, column = 2, rowspan = 2, padx = 5, pady = 5)
tk.Button(text = "提交", width = 10).grid(row = 2, columnspan = 3, pady = 5)
root.mainloop()
```

上面代码的运行结果如图 2-24 所示。

图 2-24　grid 布局管理器

## 2.5.3 place 布局管理器

place 布局管理器指的是通过绝对位置或相对于其他控件的相对位置来指定当前控件

的大小和位置的布局管理器,其语法格式如下:

```
place(anchor, relwidth, relheight, width, height, relx, rely, x, y)
```

其中,参数 anchor 表示控件在 place 布局管理器所分配空间中的位置,其值包括 n(北)、ne(东北)、e(东)、se(东南)、s(南)、sw(西南)、w(西)、nw(西北)和 center(中);参数 relwidth 表示该控件相对于父控件的宽度,取值范围为 0.0~1.0;参数 relheight 表示该控件相对于父控件的高度,取值范围为 0.0~1.0;参数 width 表示控件的宽度;参数 height 表示控件的高度;参数 relx 表示该控件相对于父控件的水平位置,取值范围为 0.0~1.0;参数 rely 表示该控件相对于父控件的垂直位置,取值范围为 0.0~1.0;参数 x 表示控件的水平偏移位置(像素),如果同时设置了参数 relx 的值,则优先实现参数 relx;参数 y 表示控件的垂直偏移位置(像素),如果同时设置了参数 rely 的值,则优先实现参数 rely。

此外,由于在不同的分辨率下,使用 grid 布局管理器所创建的界面可能会存在较大的差异,所以一般情况下不推荐读者使用 grid 布局管理器。

示例代码如下:

```python
# 资源包\Code\chapter2\2.5\0224.py
import tkinter as tk
root = tk.Tk()
root.title('place 布局管理器')
root.geometry('500x400+20+20')
root.resizable(width=False, height=True)
tk.Label(root, bg="red").place(relx=0.5, rely=0.5, relheight=0.75,
relwidth=0.75, anchor="center")
tk.Label(root, bg="yellow").place(relx=0.5, rely=0.5, relheight=0.5,
relwidth=0.5, anchor="center")
tk.Label(root, bg="green").place(relx=0.5, rely=0.5, relheight=0.25,
relwidth=0.25, anchor="center")
root.mainloop()
```

上面代码的运行结果如图 2-25 所示。

图 2-25 place 布局管理器

## 2.6 事件处理

### 2.6.1 事件处理的4要素

事件处理是 GUI 应用程序必需的组成部分，其涉及 4 个要素，即事件、事件类型、事件源和事件处理者。

#### 1．事件

在图形用户界面中的每个动作都会触发事件，它是用户对界面的操作，例如单击按钮、单击鼠标，或在文本输入框中输入文本等操作都会触发相应的事件，其常用的事件包括键盘事件、鼠标事件和窗体事件等。

在 Tkinter 中，事件被封装成事件类，即 Event 类，其常用的属性如表 2-2 所示。

表 2-2　Event 类的常用属性

| 属　　性 | 描　　述 |
| --- | --- |
| char | 键盘中按键的字符 |
| delta | 鼠标移动的距离 |
| width、height | 控件形状发生变化之后的宽度和高度（Configure 事件类型专属） |
| keysym | 键盘的按键名 |
| keycode | 键盘的按键码。需要注意的是，键盘标准不同，其所对应的按键码也不同，但按键名始终是一样的 |
| num | 鼠标按键码 |
| serial | 事件发生的递增序列号，可以用来确认事件发生的前后关系 |
| time | 事件发生的时间 |
| type | 事件类型 |
| widget | 事件源 |
| x、y | 相对于父容器，鼠标的当前位置 |
| x_root、y_root | 相对于整个屏幕，鼠标的当前位置 |

#### 2．事件类型

事件类型用来表示事件的详细信息。例如，键盘事件包括 KeyPress（按下键盘上的按键）和 KeyRelease（释放键盘上的按键）等事件类型。

#### 3．事件源

事件源指的是事件发生的场所，例如当鼠标移入按钮控件上触发鼠标事件时，此时的事件源就是按钮控件。

#### 4．事件处理者

事件处理者表示触发事件后的结果，即事件类型绑定的处理函数。注意，该函数必须传递 1 个参数，即 event，用于表示触发的事件对象，例如，鼠标事件对象、键盘事件对象等。

在学习完事件处理的 4 个要素之后，再来学习一下事件序列和事件绑定。

### 2.6.2 事件序列

Tkinter 使用一种称为事件序列的机制来允许用户定义事件。

事件序列是包含了一个或多个事件类型的字符串,而每个事件类型则关联了一项事件,事件序列的通用格式如下:

```
<[modifier-]type[-detail]>
```

其中,modifier 为可选部分,用于描述组合键,如表 2-3 所示;type 用于描述事件类型;detail 为可选部分,用于描述具体的按键。

表 2-3 modifier

| modifier | 描 述 |
| --- | --- |
| Any | 按下键盘上的任何类型按键 |
| Alt | 按下键盘上的 Alt 按键 |
| Control | 按下键盘上的 Ctrl 按键 |
| Shift | 按下键盘上的 Shift 按键 |
| Lock | 按下键盘上的 CapsLock 按键 |
| Double | 当前事件类型被连续触发 2 次 |
| Triple | 当前事件类型被连续触发 3 次 |

表 2-4 列出了事件序列的示例。

表 2-4 事件序列示例

| 事 件 序 列 | 描 述 |
| --- | --- |
| <Button-1> | 单击 |
| <Double-Button-1> | 双击 |
| <KeyPress-A> | 按下键盘上的 A 键 |
| <Double-KeyPress-a> | 按两下键盘上的 a 键 |
| <Control-Shift-KeyPress-A> | 同时按下键盘上的 Ctrl、Shift 和 A 键 |

## 2.6.3 事件绑定

在 Tkinter 中,事件绑定的方式有 4 种,分别是控件的参数 command、bind()方法、bind_class()方法和 bind_all()方法。

**1. 控件的参数 command**

该方式适合简单的事件绑定,即不需获取 event 对象。

根据绑定的事件是否需要传递参数,可以将其分为无参数和有参数两种情况。

1)无参数

如果绑定的事件不需要传递参数,则直接使用函数名即可,示例代码如下:

```
#资源包\Code\chapter2\2.6\0225.py
import tkinter as tk
root = tk.Tk()
root.title('事件绑定')
root.geometry('500x400+20+20')
```

```python
root.resizable(width = False, height = True)
def onclick():
    print("单击按钮")
#直接使用函数名 onclick
tk.Button(root, text = '单击', command = onclick).pack()
root.mainloop()
```

2)有参数

如果绑定的事件需要传递参数,则可以通过lambda表达式或自定义类的方式传递参数。

(1)使用lambda表达式,示例代码如下:

```python
#资源包\Code\chapter2\2.6\0226.py
import tkinter as tk
root = tk.Tk()
root.title('事件绑定')
root.geometry('500x400 + 20 + 20')
root.resizable(width = False, height = True)
def onclick(val):
    print(f"单击【{val}】")
#直接使用函数名 onclick
tk.Button(root, text = '单击', command = lambda: onclick("按钮")).pack()
root.mainloop()
```

(2)使用自定义类,示例代码如下:

```python
#资源包\Code\chapter2\2.6\0227.py
import tkinter as tk
root = tk.Tk()
root.title('事件绑定')
root.geometry('500x400 + 20 + 20')
root.resizable(width = False, height = True)
class Command:
    def __init__(self, func, args):
        self.func = func
        self.args = args
    #该方法可以让类的对象具有类似函数的使用方式,当以"类的对象()"的形式使用时触发
    def __call__(self):
        self.func(self.args)
def onclick(val):
    print(f"单击【{val}】")
#com = Command(onclick, "按钮")
#tk.Button(root, text = '单击', command = com).pack()
#上面代码等同于此段代码
tk.Button(root, text = '单击', command = Command(onclick, "按钮")).pack()
root.mainloop()
```

## 2. bind()方法

该方法用于将事件与特定的控件进行绑定,其语法格式如下:

```
bind(sequence, func, add)
```

其中,参数 sequence 表示事件序列;参数 func 表示事件类型绑定的处理函数;参数 add 表示该事件类型是否可以同时绑定多个处理函数。

示例代码如下:

```python
# 资源包\Code\chapter2\2.6\0228.py
import tkinter as tk
root = tk.Tk()
root.title('bind()方法')
root.geometry('500x400+20+20')
root.resizable(width=False, height=True)
def onclick(event):
    tk.Label(root, text='bind()方法', background='yellow', height='5', width='50', cursor="plus").pack()
def create(event):
    top = tk.Toplevel()
    top.title("Python")
    top.geometry('300x200+20+20')
    message = tk.Message(top, text='《Python全栈开发——高阶编程》', width='200').pack()
button = tk.Button(root, text="双击获取内容")
button.bind('<Double-Button-1>', onclick, add='+')
button.bind('<Double-Button-1>', create, add='+')
button.pack()
root.mainloop()
```

上面代码的运行结果如图 2-26 所示。

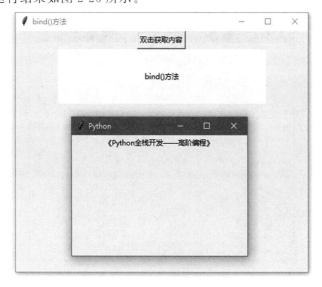

图 2-26　bind()方法

### 3. bind_class()方法

该方法用于将事件与控件类进行绑定,其语法格式如下:

```
bind_class(className, sequence, func, add)
```

其中,参数 className 表示控件的类名;参数 sequence 表示事件序列;参数 func 表示事件类型绑定的处理函数;参数 add 表示该事件类型是否可以同时绑定多个处理函数。

示例代码如下:

```python
#资源包\Code\chapter2\2.6\0229.py
import tkinter as tk
root = tk.Tk()
root.title('bind_class()方法')
root.geometry('500x400 + 20 + 20')
root.resizable(width = False, height = True)
btn1 = tk.Button(root, text = '1')
btn1.place(x = 20, y = 20, width = 60, height = 60)
btn2 = tk.Button(root, text = '2')
btn2.place(x = 80, y = 20, width = 60, height = 60)
btn3 = tk.Button(root, text = '3')
btn3.place(x = 140, y = 20, width = 60, height = 60)
btn4 = tk.Button(root, text = '4')
btn4.place(x = 20, y = 80, width = 60, height = 60)
btn5 = tk.Button(root, text = '5')
btn5.place(x = 80, y = 80, width = 60, height = 60)
btn6 = tk.Button(root, text = '6')
btn6.place(x = 140, y = 80, width = 60, height = 60)
def changebackground(event):
    #通过事件对象的 widget()方法可以修改和获取控件的指定属性
    event.widget['background'] = 'pink'
btn1.bind_class('Button', '<Button - 1>', changebackground)
root.mainloop()
```

上面代码的运行结果如图 2-27 所示。

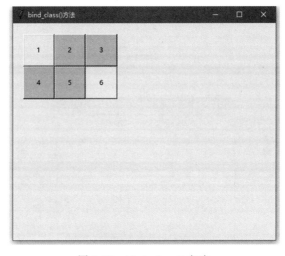

图 2-27  bind_class()方法

## 4. bind_all()方法

该方法用于程序界面绑定事件,即只要程序获得焦点,就会根据绑定的事件做出相应的处理,其语法格式如下:

```
bind_all(sequence, func, add)
```

其中,参数 sequence 表示事件序列;参数 func 表示事件类型绑定的处理函数;参数 add 表示该事件类型是否可以同时绑定多个处理函数。

示例代码如下:

```python
#资源包\Code\chapter2\2.6\0230.py
import tkinter as tk
root = tk.Tk()
root.title('bind_class()方法')
root.geometry('500x400 + 20 + 20')
root.resizable(width = False, height = True)
def create(event):
    top = tk.Toplevel()
    top.title("Ctrl + Alt + q")
    top.geometry('300x200 + 20 + 20')
    tk.Message(top, text = '同时按下键盘上的 Ctrl、Alt 和 q 键', width = '200').pack()
root.bind_all('<Control - Alt - KeyPress - q>', create)
root.mainloop()
```

上面代码的运行结果如图 2-28 所示。

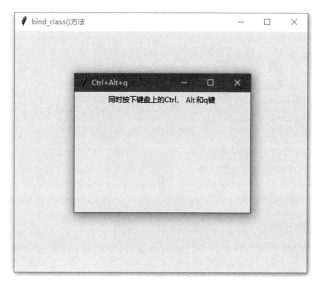

图 2-28　bind_all()方法

## 2.6.4 事件

### 1. 键盘事件

键盘事件，即当在键盘上进行按下按键或松开按键等操作时所触发的事件，其事件类型如表 2-5 所示。

表 2-5 键盘事件的事件类型

| 事 件 类 型 | 描　　述 |
| --- | --- |
| KeyPress | 表示当在键盘上按下按键时会触发键盘事件 |
| KeyRelease | 表示当在键盘上松开按键时会触发键盘事件 |

示例代码如下：

```python
#资源包\Code\chapter2\2.6\0231.py
import tkinter as tk
root = tk.Tk()
root.title('键盘事件')
root.geometry('500x400+20+20')
root.resizable(width=False, height=True)
btn1 = tk.Button(root, text='上')
btn1.place(x=80, y=20, width=60, height=60)
btn2 = tk.Button(root, text='左')
btn2.place(x=20, y=80, width=60, height=60)
btn3 = tk.Button(root, text='右')
btn3.place(x=140, y=80, width=60, height=60)
btn4 = tk.Button(root, text='下')
btn4.place(x=80, y=140, width=60, height=60)
def press(event):
    if event.keysym == 'Up':
        btn1.config(background='pink')
    elif event.keysym == 'Down':
        btn4.config(background='pink')
    elif event.keysym == 'Left':
        btn2.config(background='pink')
    else:
        btn3.config(background='pink')
def release(event):
    if event.keysym == 'Up':
        btn1.config(background='yellow')
    elif event.keysym == 'Down':
        btn4.config(background='yellow')
    elif event.keysym == 'Left':
        btn2.config(background='yellow')
    else:
        btn3.config(background='yellow')
root.bind('<KeyPress-Up>', press)
root.bind('<KeyPress-Down>', press)
root.bind('<KeyPress-Left>', press)
```

```
root.bind('<KeyPress-Right>', press)
root.bind('<KeyRelease-Up>', release)
root.bind('<KeyRelease-Down>', release)
root.bind('<KeyRelease-Left>', release)
root.bind('<KeyRelease-Right>', release)
root.mainloop()
```

上面代码的运行结果如图 2-29 所示。

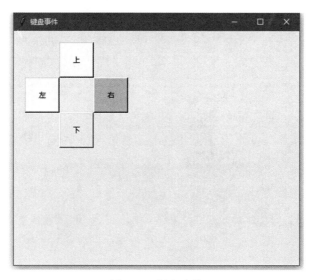

图 2-29　键盘事件

## 2. 鼠标事件

鼠标事件，即当进行单击鼠标左键、单击鼠标右键、滚轮，或者移动鼠标等操作时所触发的事件，其事件类型如表 2-6 所示。

表 2-6　鼠标事件的事件类型

| 事 件 类 型 | 描　　　述 |
| --- | --- |
| Button | 表示当单击鼠标时会触发鼠标事件 |
| ButtonRelease | 表示当松开鼠标时会触发鼠标事件 |
| Motion | 表示当移动鼠标时会触发鼠标事件 |
| Enter | 表示当鼠标移入控件时会触发鼠标事件 |
| Leave | 表示当鼠标移出控件时会触发鼠标事件 |
| MouseWheel | 表示当鼠标滚轮滚动时会触发鼠标事件 |

示例代码如下：

```
# 资源包\Code\chapter2\2.6\0232.py
import tkinter as tk
root = tk.Tk()
```

```python
root.title('鼠标事件')
root.geometry('500x400 + 20 + 20')
root.resizable(width = False, height = True)
v = tk.StringVar()
v.set('下')
btn1 = tk.Button(root, text = '单击')
btn1.place(x = 80, y = 20, width = 60, height = 60)
btn2 = tk.Button(root, text = '松开')
btn2.place(x = 20, y = 80, width = 60, height = 60)
btn3 = tk.Button(root, text = '移入移出')
btn3.place(x = 140, y = 80, width = 60, height = 60)
btn4 = tk.Button(root, textvariable = v)
btn4.place(x = 80, y = 140, width = 60, height = 60)
btn5 = tk.Button(root, text = '滚轮')
btn5.place(x = 80, y = 80, width = 60, height = 60)
def press(event):
    btn1.config(background = 'pink')
def release(event):
    btn2.config(background = 'yellow')
def enter(event):
    btn3.config(background = 'green')
def leave(event):
    btn3.config(background = 'red')
def motion(event):
    pos = f'{event.x_root} + {event.y_root}'
    v.set(pos)
def mousewheel(event):
    btn5.config(background = 'gray')
# 鼠标左键单击
btn1.bind('<Button - 1>', press)
# 鼠标右键松开
btn2.bind('<ButtonRelease - 3>', release)
# 鼠标移入
btn3.bind('<Enter>', enter)
# 鼠标移出
btn3.bind('<Leave>', leave)
# 鼠标移动
root.bind('<Motion>', motion)
# 鼠标滚轮滚动
root.bind('<MouseWheel>', mousewheel)
root.mainloop()
```

上面代码的运行结果如图 2-30 所示。

### 3. 窗体事件

窗体事件,即当操作窗口时所触发的事件,其事件类型如表 2-7 所示。

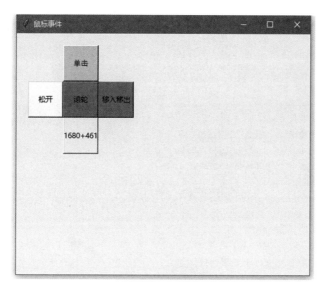

图 2-30　鼠标事件

表 2-7　窗体事件的事件类型

| 事件类型 | 描述 |
| --- | --- |
| Configure | 表示当窗口的尺寸发生改变时会触发窗体事件 |
| Destroy | 表示当窗口被销毁时会触发窗体事件 |
| FocusIn | 表示当窗口获得焦点时会触发窗体事件 |
| FocusOut | 表示当窗口失去焦点时会触发窗体事件 |
| Expose | 表示当窗口的某部分不再被覆盖时会触发窗体事件 |
| Map | 表示当窗口由"隐藏"状态变为"显示"状态时会触发窗体事件 |
| Unmap | 表示当窗口由"显示"状态变为"隐藏"状态时会触发窗体事件 |
| Visibility | 表示当窗口变为可见时会触发窗体事件 |

示例代码如下：

```
#资源包\Code\chapter2\2.6\0233.py
import tkinter as tk
def onConfigure(event):
    print(f'Configure')
def onDestroy(event):
    print('Destroy')
def onMap(event):
    print('onMap')
def onUnmap(event):
    print('onUnmap')
def onVisibility(event):
    print('Visibility')
def onFocusIn(event):
    print('FocusIn')
def onFocusOut(event):
```

```
        print('FocusOut')
def onActivate(event):
        print('Activate')
def onExpose(event):
        print('Expose')
root = tk.Tk()
root.title('窗口事件')
root.geometry('500x400 + 20 + 20')
root.resizable(width = False, height = True)
tk.Label(root, text = '窗口事件').pack()
tk.Entry(root).pack()
root.bind('<Configure>', onConfigure)
root.bind('<Destroy>', onDestroy)
root.bind('<Map>', onMap)
root.bind('<Unmap>', onUnmap)
root.bind('<Visibility>', onVisibility)
root.bind('<FocusIn>', onFocusIn)
root.bind('<FocusOut>', onFocusOut)
root.bind('<Expose>', onExpose)
root.mainloop()
```

## 2.6.5 系统级事件

系统级事件包括全选、粘贴、复制、剪切、撤销和恢复等操作。可以通过event_generate()方法进行创建,其语法格式如下:

```
event_generate(sequence)
```

其中,参数sequence表示系统级事件的事件序列,如表2-8所示。

表 2-8 系统级事件的事件序列

| 事 件 序 列 | 描　　述 |
| :---: | :---: |
| <<Undo>> | 撤销 |
| <<Redo>> | 恢复 |
| <<Copy>> | 复制 |
| <<Cut>> | 剪切 |
| <<Paste>> | 粘贴 |
| <<SelectAll>> | 全选 |

示例代码如下:

```
#资源包\Code\chapter2\2.6\0234.py
import tkinter as tk
root = tk.Tk()
root.title('系统级事件')
root.geometry('500x400 + 20 + 20')
```

```python
root.resizable(width = False, height = True)
content_text = tk.Text(wrap = 'word', undo = True)
content_text.pack(expand = 'yes', fill = 'both')
def handle_menu_action(action_type):
    if action_type == "undo":
        content_text.event_generate("<<Undo>>")
    elif action_type == "redo":
        content_text.event_generate("<<Redo>>")
    elif action_type == "cut":
        content_text.event_generate("<<Cut>>")
    elif action_type == "copy":
        content_text.event_generate("<<Copy>>")
    elif action_type == "paste":
        content_text.event_generate("<<Paste>>")
    elif action_type == "selectall":
        content_text.event_generate("<<SelectAll>>")
menu_bar = tk.Menu(root)
edit_menu = tk.Menu(menu_bar, tearoff = 0)
menu_bar.add_cascade(label = '编辑', menu = edit_menu)
edit_menu.add_command(label = '撤销', accelerator = 'Ctrl + Z', command = lambda: handle_menu_action('undo'))
edit_menu.add_command(label = '恢复', accelerator = 'Ctrl + Y', command = lambda: handle_menu_action('redo'))
edit_menu.add_separator()
edit_menu.add_command(label = '剪切', accelerator = 'Ctrl + X', command = lambda: handle_menu_action('cut'))
edit_menu.add_command(label = '复制', accelerator = 'Ctrl + C', command = lambda: handle_menu_action('copy'))
edit_menu.add_command(label = '粘贴', accelerator = 'Ctrl + V', command = lambda: handle_menu_action('paste'))
edit_menu.add_separator()
edit_menu.add_command(label = '全选', accelerator = 'Ctrl + A', command = lambda: handle_menu_action('selectall'))
root.config(menu = menu_bar)
root.mainloop()
```

上面代码的运行结果如图 2-31 所示。

图 2-31　系统级事件

## 2.7 对话框

Tkinter 提供了 3 种标准的对话框,分别为消息对话框、文件对话框和颜色选择对话框。

### 2.7.1 消息对话框

消息对话框用于显示文本信息、提示信息或疑问信息等,可以通过 messagebox 模块中的相关函数进行创建。

**1. 文本信息消息对话框**

可以通过 showinfo()函数创建文本信息消息对话框,并且当单击文本信息消息对话框中的"确定"按钮后,返回值为 ok,其语法格式如下:

```
showinfo(title, message)
```

其中,参数 title 表示文本信息消息对话框的标题;参数 message 表示文本信息消息对话框的文本内容,示例代码如下:

```
#资源包\Code\chapter2\2.7\0235.py
import tkinter as tk
from tkinter import messagebox
root = tk.Tk()
root.title('messagebox')
root.geometry('500x400+20+20')
root.resizable(width=False, height=True)
tk.messagebox.showinfo(title='showinfo()函数', message='文本信息消息对话框')
root.mainloop()
```

上面代码的运行结果如图 2-32 所示。

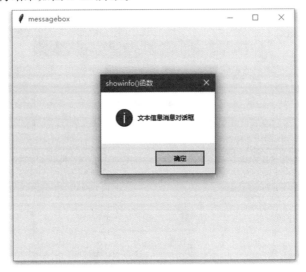

图 2-32　文本信息消息对话框

## 2. 提示警告消息对话框

可以通过 showwarning()函数创建提示警告消息对话框,并且当单击提示警告消息对话框中的"确定"按钮后,返回值为 ok,其语法格式如下:

```
showwarning(title, message)
```

其中,参数 title 表示提示警告消息对话框的标题;参数 message 表示提示警告消息对话框的文本内容,示例代码如下:

```
#资源包\Code\chapter2\2.7\0236.py
import tkinter as tk
from tkinter import messagebox
root = tk.Tk()
root.title('messagebox')
root.geometry('500x400+20+20')
root.resizable(width=False, height=True)
tk.messagebox.showwarning(title='showwarning()函数', message='提示警告消息对话框')
root.mainloop()
```

上面代码的运行结果如图 2-33 所示。

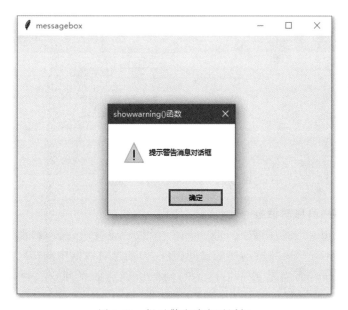

图 2-33 提示警告消息对话框

## 3. 提示错误消息对话框

可以通过 showerror()函数创建提示错误消息对话框,并且当单击提示错误消息对话框中的"确定"按钮后,返回值为 ok,其语法格式如下:

```
showerror(title, message)
```

其中,参数 title 表示提示错误消息对话框的标题;参数 message 表示提示错误消息对

话框的文本内容,示例代码如下:

```
#资源包\Code\chapter2\2.7\0237.py
import tkinter as tk
from tkinter import messagebox
root = tk.Tk()
root.title('messagebox')
root.geometry('500x400+20+20')
root.resizable(width=False, height=True)
tk.messagebox.showerror(title='showerror()函数', message='提示错误消息对话框')
root.mainloop()
```

上面代码的运行结果如图 2-34 所示。

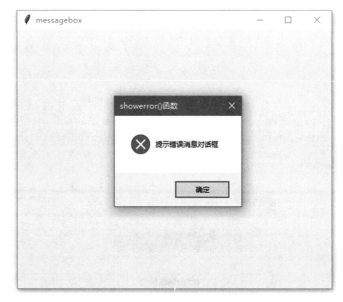

图 2-34　提示错误消息对话框

**4. 疑问(是/否)消息对话框**

可以通过 askquestion()函数或 askyesno()函数创建疑问(是/否)消息对话框,其区别是,当单击 askquestion()函数所创建的疑问(是/否)消息对话框中的"是"或"否"按钮后,返回值分别为 yes 或 no,而当单击 askyesno()函数所创建的疑问(是/否)消息对话框中的"是"或"否"按钮后,返回值分别为 True 或 False。

askquestion()函数的语法格式如下:

```
askquestion(title, message)
```

其中,参数 title 表示疑问(是/否)消息对话框的标题;参数 message 表示疑问(是/否)消息对话框的文本内容,示例代码如下:

```
# 资源包\Code\chapter2\2.7\0238.py
import tkinter as tk
from tkinter import messagebox
root = tk.Tk()
root.title('messagebox')
root.geometry('500x400+20+20')
root.resizable(width=False, height=True)
res = tk.messagebox.askquestion(title='askquestion()函数', message='疑问(是/否)消息对话框')
print(res)
root.mainloop()
```

上面代码的运行结果如图 2-35 所示。

图 2-35  疑问(是/否)消息对话框

askyesno()函数的语法格式如下：

```
askyesno(title, message)
```

其中,参数 title 表示疑问(是/否)消息对话框的标题；参数 message 表示疑问(是/否)消息对话框的文本内容,示例代码如下：

```
# 资源包\Code\chapter2\2.7\0239.py
import tkinter as tk
from tkinter import messagebox
root = tk.Tk()
root.title('messagebox')
root.geometry('500x400+20+20')
root.resizable(width=False, height=True)
```

```
res = tk.messagebox.askyesno(title = 'askyesno()函数', message = '疑问(是/否)消息对话框')
print(res)
root.mainloop()
```

上面代码的运行结果如图 2-36 所示。

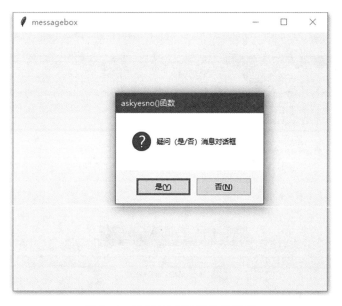

图 2-36　疑问(是/否)消息对话框

**5. 疑问(是/否/取消)消息对话框**

可以通过 askyesnocancel()函数创建疑问(是/否/取消)消息对话框,并且当单击疑问(是/否/取消)消息对话框中的"是""否"或"取消"按钮后,返回值分别为 True、False 或 None,其语法格式如下:

```
askyesnocancel(title, message)
```

其中,参数 title 表示疑问(是/否/取消)消息对话框的标题;参数 message 表示疑问(是/否/取消)消息对话框的文本内容,示例代码如下:

```
# 资源包\Code\chapter2\2.7\0240.py
import tkinter as tk
from tkinter import messagebox
root = tk.Tk()
root.title('messagebox')
root.geometry('500x400 + 20 + 20')
root.resizable(width = False, height = True)
res = tk.messagebox.askyesnocancel(title = 'askyesnocancel()函数', message = '疑问(是/否/取消)消息对话框')
print(res)
root.mainloop()
```

上面代码的运行结果如图 2-37 所示。

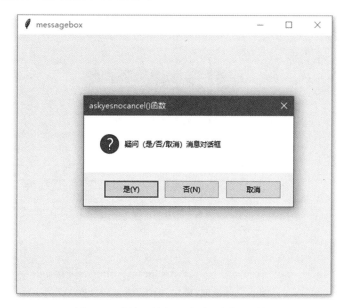

图 2-37　疑问(是/否/取消)消息对话框

### 6．疑问(确定/取消)消息对话框

可以通过 askokcancel() 函数创建疑问(确定/取消)消息对话框,并且当单击疑问(确定/取消)消息对话框中的"确定"或"取消"按钮后,返回值分别为 True 或 False,其语法格式如下：

```
askokcancel(title, message)
```

其中,参数 title 表示疑问(确定/取消)消息对话框的标题；参数 message 表示疑问(确定/取消)消息对话框的文本内容,示例代码如下：

```
#资源包\Code\chapter2\2.7\0241.py
import tkinter as tk
from tkinter import messagebox
root = tk.Tk()
root.title('messagebox')
root.geometry('500x400 + 20 + 20')
root.resizable(width = False, height = True)
res = tk.messagebox.askokcancel(title = 'askokcancel()函数', message = '疑问(确定/取消)消息对话框')
print(res)
root.mainloop()
```

上面代码的运行结果如图 2-38 所示。

### 7．疑问(重试/取消)消息对话框

可以通过 askretrycancel() 函数创建疑问(重试/取消)消息对话框,并且当单击疑问(重试/取消)消息对话框中的"重试"或"取消"按钮后,返回值分别为 True 或 False,其语法格式

图 2-38 疑问(确定/取消)消息对话框

如下：

```
askretrycancel(title, message)
```

其中，参数 title 表示疑问(重试/取消)消息对话框的标题；参数 message 表示疑问(重试/取消)消息对话框的文本内容，示例代码如下：

```
# 资源包\Code\chapter2\2.7\0242.py
import tkinter as tk
from tkinter import messagebox
root = tk.Tk()
root.title('messagebox')
root.geometry('500x400 + 20 + 20')
root.resizable(width = False, height = True)
res = tk.messagebox.askretrycancel(title = 'askretrycancel()函数', message = '疑问(重试/取消)消息对话框')
print(res)
root.mainloop()
```

上面代码的运行结果如图 2-39 所示。

## 2.7.2 文件对话框

文件对话框，主要用于实现打开文件、打开目录或保存文件等功能，可以通过 filedialog 模块中的相关函数进行创建。

### 1. 打开文件

1）打开单个文件

可以通过 askopenfilename()函数创建文件对话框，用于打开单个文件，并返回文件的

图 2-39　疑问(重试/取消)消息对话框

地址,其语法格式如下:

```
askopenfilename(filetypes)
```

其中,参数 filetypes 表示打开文件的类型,示例代码如下:

```
# 资源包\Code\chapter2\2.7\0243.py
import tkinter as tk
from tkinter import filedialog
root = tk.Tk()
root.title('askopenfilename()')
root.geometry('500x400 + 20 + 20')
root.resizable(width = False, height = True)
def openfile():
    fileName = tk.filedialog.askopenfilename()
    print(fileName)
tk.Button(root, text = "打开单个文件", command = openfile).pack()
root.mainloop()
```

上面代码的运行结果如图 2-40 所示。

2) 打开多个文件

可以通过 askopenfilenames()函数创建文件对话框,用于打开多个文件,并返回多个文件地址所组成的元组,其语法格式如下:

```
askopenfilenames()
```

示例代码如下:

图 2-40　文件对话框(打开单个文件)

```
#资源包\Code\chapter2\2.7\0244.py
import tkinter as tk
from tkinter import filedialog
root = tk.Tk()
root.title('askopenfilenames()')
root.geometry('500x400 + 20 + 20')
root.resizable(width = False, height = True)
def openfile():
    fileName = tk.filedialog.askopenfilenames()
    print(fileName)
tk.Button(root, text = "打开多个文件", command = openfile).pack()
root.mainloop()
```

上面代码的运行结果如图 2-41 所示。

### 2．打开目录

可以通过 askdirectory()函数创建文件对话框,用于打开目录,并返回目录的地址,其语法格式如下:

```
askdirectory()
```

示例代码如下:

```
#资源包\Code\chapter2\2.7\0246.py
import tkinter as tk
```

图 2-41　文件对话框（打开多个文件）

```
from tkinter import filedialog
root = tk.Tk()
root.title('askdirectory()')
root.geometry('500x400 + 20 + 20')
root.resizable(width = False, height = True)
def savefile():
    fileName = tk.filedialog.askdirectory()
    print(fileName)
tk.Button(root, text = "打开目录", command = savefile).pack()
root.mainloop()
```

上面代码的运行结果如图 2-42 所示。

### 3. 保存文件

可以通过 asksaveasfilename() 函数创建文件对话框，用于保存文件，其语法格式如下：

```
asksaveasfilename(filetypes)
```

其中，参数 filetypes 表示保存文件的类型，示例代码如下：

```
# 资源包\Code\chapter2\2.7\0245.py
import tkinter as tk
from tkinter import filedialog
root = tk.Tk()
root.title('asksaveasfilename()')
```

图 2-42 文件对话框(打开目录)

```
root.geometry('500x400 + 20 + 20')
root.resizable(width = False, height = True)
def savefile():
    fileName = tk.filedialog.asksaveasfilename()
    print(fileName)
tk.Button(root, text = "保存文件", command = savefile).pack()
root.mainloop()
```

上面代码的运行结果如图 2-43 所示。

图 2-43 文件对话框(保存文件)

## 2.7.3 颜色选择对话框

颜色选择对话框可以提供一个友善的界面,用于让用户选择所需要的颜色,可以通过 colorchooser 模块中的 askcolor() 函数进行创建,其语法格式如下:

```
askcolor(color)
```

其中,参数 color 表示初始化的颜色,默认为浅灰色,示例代码如下:

```python
# 资源包\Code\chapter2\2.7\0247.py
import tkinter as tk
from tkinter import colorchooser
root = tk.Tk()
root.title('askcolor()')
root.geometry('500x400 + 20 + 20')
root.resizable(width = False, height = True)
def choosecolor():
    fileName = tk.colorchooser.askcolor()
    print(fileName)
tk.Button(root, text = "选择颜色", command = choosecolor).pack()
root.mainloop()
```

上面代码的运行结果如图 2-44 所示。

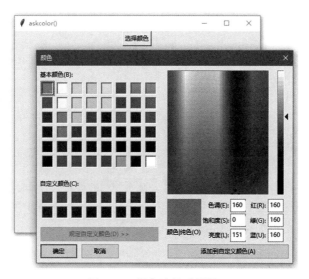

图 2-44　颜色选择对话框

## 2.8　ttk 模块

之前章节所学习的控件,其外观看起来陈旧且过时,这势必导致开发人员所编写的软件界面相对丑陋,而 ttk 模块的出现则解决了这个问题,ttk 模块会使控件的外观看起来更接近系统平台所设定的外观,不仅如此,其还支持主题的定制,使开发人员可以更简便地改进界面的美观程度。综上所述,ttk 模块是 Tkinter 模块的一个进阶模块,目的是完善 Tkinter 模块的一些特定功能。

### 2.8.1 主题和样式

可以通过 ttk 模块中的 Style 类设置程序的主题和样式。

**1. 主题**

可以通过 Style 类的实例对象的 theme_names() 方法查看当前系统平台所支持的主题,其语法格式如下:

```
theme_names()
```

此外,还可以通过 Style 类的实例对象的 theme_use() 方法设置当前程序的主题,其语法格式如下:

```
theme_use(themename)
```

其中,参数 themename 表示系统主题的名称。

示例代码如下:

```python
# 资源包\Code\chapter2\2.8\0248.py
import tkinter as tk
import tkinter.ttk as ttk
root = tk.Tk()
root.title('主题')
root.geometry('500x400 + 20 + 20')
root.resizable(width = False, height = True)
style = ttk.Style()
print(style.theme_names())
style.theme_use('classic')
tk.Button(root, text = 'Tkinter 按钮').pack()
ttk.Button(root, text = 'ttk 按钮').pack()
root.mainloop()
```

上面代码的运行结果如图 2-45 所示。

**2. 样式**

ttk 模块与 Tkinter 模块有一个重要的区别,就是 Tkinter 模块中控件所具有的样式参数无法直接应用到 ttk 模块中的控件,而是必须使用 Style 类的实例对象的 configure() 方法进行设置,其语法格式如下:

```
configure(style, ** kw)
```

其中,参数 style 表示控件的样式名称组合,其固定格式为"自定义名称.控件样式名称",控件样式名称如表 2-9 所示;参数 kw 表示控件的样式。

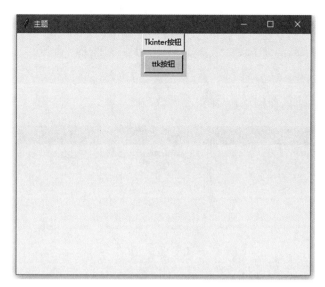

图 2-45　主题

表 2-9　控件样式名称

| 控件样式名称 | 控件 |
| --- | --- |
| TButton | Button |
| TCheckbutton | Checkbutton |
| TEntry | Entry |
| TFrame | Frame |
| TLabel | Label |
| TLabelFrame | LabelFrame |
| TMenubutton | Menubutton |
| TRadiobutton | Radiobutton |
| Horizontal.TScale 或 Vertical.TScale | Scale |
| Horizontal.TScrollbar 或 Vertical.TScrollbar | Scrollbar |
| TCombobox | Combobox（ttk 模块中新增控件） |
| Horizontal.TProgressbar 或 Vertical.TProgressbar | Progressbar（ttk 模块中新增控件） |
| TNotebook | Notebook（ttk 模块中新增控件） |
| Treeview | Treeview（ttk 模块中新增控件） |

示例代码如下：

```
#资源包\Code\chapter2\2.8\0249.py
import tkinter as tk
import tkinter.ttk as ttk
root = tk.Tk()
root.title('样式')
root.geometry('500x400 + 20 + 20')
root.resizable(width = False, height = True)
style = ttk.Style()
```

```
style.configure('fg.TButton', foreground = 'red')
tk.Button(root, text = 'Tkinter 按钮').pack()
ttk.Button(root, text = 'ttk 按钮', style = 'fg.TButton').pack()
root.mainloop()
```

上面代码的运行结果如图 2-46 所示。

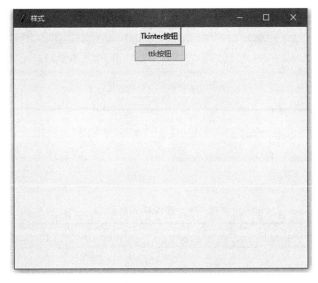

图 2-46　样式

## 2.8.2　控件

ttk 模块除了对之前讲解的 Tkinter 模块中的控件进行升级之外,还支持全新的控件,包括下拉菜单(Combobox 类)、进度条(Progressbar 类)、选项卡(Notebook 类)和树与表格(TreeView 类)。

**1. 下拉菜单(Combobox 类)**

1) 创建下拉菜单对象

可以通过 ttk 模块中的 Combobox 类创建下拉菜单对象,用于完成下拉菜单的创建,其语法格式如下:

```
Combobox(master, values)
```

其中,参数 master 表示下拉菜单的父容器;参数 values 表示下拉菜单的选项值。

2) 下拉菜单对象的相关方法

(1) current()方法,该方法用于设置下拉菜单首选项,其语法格式如下:

```
current(index)
```

其中,参数 index 表示选项的索引。

（2）get()方法，该方法用于获取下拉菜单选项的值，其语法格式如下：

```
get()
```

3）创建下拉菜单

示例代码如下：

```
# 资源包\Code\chapter2\2.8\0250.py
import tkinter as tk
import tkinter.ttk as ttk
root = tk.Tk()
root.title('下拉菜单(Combobox 类)')
root.geometry('500x200 + 20 + 20')
ttk.Label(root, text = "编程语言").pack()
combobox = ttk.Combobox(root, values = ["Python", "PHP", "Java", "C++"])
# 设置当前选中的选项
combobox.current(1)
combobox.pack()
root.mainloop()
```

上面代码的运行结果如图 2-47 所示。

图 2-47　下拉菜单(Combobox 类)

**2．进度条（Progressbar 类）**

1）创建进度条对象

可以通过 ttk 模块中的 Progressbar 类创建进度条对象，用于完成进度条的创建，其语法格式如下：

```
Progressbar(master, mode, length, value, maximum, orient, variable)
```

其中，参数 master 表示进度条的父容器；参数 mode 表示进度条的模式，包括 determinate（表示进度条的指示会从起点开始移动至终点，当明确进度的数据时可以使用该模式）和 indeterminate（表示进度条的指示会在起点和终点之间往复运动，当不明确进度的数据时可以使用该模式）；参数 length 表示进度条长度；参数 value 用于设置或获取进度条的值；参数 maximum 表示进度条的最大值；参数 orient 表示进度条的方向，包括 HORIZONTAL（水平）和 VERTICAL（垂直）；参数 variable 表示与进度条相关联的 Variable 类型的变量，可以设置或获取进度条的值。

2）进度条对象的相关方法
（1）start()方法，该方法用于自动调整进度条的位置，其语法格式如下：

```
start(interval)
```

其中，参数 interval 表示间隔时间，默认值为 50ms。
（2）step()方法，该方法用于设置进度条移动的步长，其语法格式如下：

```
step(amount)
```

其中，参数 amount 表示步长，默认值为 1.0。
（3）stop()方法，该方法用于停止进度条的自动调整，其语法格式如下：

```
stop()
```

3）创建进度条
示例代码如下：

```
#资源包\Code\chapter2\2.8\0251.py
import tkinter as tk
import tkinter.ttk as ttk
root = tk.Tk()
root.title('进度条(Progressbar 类)')
root.geometry('300x150 + 20 + 20')
def run():
    progressbar2.start()
def stop():
    progressbar2.stop()
progressbar1 = ttk.Progressbar(root, mode = 'indeterminate', length = 100)
progressbar1.pack(pady = 10, padx = 10)
progressbar1.start()
progressbar2 = ttk.Progressbar(root, length = 300, mode = 'determinate',
    orient = tk.HORIZONTAL)
progressbar2.pack(padx = 5, pady = 10)
buttonRun = ttk.Button(root, text = 'Run', width = 6, command = run)
buttonRun.pack(padx = 10, pady = 5, side = tk.LEFT)
buttonStop = ttk.Button(root, text = 'Stop', width = 6, command = stop)
buttonStop.pack(padx = 10, pady = 5, side = tk.RIGHT)
root.mainloop()
```

上面代码的运行结果如图 2-48 所示。

### 3．选项卡（Notebook 类）

1）创建选项卡对象
可以通过 Notebook 类创建选项卡对象，用于完成选项卡的创建，其语法格式如下：

```
Notebook(master)
```

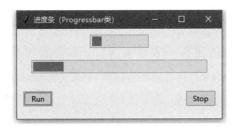

图 2-48　进度条(Progressbar 类)

其中,参数 master 表示选项卡的父容器。

2) 选项卡对象的相关方法

选项卡对象的相关方法为 add()方法,用于添加新选项卡及其相关内容,其语法格式如下:

```
add(child)
```

其中,参数 child 表示控件或选项卡。

3) 创建选项卡

其语法格式如下:

```
#资源包\Code\chapter2\2.8\0252.py
import tkinter as tk
import tkinter.ttk as ttk
root = tk.Tk()
root.title('选项卡(Notebook 类)')
root.geometry('500x300 + 20 + 20')
Notebook = ttk.Notebook(root)
page1 = tk.Frame(Notebook, background = "yellow")
ttk.Label(page1, text = "《Python 全栈开发——基础入门》,作者:夏正东").pack()
page2 = tk.Frame(Notebook, background = "pink")
ttk.Label(page2, text = "《Python 全栈开发——高阶编程》,作者:夏正东").pack()
Notebook.add(page1, text = "《Python 全栈开发——基础入门》")
Notebook.add(page2, text = "《Python 全栈开发——高阶编程》")
Notebook.pack(fill = tk.BOTH, expand = "yes")
root.mainloop()
```

上面代码的运行结果如图 2-49 所示。

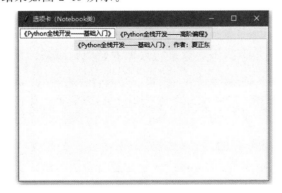

图 2-49　选项卡(Notebook 类)

#### 4. 树与表格（TreeView 类）

1）创建树与表格对象

可以通过 TreeView 类创建树与表格对象，用于完成树与表格的创建，其语法格式如下：

```
TreeView(master, show, columns)
```

其中，参数 master 表示树与表格的父容器；参数 show 表示该控件具体的功能，其值包括 tree（树）和 headings（表格）；参数 columns 为一个列表，列表中的每个值表示表格中列的标识，而列表的长度则为表格中列的长度。

2）树与表格的相关方法

（1）selection()方法，该方法用于返回树中当前选定节点的节点识别码，其语法格式如下：

```
selection()
```

（2）item()方法，该方法用于返回树中当前选定节点的相关信息，或者修改表格中的内容，其语法格式如下：

```
item(item, option, values)
```

其中，参数 item 表示节点识别码；参数 option 表示节点的相关信息，包括 text（树中节点的名称）、image（树中节点的图片）、values（表格中每行的值）、open（树中节点的状态，打开显示 True，关闭显示 0）和 tags（标记）。

（3）insert()方法，该方法用于向树中插入一个新节点，或者向表格中插入一行数据，其语法格式如下：

```
insert(parent, index, iid, text, image, values, open, tags)
```

参数 parent 表示树中的父节点，需要注意的是，对于表格该参数一般为空；参数 index 表示树中节点或表格中每行数据插入的索引，该索引可以为数字，也可以为 end，例如，1 表示第 2 个节点或第 2 行，end 则表示最末端；参数 iid 表示节点识别码；参数 text 表示树中节点的名称；参数 image 表示树中节点的图片；参数 values 表示表格中每行的值；参数 open 表示树中节点的状态，打开显示 True，关闭显示 0；参数 tags 表示标记。

（4）heading()方法，该方法用于设置或查询表格中指定列的标题的相关信息，其语法格式如下：

```
heading(column, anchor, image, text, command)
```

其中，参数 column 表示列的位置；参数 anchor 表示文本内容的位置，其值包括 n、s、w、e、ne、nw、sw、se 和 center；参数 image 表示标题显示的图片；参数 text 表示标题显示的文本内容；参数 command 表示与指定列相关联的函数。

(5) column()方法,该方法用于设置或查询表格中指定列的相关信息,其语法格式如下:

```
column(column, anchor, width)
```

其中,参数 column 表示列的位置;参数 anchor 表示文本内容的位置,其值包括 n、s、w、e、ne、nw、sw、se 和 center;参数 width 表示列的宽度。

3) 树与表格的事件

(1) 内容改变事件,该事件使用<< TreeviewSelect >>表示,代表当选择的内容发生改变时会被触发。

(2) 节点打开事件,该事件使用<< TreeviewOpen >>表示,代表当树的节点打开时会被触发。

(3) 节点关闭事件,该事件使用<< TreeviewClose >>表示,代表当树的节点关闭时会被触发。

4) 创建树与表格

(1) 创建树,示例代码如下:

```python
# 资源包\Code\chapter2\2.8\0253.py
import tkinter as tk
import tkinter.ttk as ttk
root = tk.Tk()
root.title('树与表格(TreeView 类)')
root.geometry('300x400 + 20 + 20')
tree = ttk.Treeview(root, show = 'tree')
def item_select(event):
    for select in tree.selection():
        print(tree.item(select, "text"))
tree.bind("<< TreeviewSelect >>", item_select)
item1 = tree.insert("", 0, text = "Programmer")
item1_1 = tree.insert(item1, 0, text = "Operating System")
tree.insert(item1_1, 0, text = "Linux")
tree.insert(item1_1, 1, text = "FreeBSD")
tree.insert(item1_1, 2, text = "OpenBSD")
tree.insert(item1_1, 3, text = "NetBSD")
tree.insert(item1_1, 4, text = "Solaris")
item1_2 = tree.insert(item1, 0, text = "Programming Language")
item1_2_1 = tree.insert(item1_2, 0, text = "Compiler Language")
item1_2_2 = tree.insert(item1_2, 1, text = "Scripting Language")
tree.insert(item1_2_1, 0, text = "Java")
tree.insert(item1_2_1, 1, text = "C++")
tree.insert(item1_2_1, 2, text = "C")
tree.insert(item1_2_1, 3, text = "Pascal")
tree.insert(item1_2_2, 0, text = "Ruby")
tree.insert(item1_2_2, 1, text = "Tcl")
tree.insert(item1_2_2, 2, text = "PHP")
tree.insert(item1_2_2, 3, text = "Python")
tree.pack(expand = True, fill = tk.BOTH)
root.mainloop()
```

上面代码的运行结果如图2-50所示。

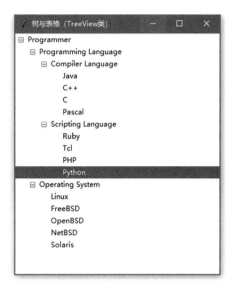

图2-50　树

（2）创建表格，示例代码如下：

```
# 资源包\Code\chapter2\2.8\0254.py
import tkinter as tk
import tkinter.ttk as ttk
root = tk.Tk()
root.title('树与表格(TreeView类)')
root.geometry('600x400 + 20 + 20')
tree = ttk.Treeview(root, show = 'headings', columns = ['0', '1', '2'])
def item_select(event):
    for select in tree.selection():
        print(tree.item(select, "values"))
def head_onclick(type):
    print(type)
tree.bind("<<TreeviewSelect>>", item_select)
tree.heading(0, text = '序号', command = lambda: head_onclick('序号'))
tree.heading(1, text = '书名', command = lambda: head_onclick('书名'))
tree.heading(2, text = '作者', command = lambda: head_onclick('作者'))
tree.column(0, anchor = 'center')
tree.column(1, anchor = 'center')
tree.column(2, anchor = 'center')
tree.insert("", "end", values = ("1", "《Python全栈开发——基础入门》", "夏正东"))
tree.insert("", "end", values = ("2", "《Python全栈开发——高阶编程》", "夏正东"))
tree.insert("", "end", values = ("3", "《Python全栈开发——数据分析》", "夏正东"))
tree.insert("", "end", values = ("4", "《Python全栈开发——Web编程》", "夏正东"))
tree.pack(expand = True, fill = tk.BOTH)
root.mainloop()
```

上面代码的运行结果如图2-51所示。

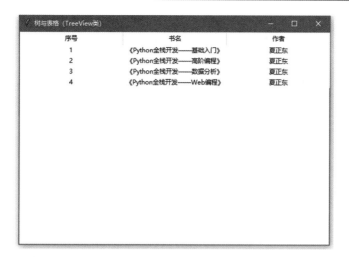

图 2-51　表格

## 2.9　项目实战：文本编辑器

本节将学习编写文本编辑器，以便于更好地理解 Tkinter 的相关使用方式。

### 2.9.1　程序概述

该文本编辑器实现了新建、打开、保存、另存为、撤销、恢复、剪切、复制、粘贴、查找、全选、显示行号、高亮当前行和设置主题等功能，并由"文件"菜单、"编辑"菜单、"视图"菜单和"关于"菜单，以及快捷栏 5 部分组成。

1. "文件"菜单

该菜单包括新建、打开、保存、另存为和退出等菜单项，如图 2-52 所示。

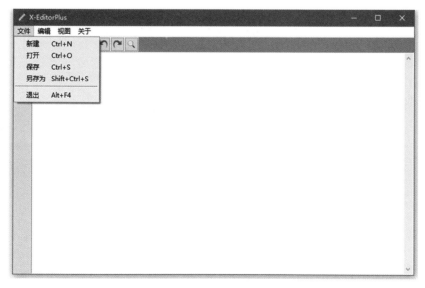

图 2-52　"文件"菜单

## 2. "编辑"菜单

该菜单栏包括撤销、恢复、剪切、复制、粘贴、查找和全选等菜单项,如图 2-53 所示。

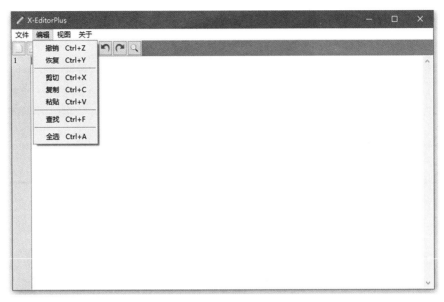

图 2-53 "编辑"菜单

## 3. "视图"菜单

该菜单包括显示行号、高亮当前行和主题等菜单项,如图 2-54 所示。

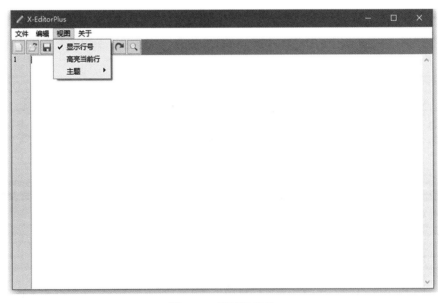

图 2-54 "视图"菜单

## 4. "关于"菜单

该菜单包括关于和帮助等菜单项,如图 2-55 所示。

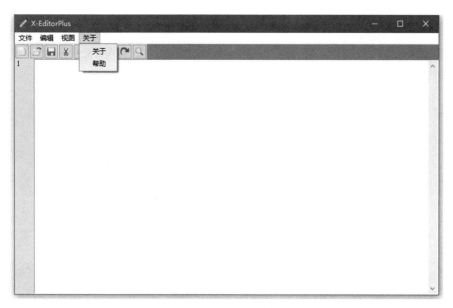

图 2-55 "关于"菜单

**5. 快捷栏**

快捷栏实现了新建、打开、保存、剪切、复制、粘贴、撤销、恢复和查找等功能,如图 2-56 所示。

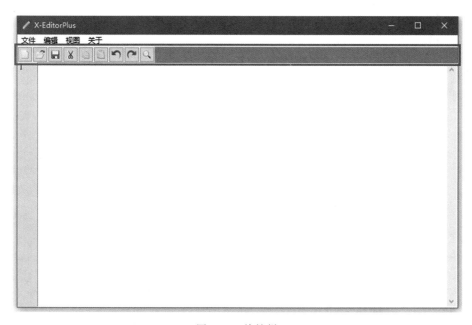

图 2-56 快捷栏

## 2.9.2 程序编写

示例代码如下:

```python
# 资源包\Editor\editor.py
# 版权所有 © 2021 - 2022 Python 全栈开发
# 许可信息查看 LICENSE.txt 文件
# 描述:文本编辑器(X - EditorPlus_V1.0)
# 历史版本:
# 2021 - 4 - 20: 创建 夏正东
from tkinter import *
from tkinter import filedialog, messagebox
from tkinter.ttk import Scrollbar, Checkbutton, Label, Button
import os
# 快捷键的图标
ICONS = ['new_file', 'open_file', 'save', 'cut', 'copy', 'paste', 'undo',
'redo', 'find_text']
# 视图中的主题
theme_color = {
    'Default': '#000000.#FFFFFF',
    'Greygarious': '#83406A.#D1D4D1',
    'Aquamarine': '#5B8340.#D1E7E0',
    'Bold Beige': '#4B4620.#FFF0E1',
    'Cobalt Blue': '#ffffBB.#3333aa',
    'Olive Green': '#D1E7E0.#5B8340',
    'Night Mode': '#FFFFFF.#000000',
}
class EditorPlus(Tk):
    # 定义图标列表,以达到保存图片对象引用的目的
    icon_res = []
    file_name = None
    def __init__(self):
        super().__init__()
        # 初始化窗口
        self._set_window_()
        # 创建菜单栏
        self._create_menu_bar_()
        # 创建快捷菜单栏
        self._create_shortcut_bar_()
        # 创建文本输入界面
        self._create_body_()
        # 鼠标右击
        self._create_right_popup_menu()
    def _set_window_(self):
        self.title("X - EditorPlus")
        scn_width, scn_height = self.maxsize()
        wm_val = '750x450+%d+%d' % ((scn_width - 750) / 2, (scn_height - 450) / 2)
        self.geometry(wm_val)
        self.iconbitmap("img/editor.ico")
        self.protocol('WM_DELETE_WINDOW', self.exit_editor)
    def _create_menu_bar_(self):
        # 创建菜单栏
        menu_bar = Menu(self)
        # 创建菜单:文件
```

```python
        file_menu = Menu(menu_bar, tearoff = 0)
        menu_bar.add_cascade(label = '文件', menu = file_menu)
        # 创建菜单项:新建
        file_menu.add_command(label = '新建', accelerator = 'Ctrl + N',
command = self.new_file)
        file_menu.add_command(label = '打开', accelerator = 'Ctrl + O',
command = self.open_file)
        file_menu.add_command(label = '保存', accelerator = 'Ctrl + S',
command = self.save)
        file_menu.add_command(label = '另存为', accelerator = 'Shift + Ctrl + S',
command = self.save_as)
        # 创建分割线
        file_menu.add_separator()
        file_menu.add_command(label = '退出', accelerator = 'Alt + F4',
command = self.exit_editor)
        # 创建菜单:编辑
        edit_menu = Menu(menu_bar, tearoff = 0)
        menu_bar.add_cascade(label = '编辑', menu = edit_menu)
        edit_menu.add_command(label = '撤销', accelerator = 'Ctrl + Z',
command = lambda: self.handle_menu_action('撤销'))
        edit_menu.add_command(label = '恢复', accelerator = 'Ctrl + Y',
command = lambda: self.handle_menu_action('恢复'))
        edit_menu.add_separator()
        edit_menu.add_command(label = '剪切', accelerator = 'Ctrl + X',
command = lambda: self.handle_menu_action('剪切'))
        edit_menu.add_command(label = '复制', accelerator = 'Ctrl + C',
command = lambda: self.handle_menu_action('复制'))
        edit_menu.add_command(label = '粘贴', accelerator = 'Ctrl + V',
command = lambda: self.handle_menu_action('粘贴'))
        edit_menu.add_separator()
        edit_menu.add_command(label = '查找', accelerator = 'Ctrl + F',
command = self.find_text)
        edit_menu.add_separator()
        edit_menu.add_command(label = '全选', accelerator = 'Ctrl + A',
command = self.select_all)
        # 创建菜单:视图
        view_menu = Menu(menu_bar, tearoff = 0)
        menu_bar.add_cascade(label = '视图', menu = view_menu)
        # 显示行号功能,默认显示行号
        self.is_show_line_num = IntVar()
        self.is_show_line_num.set(1)
        view_menu.add_checkbutton(label = '显示行号',
variable = self.is_show_line_num, command = self._update_line_num)
        # 高亮当前行功能,默认高亮当前行
        self.is_highlight_line = IntVar()
        self.is_highlight_line.set(1)
        view_menu.add_checkbutton(label = '高亮当前行',
variable = self.is_highlight_line, command = self._toggle_highlight)
        # 创建子菜单:主题
```

```python
            themes_menu = Menu(menu_bar, tearoff = 0)
            view_menu.add_cascade(label = '主题', menu = themes_menu)
            self.theme_choice = StringVar()
            self.theme_choice.set('Default')
            for k in sorted(theme_color):
                # 创建菜单项
                themes_menu.add_radiobutton(label = k,
variable = self.theme_choice, command = self.change_theme)
            # 创建菜单:关于
            about_menu = Menu(menu_bar, tearoff = 0)
            menu_bar.add_cascade(label = '关于', menu = about_menu)
            about_menu.add_command(label = '关于', command = lambda:
self.show_messagebox('关于'))
            about_menu.add_command(label = '帮助', command = lambda:
self.show_messagebox('帮助'))
            # 显示菜单栏
            self.config(menu = menu_bar)
    def _create_shortcut_bar_(self):
        shortcut_bar = Frame(self, height = 25, background = '#20b2aa')
        shortcut_bar.pack(fill = 'x')
        for i, icon in enumerate(ICONS):
            tool_icon = PhotoImage(file = f'img/{icon}.gif')
            # 由于使用的是循环绑定事件,所以这里不能使用lambda表达式进行有参数的传递,
            # 否则会导致所有事件都变成循环的最后一项事件
            tool_btn = Button(shortcut_bar, image = tool_icon,
command = self._shortcut_action(icon))
            tool_btn.pack(side = 'left')
            # 保存图片对象的引用
            self.icon_res.append(tool_icon)
    def _create_body_(self):
        # 创建行号栏
        self.line_number_bar = Text(self, width = 4, padx = 3, takefocus = 0,
border = 0, background = '#F0E68C', state = 'disabled')
        self.line_number_bar.pack(side = 'left', fill = 'y')
        # 创建文本输入框
        self.content_text = Text(self, wrap = 'word', undo = True)
        self.content_text.pack(expand = 'yes', fill = 'both')
        # 快捷键绑定事件
        self.content_text.bind('<Control-N>', self.new_file)
        self.content_text.bind('<Control-n>', self.new_file)
        self.content_text.bind('<Control-O>', self.open_file)
        self.content_text.bind('<Control-o>', self.open_file)
        self.content_text.bind('<Control-S>', self.save)
        self.content_text.bind('<Control-s>', self.save)
        self.content_text.bind('<Control-A>', self.select_all)
        self.content_text.bind('<Control-a>', self.select_all)
        self.content_text.bind('<Control-f>', self.find_text)
        self.content_text.bind('<Control-F>', self.find_text)
```

```python
        self.content_text.bind('<Any-KeyPress>', lambda e: self._update_line_num(), add = '+')
        self.content_text.bind('<Any-KeyPress>', lambda e: self._toggle_highlight(), add = '+')
        self.bind_all('<KeyPress-F1>', lambda e: self.show_messagebox("帮助"))
        #设置标签 active_line
        self.content_text.tag_configure('active_line', background = '#EEEEE0')
        #创建滚动条
        scroll_bar = Scrollbar(self.content_text)
        scroll_bar.pack(side = 'right', fill = 'y')
        scroll_bar["command"] = self.content_text.yview
        self.content_text["yscrollcommand"] = scroll_bar.set
    #鼠标右击弹出菜单
    def _create_right_popup_menu(self):
        popup_menu = Menu(self.content_text, tearoff = 0)
        for it1, it2 in zip(['剪切', '复制', '粘贴', '撤销', '恢复'], ['cut', 'copy', 'paste', 'undo', 'redo']):
            popup_menu.add_command(label = it1, compound = 'left', command = self._shortcut_action(it2))
        popup_menu.add_separator()
        popup_menu.add_command(label = '全选', command = self.select_all)
        self.content_text.bind('<Button-3>', lambda event: popup_menu.post(event.x_root, event.y_root))
    def _update_line_num(self):
        if self.is_show_line_num.get():
            #获取当前文本输入界面的行号和列号
            row, col = self.content_text.index("end").split('.')
            #生成当前行数的数列,并与换行符拼接形成新的字符串
            line_num_content = "\n".join([str(i) for i in range(1, int(row))])
            #可编辑
            self.line_number_bar.config(state = 'normal')
            #插入之前清空行号栏
            self.line_number_bar.delete('1.0', 'end')
            #插入行号
            self.line_number_bar.insert('1.0', line_num_content)
            #不可编辑
            self.line_number_bar.config(state = 'disabled')
        else:
            self.line_number_bar.config(state = 'normal')
            self.line_number_bar.delete('1.0', 'end')
            self.line_number_bar.config(state = 'disabled')
    def _toggle_highlight(self):
        if self.is_highlight_line.get():
            #清除上一行的高亮
            self.content_text.tag_remove("active_line", 1.0, "end")
            #将当前行高亮
            self.content_text.tag_add("active_line", "insert linestart", "insert lineend + 1c")
```

```python
            self.after(200, self._toggle_highlight)
        else:
            self.content_text.tag_remove("active_line", 1.0, "end")
def change_theme(self):
    selected_theme = self.theme_choice.get()
    fg_bg = theme_color.get(selected_theme)
    fg_color, bg_color = fg_bg.split('.')
    # 设置背景色和前景色
    self.content_text.config(bg = bg_color, fg = fg_color)
def handle_menu_action(self, action_type):
    if action_type == "撤销":
        self.content_text.event_generate("<<Undo>>")
    elif action_type == "恢复":
        self.content_text.event_generate("<<Redo>>")
    elif action_type == "剪切":
        self.content_text.event_generate("<<Cut>>")
    elif action_type == "复制":
        self.content_text.event_generate("<<Copy>>")
    elif action_type == "粘贴":
        self.content_text.event_generate("<<Paste>>")
    if action_type != "复制":
        self._update_line_num()
    # 返回 break,使事件终止
    return "break"
def show_messagebox(self, type):
    if type == "帮助":
        messagebox.showinfo("帮助", "这是帮助文档!", icon = 'question')
    else:
        messagebox.showinfo("关于", "X-EditorPlus_V1.0\n作者:夏正东")
def _shortcut_action(self, type):
    def handle():
        if type == "new_file":
            self.new_file()
        elif type == "open_file":
            self.open_file()
        elif type == "save":
            self.save()
        elif type == "cut":
            self.handle_menu_action("剪切")
        elif type == "copy":
            self.handle_menu_action("复制")
        elif type == "paste":
            self.handle_menu_action("粘贴")
        elif type == "undo":
            self.handle_menu_action("撤销")
        elif type == "redo":
            self.handle_menu_action("恢复")
        elif type == "find_text":
            self.find_text()
        if type != "copy" and type != "save":
```

```python
                self._update_line_num()
            return handle
        def select_all(self, event = None):
            self.content_text.tag_add('sel', '1.0', 'end')
            return "break"
        def new_file(self, event = None):
            self.title("New - X-EditorPlus")
            self.content_text.delete(1.0, END)
            self.file_name = None
        def open_file(self, event = None):
            input_file = filedialog.askopenfilename(filetypes = [("所有文件", "*.*"), ("文本文档", "*.txt")])
            if input_file:
                self.title(f"{os.path.basename(input_file)} - X-EditorPlus")
                self.file_name = input_file
                self.content_text.delete(1.0, END)
                with open(input_file, 'r') as _file:
                    self.content_text.insert(1.0, _file.read())
        def save(self, event = None):
            if not self.file_name:
                self.save_as()
            else:
                self._write_to_file(self.file_name)
        def save_as(self, event = None):
            input_file = filedialog.asksaveasfilename(filetypes = [("All Files", "*.*"), ("文本文档", "*.txt")])
            if input_file:
                self.file_name = input_file
                self._write_to_file(self.file_name)
        def _write_to_file(self, file_name):
            try:
                content = self.content_text.get(1.0, 'end')
                with open(file_name, 'w') as the_file:
                    the_file.write(content)
                self.title(f"{os.path.basename(file_name)} - X-EditorPlus")
            except IOError:
                messagebox.showwarning("保存", "保存失败!")
        #查找对话框
        def find_text(self, event = None):
            search_toplevel = Toplevel(self)
            search_toplevel.title('查找文本')
            #总是让搜索框显示在其父窗体之上
            search_toplevel.transient(self)
            self.update()
            root_x, root_y = self.winfo_x(), self.winfo_y()
            search_toplevel.geometry('+ %d + %d' % ((root_x + 200), (root_y + 100)))
            search_toplevel.resizable(False, False)
```

```python
            Label(search_toplevel, text = "查找全部:").grid(row = 0, column = 0, sticky = 'e')
            search_entry_widget = Entry(search_toplevel, width = 25)
            search_entry_widget.grid(row = 0, column = 1, padx = 2, pady = 2, sticky = 'we')
            # 获取焦点
            search_entry_widget.focus_set()
            ignore_case_value = IntVar()
            Checkbutton(search_toplevel, text = '忽略大小写', variable = ignore_case_value).grid(row = 1, column = 1, sticky = 'e', padx = 2, pady = 2)
            Button(search_toplevel, text = "查找", command = lambda: self.search_result(search_entry_widget.get(), ignore_case_value.get(), search_toplevel, search_entry_widget)).grid(row = 0, column = 2, sticky = 'e' + 'w', padx = 2, pady = 2)
            def close_search_window():
                self.content_text.tag_remove('match', '1.0', "end")
                search_toplevel.destroy()
            search_toplevel.protocol('WM_DELETE_WINDOW', close_search_window)
            return "break"
        def search_result(self, key, ignore_case, search_toplevel, search_box):
            self.content_text.tag_remove('match', '1.0', "end")
            matches_found = 0
            if key:
                start_pos = '1.0'
                while True:
                    # search 返回第 1 个匹配上的结果的开始索引,如果返回空,则没有匹配的
                    # (nocase:忽略大小写)
                    start_pos = self.content_text.search(key, start_pos, nocase = False, stopindex = "end")
                    if not start_pos:
                        break
                    end_pos = '{} + {}c'.format(start_pos, len(key))
                    self.content_text.tag_add('match', start_pos, end_pos)
                    matches_found += 1
                    start_pos = end_pos
                self.content_text.tag_config('match', foreground = 'red', background = 'yellow')
            search_box.focus_set()
            search_toplevel.title(f'发现{matches_found}个匹配的')
        def exit_editor(self):
            if messagebox.askokcancel("退出 X - EditorPlus", "确定退出吗?"):
                self.destroy()
if "__main__" == __name__:
    app = EditorPlus()
    app.mainloop()
```

最终运行结果如图 2-57 所示。

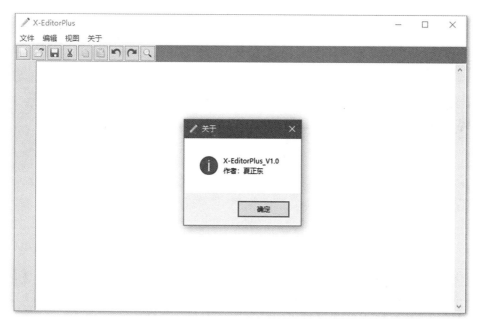

图 2-57 文本编辑器

# 第 3 章 wxPython

## 3.1 wxPython 的安装

由于 wxPython 不是 Python 官方提供的图形用户界面开发工具包，所以在使用 wxPython 之前，需要安装 wxPython。

安装 wxPython 的方法很简单，打开"命令提示符"，并输入命令 pip install wxpython 即可。

在完成安装之后，需要引入该包才可以正常使用 wxPython 进行编程，需要注意的是，引入的包名是 wx，而不是 wxpython，示例代码如下：

```
#资源包\Code\chapter3\3.1\0301.py
import wx
```

## 3.2 wxPython 的基本要素

在正式开始学习 wxPython 之前，首先要了解一下 wxPython 的 5 个基本要素，其分别为应用程序、窗口、控件、布局管理器和事件处理，之后的学习内容也都是紧紧围绕这 5 个基本要素展开的。

## 3.3 应用程序

在 wxPython 中，应用程序主要用于管理主事件循环，主事件循环是 wxPython 驱动程序的动力，如果没有应用程序，wxPython 的程序将无法正常运行。

**1. 创建应用程序对象**

可以通过 wx 模块中的 App 类创建应用程序对象，用于完成应用程序的创建，其语法格式如下：

```
App()
```

## 2. 应用程序对象的相关方法

应用程序对象的相关方法为 MainLoop()方法,主要用于主事件循环,其语法格式如下:

```
MainLoop()
```

## 3. 创建应用程序

创建应用程序有两种方式,分别为使用 App 类和 App 类的子类。

1) 使用 App 类创建应用程序

示例代码如下:

```
#资源包\Code\chapter3\3.3\0302.py
import wx
#创建应用程序
app = wx.App()
#主事件循环
app.MainLoop()
```

2) 使用 App 类的子类创建应用程序

需要注意的是,App 类中具有两种方法,分别为 OnInit()方法和 OnExit()方法,App 类的子类必须重写这两种方法,其中,OnInit()方法表示应用程序进入时所调用的方法,而 OnExit()方法表示应用程序退出时所调用的方法,示例代码如下:

```
#资源包\Code\chapter3\3.3\0303.py
import wx
class App(wx.App):
    def OnInit(self):
        return True
    def OnExit(self):
        return False
if __name__ == '__main__':
    app = App()
    app.MainLoop()
```

## 3.4 窗口

可以通过 Window 类的子类来创建各种窗口,包括框架(Frame 类)、内容面板(Panel 类)、菜单栏(MenuBar 类)和分隔窗口(SplitterWindow 类)等。

### 3.4.1 框架(Frame 类)

在 wxPython 中,框架主要用于管理窗体的相关控件,并呈现给用户。

#### 1. 创建框架对象

可以通过 wx 模块中的 Frame 类创建框架对象,用于完成框架的创建,其语法格式

如下:

```
Frame(parent, id, title, pos, size, style, name)
```

其中,参数 parent 表示框架的父窗口,该值一般为 None;参数 id 表示窗口标识符;参数 title 表示框架的标题;参数 pos 表示框架的位置;参数 size 表示框架的尺寸;参数 style 表示框架的类型;参数 name 表示框架的名称。

在上面的参数中有一个重要的概念,即窗口标识符,窗口标识符指的是在事件中用于唯一确定窗口的标识,该标识既可以为常量,也可以为该常量的值。

创建窗口标识符有以下 3 种方法。

1) 自动创建窗口标识符

通过常量 ID_ANY,或者其对应的值−1,即可使 wxPython 自动创建窗口标识符。通常情况下,在不需要修改子窗口或控件状态的时候,一般让 wxPython 自动创建窗口标识符,例如创建一个不需要改变的静态文本控件。

2) 使用标准窗口标识符

wxPython 中提供了标准窗口标识符,这些窗口标识符的范围在常量 ID_LOWEST 和常量 ID_HIGHEST 之间,即 4999~5999,常用的窗口标识符如表 3-1 所示。

表 3-1 常用的窗口标识符

| 常　　量 | 值 | 描　　述 |
|---|---|---|
| ID_OPEN | 5000 | 打开(O)... |
| ID_CLOSE | 5001 | 关闭 |
| ID_NEW | 5002 | 新建(N) |
| ID_SAVE | 5003 | 保存(S) |
| ID_SAVEAS | 5004 | 另存为(A)... |
| ID_EXIT | 5006 | 退出(Q) |
| ID_UNDO | 5007 | 撤销(U) |
| ID_REDO | 5008 | 恢复(R) |
| ID_HELP | 5009 | 帮助(H) |
| ID_PRINT | 5010 | 打印(P)... |
| ID_PREVIEW | 5013 | 打印预览(W)... |
| ID_ABOUT | 5014 | 关于(A) |
| ID_EDIT | 5030 | 编辑(E) |
| ID_CUT | 5031 | 剪切(t) |
| ID_COPY | 5032 | 复制(C) |
| ID_PASTE | 5033 | 粘贴(P) |
| ID_CLEAR | 5034 | 清除(C) |
| ID_FIND | 5035 | Find... |
| ID_SELECTALL | 5037 | 全部选择(A) |
| ID_DELETE | 5038 | 删除(D) |
| ID_REPLACE | 5039 | Replace... |
| ID_PROPERTIES | 5041 | 属性(P) |
| ID_FILE | 5050 | 文件(F) |

续表

| 常　　量 | 值 | 描　　述 |
|---|---|---|
| ID_OK | 5100 | 确认 |
| ID_CANCEL | 5101 | 取消 |
| ID_APPLY | 5102 | 应用(A) |
| ID_YES | 5103 | 是(Y) |
| ID_NO | 5104 | 否(N) |
| ID_FORWARD | 5106 | 前进(F) |
| ID_BACKWARD | 5107 | 返回(B) |
| ID_UP | 5120 | 向上(U) |
| ID_DOWN | 5121 | 向下(D) |
| ID_HOME | 5122 | Home(H) |
| ID_REFRESH | 5123 | 刷新 |
| ID_STOP | 5124 | 停止(S) |
| ID_INDEX | 5125 | 索引(I) |
| ID_BOLD | 5126 | 粗体(B) |
| ID_ITALIC | 5127 | 斜体(I) |
| ID_JUSTIFY_CENTER | 5128 | 居中 |
| ID_JUSTIFY_FILL | 5129 | 分散对齐 |
| ID_JUSTIFY_RIGHT | 5130 | 右对齐 |
| ID_JUSTIFY_LEFT | 5131 | 左对齐 |
| ID_UNDERLINE | 5132 | 下画线 |
| ID_INDENT | 5133 | 缩进 |
| ID_UNINDENT | 5134 | 取消缩进(U) |
| ID_ZOOM_100 | 5135 | 实际大小(A) |
| ID_ZOOM_FIT | 5136 | 缩放以适应窗口(F) |
| ID_ZOOM_IN | 5137 | 放大(I) |
| ID_ZOOM_OUT | 5138 | 缩小(O) |
| ID_UNDELETE | 5139 | 取消删除 |
| ID_REVERT_TO_SAVED | 5140 | 还原为上次保存的文件 |

3) 自定义窗口标识符

自定义窗口标识符必须是正值，并且要避免在窗口标识符常量所在的范围之内自定义窗口标识符。

**2．框架对象的相关方法**

1) Show()方法

该方法从 Window 类中继承而来，用于显示窗口，其语法格式如下：

```
Show( )
```

2) Close()方法

该方法从 Window 类中继承而来，用于关闭窗口，其语法格式如下：

```
Close()
```

3）Destroy()方法

该方法从 Window 类中继承而来,用于销毁窗口,其语法格式如下：

```
Destroy()
```

4）SetTitle()方法

该方法从 TopLevelWindow 类中继承而来,用于设置窗口标题,其语法格式如下：

```
SetTitle(title)
```

其中,参数 title 表示窗口的标题。

5）SetIcon()方法

该方法从 TopLevelWindow 类中继承而来,用于设置窗口图标,其语法格式如下：

```
SetIcon(icon)
```

其中,参数 icon 表示窗口图标。

6）SetSizeHints()方法

该方法从 TopLevelWindow 类中继承而来,用于设置窗口的最小尺寸和最大尺寸,其语法格式如下：

```
SetSizeHints(minSize, maxSize)
```

其中,参数 minSize 表示最小尺寸；参数 maxSize 表示最大尺寸。

7）SetMenuBar()方法

该方法用于将菜单栏添加到框架中,其语法格式如下：

```
SetMenuBar(menuBar)
```

其中,参数 menuBar 表示菜单栏对象。

8）SetToolBar()方法

该方法用于将工具栏添加到框架中,其语法格式如下：

```
SetToolBar(toolBar)
```

其中,参数 toolBar 表示工具栏对象。

9）SetStatusBar()方法

该方法用于将状态栏添加到框架中,其语法格式如下：

```
SetStatusBar(statusBar)
```

其中，参数 statusBar 表示状态栏对象。

**3．创建框架**

创建框架有两种方式，分别为使用 Frame 类和 Frame 类的子类。

1）使用 Frame 类创建框架

示例代码如下：

```
#资源包\Code\chapter3\3.4\0304.py
import wx
class App(wx.App):
    def OnInit(self):
        frame = wx.Frame(parent = None, title = '框架(Frame 类)', pos = (100, 100), size = (600, 500))
        frame.Show()
        return True
    def OnExit(self):
        print('应用程序已退出,谢谢使用!')
        return False
if __name__ == '__main__':
    app = App()
    app.MainLoop()
```

上面代码的运行结果如图 3-1 所示。

图 3-1　框架(Frame 类)

2）使用 Frame 类的子类创建框架

示例代码如下：

```
#资源包\Code\chapter3\3.4\0305.py
import wx
```

```
class MyFrame(wx.Frame):
    def __init__(self):
        super().__init__(parent = None, title = '框架(Frame类)', pos = (100, 100),
size = (600, 500))
class App(wx.App):
    def OnInit(self):
        frame = MyFrame()
        frame.Show()
        return True
    def OnExit(self):
        print('应用程序已退出,谢谢使用!')
        return False
if __name__ == '__main__':
    app = App()
    app.MainLoop()
```

上面代码的运行结果如图 3-2 所示。

图 3-2　框架(Frame 类)

## 3.4.2　内容面板(Panel 类)

在 wxPython 中,内容面板是一个容器元素,可以在其上添加控件。

**1. 创建内容面板对象**

可以通过 wx 模块中的 Panel 类创建内容面板对象,用于完成内容面板的创建,其语法如下:

```
Panel(parent, id, pos, size, style, name)
```

其中,参数 parent 表示内容面板的父窗口;参数 id 表示窗口标识符;参数 pos 表示内容面板的位置；参数 size 表示内容面板的尺寸；参数 style 表示内容面板的类型；参数 name 表示内容面板的名称。

**2. 创建内容面板**

示例代码如下：

```
#资源包\Code\chapter3\3.4\0306.py
import wx
class MyFrame(wx.Frame):
    def __init__(self):
        super().__init__(parent = None, title = '内容面板(Panel 类)', pos = (100, 100), size = (600, 500))
        #内容面板的父窗口为框架
        panel = wx.Panel(parent = self)
class App(wx.App):
    def OnInit(self):
        frame = MyFrame()
        frame.Show()
        return True
    def OnExit(self):
        print('应用程序已退出,谢谢使用!')
        return False
if __name__ == '__main__':
    app = App()
    app.MainLoop()
```

上面的代码的运行结果如图 3-3 所示。

图 3-3　内容面板(Panel 类)

## 3.4.3　菜单栏(MenuBar 类)

菜单栏实际上是一种树形结构,为软件的大多数功能提供功能入口。在 wxPython 中,菜单栏中仅可以包含菜单,而在菜单中则可以包含菜单和菜单项,其布局如图 3-4 所示。

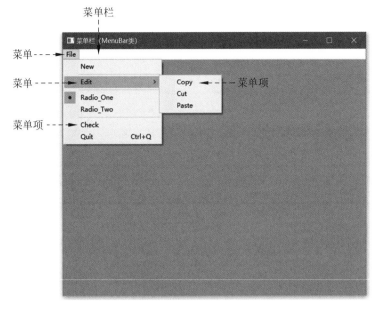

图 3-4　菜单栏的布局

**1．创建菜单栏对象**

可以通过 wx 模块中的 MenuBar 类创建菜单栏对象,用于完成菜单栏的创建,其语法格式如下:

```
MenuBar()
```

**2．菜单栏对象的相关方法**

菜单栏对象的相关方法为 Append()方法,主要用于将菜单添加至菜单栏中,其语法格式如下:

```
Append(menu, item)
```

其中,参数 menu 表示要添加的菜单对象;参数 item 表示要添加菜单的名称。

**3．创建菜单对象**

可以通过 wx 模块中的 Menu 类创建菜单对象,用于完成菜单的创建,其语法格式如下:

```
Menu()
```

**4．菜单对象的相关方法**

1) Append()方法

该方法用于将菜单或菜单项添加至菜单中,其语法格式有以下两种:

```
Append(id, item, menu)
```

其中,参数 id 表示窗口标识符;参数 item 表示要添加菜单的名称;参数 menu 表示要添加的菜单对象。

```
Append(menuitem)
```

其中,参数 menuitem 表示要添加的菜单项对象。

2) AppendCheckItem()方法

该方法用于添加可选中菜单项,其语法格式如下:

```
AppendCheckItem(id, item)
```

其中,参数 id 表示窗口标识符;参数 item 表示要添加菜单项的名称。

3) AppendSeparator()方法

该方法用于添加分隔符,其语法格式如下:

```
AppendSeparator()
```

4) FindItemById()方法

该方法用于通过窗口标识符查找菜单项,其语法格式如下:

```
FindItemById(id)
```

其中,参数 id 表示窗口标识符。

### 5. 创建菜单项对象

可以通过 wx 模块中的 MenuItem 类创建菜单项对象,用于完成菜单项的创建,其语法格式如下:

```
MenuItem(parentMenu, id, text, helpString, kind)
```

其中,参数 parentMenu 表示菜单项对象的父菜单;参数 id 表示窗口标识符;参数 text 表示菜单项的名称;参数 helpString 用于在状态栏中显示提示信息;kind 表示菜单项类型,包括 wx.ITEM_NORMAL(普通菜单项,默认)、wx.ITEM_SEPARATOR(分割线菜单项)、wx.ITEM_CHECK(复选框菜单项)和 wx.ITEM_RADIO(单选按钮菜单项)。

### 6. 菜单项对象的相关方法

1) GetItemLabel()方法

该方法用于获取菜单项的标签内容,其语法格式如下:

```
GetItemLabel()
```

2) GetItemLabelText()方法

该方法同样用于获取菜单项的标签内容,但与 GetItemLabel()方法不同的是,该方法不会解析特殊字符,其语法格式如下:

GetItemLabelText()

### 7. 创建菜单栏

示例代码如下：

```python
#资源包\Code\chapter3\3.4\0307.py
import wx
class MyFrame(wx.Frame):
    def __init__(self):
        super().__init__(parent=None, title='菜单栏(MenuBar 类)', size=(600, 500))
        menubar = wx.MenuBar()
        #创建菜单:File
        file_menu = wx.Menu()
        #创建菜单项:New,类型为普通菜单项
        new_menuitem = wx.MenuItem(file_menu, -1, text="New", helpString="help for 'New'", kind=wx.ITEM_NORMAL)
        #将菜单项 New 添加至菜单 File 中
        file_menu.Append(new_menuitem)
        #添加分割符
        file_menu.AppendSeparator()
        #创建菜单:Edit
        edit_menu = wx.Menu()
        #创建菜单项:Copy,类型为普通菜单项
        copy_menuitem = wx.MenuItem(edit_menu, -1, text="Copy", helpString="help for 'Copy'", kind=wx.ITEM_NORMAL)
        #将菜单项 Copy 添加至菜单 Edit 中
        edit_menu.Append(copy_menuitem)
        #创建菜单项:Cut,类型为普通菜单项
        cut_menuitem = wx.MenuItem(edit_menu, -1, text='Cut', helpString="help for 'Cut'", kind=wx.ITEM_NORMAL)
        #将菜单项 Cut 添加至菜单 Edit 中
        edit_menu.Append(cut_menuitem)
        #创建菜单项:Paste,类型为普通菜单项
        paste_menuitem = wx.MenuItem(edit_menu, -1, text="Paste", helpString="help for 'Paste'", kind=wx.ITEM_NORMAL)
        #将菜单项 Paste 添加至菜单 Edit 中
        edit_menu.Append(paste_menuitem)
        #将菜单 Edit 添加至菜单 File 中
        file_menu.Append(-1, 'Edit', edit_menu)
        #添加分割符
        file_menu.AppendSeparator()
        #创建菜单项:Radio_One,类型为单选按钮菜单项
        radio1 = wx.MenuItem(file_menu, -1, text="Radio_One", kind=wx.ITEM_RADIO)
        #创建菜单项:Radio_Two,类型为单选按钮菜单项
        radio2 = wx.MenuItem(file_menu, -1, text="Radio_Two", kind=wx.ITEM_RADIO)
        #将菜单项 Radio_One 添加至菜单 File 中
        file_menu.Append(radio1)
        #将菜单项 Radio_Two 添加至菜单 File 中
```

```python
        file_menu.Append(radio2)
        #添加分割符
        file_menu.AppendSeparator()
        #将可选中菜单项 Check 添加至菜单 File 中
        file_menu.AppendCheckItem(-1, item = "Check")
        #创建菜单项:Quit,类型为普通菜单项
        quit = wx.MenuItem(file_menu, -1, text = "Quit\tCtrl + Q", kind = wx.ITEM_NORMAL)
        #将菜单项 Quit 添加至菜单 File 中
        file_menu.Append(quit)
        #将菜单 File 添加至菜单栏中
        menubar.Append(file_menu, 'File')
        #在框架中添加菜单栏
        self.SetMenuBar(menubar)
class App(wx.App):
    def OnInit(self):
        frame = MyFrame()
        frame.Show()
        return True
    def OnExit(self):
        print('应用程序已退出,谢谢使用!')
        return False
if __name__ == '__main__':
    app = App()
    app.MainLoop()
```

上面的代码的运行结果如图 3-5 所示。

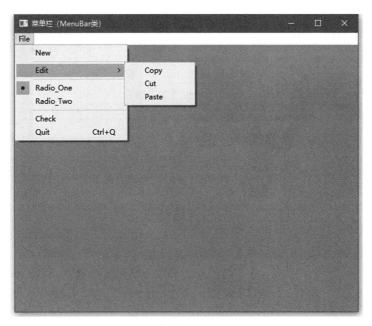

图 3-5  菜单栏(MenuBar 类)

### 3.4.4 分隔窗口(SplitterWindow 类)

在 wxPython 中,分隔窗口用于将窗口分为两部分,即左右布局或上下布局。

**1. 创建分隔窗口对象**

可以通过 wx 模块中的 SplitterWindow 类创建分隔窗口对象,用于完成分隔窗口的创建,其语法格式如下:

```
SplitterWindow(parent, id, pos, size, style, name)
```

其中,参数 parent 表示分隔窗口的父窗口;参数 id 表示窗口标识符;参数 pos 表示分隔窗口的位置;参数 size 表示分隔窗口的尺寸;参数 style 表示分隔窗口的样式,包括 wx.SP_NOBORDER(默认)、wx.SP_3D、wx.SP_BORDER、wx.SP_THIN_SASH 和 wx.SP_PERMIT_UNSPLIT 等;参数 name 表示分隔窗口的名称。

**2. 分隔窗口对象的相关方法**

1) SplitVertically()方法

该方法用于设置左右布局的分隔窗口,其语法格式如下:

```
SplitVertically(window1, window2, sashPosition)
```

其中,参数 window1 表示左窗口;参数 window2 表示右窗口;参数 sashPosition 表示分隔窗口中两个子窗口之间分割线(窗框)的位置。

2) SplitHorizontally()方法

该方法用于设置上下布局的分隔窗口,其语法格式如下:

```
SplitHorizontally(window1, window2, sashPosition)
```

其中,参数 window1 表示上窗口;参数 window2 表示下窗口;参数 sashPosition 表示分隔窗口中两个子窗口之间分割线(窗框)的位置。

3) SetMinimumPaneSize()方法

该方法用于设置最小窗口尺寸,其语法格式如下:

```
SetMinimumPaneSize(paneSize)
```

其中,参数 paneSize 在左右布局的分隔窗口中表示的是左窗口的最小尺寸,其默认值为 0,而在上下布局的分隔窗口中则表示的是上窗口的最小尺寸,其默认值同样为 0。

**3. 创建分隔窗口**

示例代码如下:

```python
#资源包\Code\chapter3\3.4\0308.py
import wx
class MyFrame(wx.Frame):
    def __init__(self):
```

```
        super().__init__(parent = None, title = '分隔窗口(SplitterWindow类)',
size = (500, 300))
        splitter = wx.SplitterWindow(self, -1)
        leftpanel = wx.Panel(splitter)
        rightpanel = wx.Panel(splitter)
        splitter.SplitVertically(leftpanel, rightpanel, 100)
        splitter.SetMinimumPaneSize(50)
        # 创建静态文本控件,并添加到内容面板之中
        left_content = wx.StaticText(leftpanel, label = '左侧窗口')
        right_content = wx.StaticText(rightpanel, label = '右侧窗口')
class App(wx.App):
    def OnInit(self):
        frame = MyFrame()
        frame.Show()
        return True
    def OnExit(self):
        print('应用程序已退出,谢谢使用!')
        return False
if __name__ == '__main__':
    app = App()
    app.MainLoop()
```

上面的代码的运行结果如图 3-6 所示。

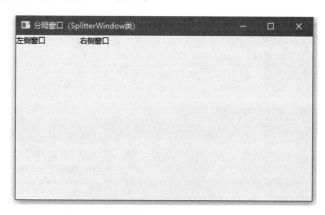

图 3-6　分隔窗口(SplitterWindow 类)

## 3.5　控件

在 wxPython 中,可以通过 Control 类的子类来创建各种控件,其包括静态文本(StaticText 类)、文本输入框(TextCtrl 类)、普通按钮(Button 类)、位图按钮(BitmapButton 类)、开关按钮(ToggleButton 类)、单选按钮(RadioButton 类)、单选框(RadioBox 类)、复选框(CheckBox 类)、可编辑下拉菜单(ComboBox 类)、不可编辑下拉菜单(Choice 类)、列表框(ListBox 类)、静态框(StaticBox 类)、静态图片(StaticBitmap 类)、静态直线(StaticLine 类)、微调节器(SpinCtrl 类)、滑块(Slider 类)、树(TreeCtrl 类)、工具栏(ToolBar 类)、状态

栏(StatusBar 类)等。
　　Control 类的常用方法如下：
　　1) GetLabel()方法
　　该方法用于获取控件的标签内容，其语法格式如下：

```
GetLabel()
```

　　2) GetLabelText()方法
　　该方法同样用于获取控件的标签内容，但与 GetLabel()方法不同的是，该方法不会解析特殊字符，其语法格式如下：

```
GetLabelText()
```

　　3) SetLabel()方法
　　该方法用于设置控件的标签内容，其语法格式如下：

```
SetLabel(label)
```

　　其中，参数 label 表示标签的内容。
　　4) SetLabelText()方法
　　该方法同样用于设置控件中的标签内容，但与 SetLabel()方法不同的是，该方法不会解析特殊字符，其语法格式如下：

```
SetLabelText(text)
```

　　其中，参数 text 表示标签的内容。
　　5) SetFont()方法
　　该方法从 Window 类中继承而来，用于设置字体，其语法格式如下：

```
SetFont(font)
```

　　其中，参数 font 表示字体对象。

### 3.5.1　静态文本(StaticText 类)

在 wxPython 中，静态文本主要用于显示文本内容。

**1. 创建静态文本对象**

可以通过 wx 模块中的 StaticText 类创建静态文本对象，用于完成静态文本的创建，其语法格式如下：

```
StaticText(parent, id, label, pos, size, style, name)
```

　　其中，参数 parent 表示静态文本的父窗口；参数 id 表示窗口标识符；参数 label 表示静态文本的标签内容；参数 pos 表示静态文本的位置；参数 size 表示静态文本的尺寸；参数 style 表示静态文本的样式，包括 wx.ST_NO_AUTORESIZE（默认）、wx.ALIGN_LEFT（左侧对齐）、wx.ALIGN_RIGHT（右侧对齐）和 wx.ALIGN_CENTER_HORIZONTAL（水平居中）等；参数 name 表示静态文本的名称。

### 2. 静态文本对象的相关方法

静态文本对象的相关方法为 SetLabel() 方法，主要用于设置静态文本控件的标签内容，其语法格式如下：

```
SetLabel()
```

### 3. 创建静态文本

示例代码如下：

```
#资源包\Code\chapter3\3.5\0309.py
import wx
class MyFrame(wx.Frame):
    def __init__(self):
        super().__init__(parent = None, title = '静态文本(StaticText 类)', size = (600, 500))
        panel = wx.Panel(parent = self)
        title = wx.StaticText(parent = panel, label = 'Python 全栈开发——高阶编程', pos = (50, 20))
        author = wx.StaticText(parent = panel, label = '作者:夏正东', pos = (50, 40))
class App(wx.App):
    def OnInit(self):
        frame = MyFrame()
        frame.Show()
        return True
    def OnExit(self):
        print('应用程序已退出,谢谢使用!')
        return False
if __name__ == '__main__':
    app = App()
    app.MainLoop()
```

上面代码的运行结果如图 3-7 所示。

### 4. 创建字体对象

除此之外，还可以通过 wx 模块中的 Font 类创建字体对象，用于设置字体，其语法格式如下：

```
Font(pointSize, family, style, weight, underline, faceName, encoding)
```

其中，参数 pointSize 表示字体的尺寸，单位为磅；参数 family 表示字体的样式，包括 wx.FONTFAMILY_DEFAULT（默认）、wx.FONTFAMILY_DECORATIVE、wx.FONTFAMILY_ROMAN、wx.FONTFAMILY_SCRIPT、wx.FONTFAMILY_SWISS、

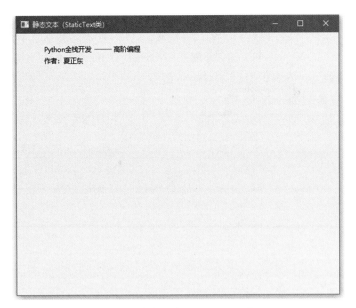

图 3-7 静态文本（StaticText 类）

wx.FONTFAMILY_MODERN、wx.FONTFAMILY_TELETYPE 等；参数 style 用于指定字体是否倾斜，包括 wx.FONTSTYLE_NORMAL、wx.FONTSTYLE_SLANT 和 wx.FONTSTYLE_ITALIC 等；参数 weight 用于指定字体的粗细，包括 wx.FONTWEIGHT_THIN、wx.FONTWEIGHT_EXTRALIGHT、wx.FONTWEIGHT_LIGHT、wx.FONTWEIGHT_NORMAL、wx.FONTWEIGHT_MEDIUM、wx.FONTWEIGHT_SEMIBOLD、wx.FONTWEIGHT_BOLD、wx.FONTWEIGHT_EXTRABOLD、wx.FONTWEIGHT_HEAVY 和 wx.FONTWEIGHT_EXTRAHEAVY 等；参数 underline 仅可用于 Windows 系统中，用于指定是否添加下画线；参数 faceName 用于指定字体的名称；参数 encoding 表示字符编码。

**5．创建字体**

示例代码如下：

```
# 资源包\Code\chapter3\3.5\0310.py
import wx
class MyFrame(wx.Frame):
    def __init__(self):
        super().__init__(parent = None, title = '字体(Font类)', size = (600, 500))
        panel = wx.Panel(parent = self)
        title = wx.StaticText(parent = panel, label = 'Python全栈开发——高阶编程', pos = (50, 20))
        title_font = wx.Font(16, wx.FONTFAMILY_DEFAULT, wx.FONTSTYLE_ITALIC, wx.FONTWEIGHT_BOLD)
        # 为控件设置字体
        title.SetFont(title_font)
        author = wx.StaticText(parent = panel, label = '作者:夏正东', pos = (50, 40))
class App(wx.App):
```

```
        def OnInit(self):
            frame = MyFrame()
            frame.Show()
            return True
        def OnExit(self):
            print('应用程序已退出,谢谢使用!')
            return False
if __name__ == '__main__':
    app = App()
    app.MainLoop()
```

上面代码的运行结果如图 3-8 所示。

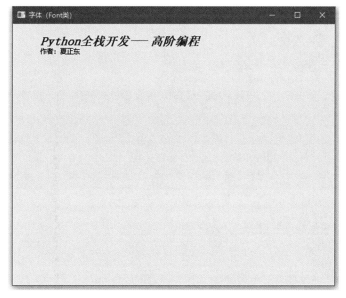

图 3-8　字体(Font 类)

### 3.5.2　文本输入框(TextCtrl 类)

在 wxPython 中,文本输入框主要用于输入文本,并与用户进行交互。

**1. 创建文本输入框对象**

可以通过 wx 模块中的 TextCtrl 类创建文本输入框对象,用于完成文本输入框的创建,其语法格式如下:

```
TextCtrl(parent, id, value, pos, size, style, validator, name)
```

其中,参数 parent 表示文本输入框的父窗口;参数 id 表示窗口标识符;参数 value 表示文本输入框的初始文本内容;参数 pos 表示文本输入框的位置;参数 size 表示文本输入框的尺寸;参数 style 表示文本输入框的样式,包括 wx.TE_LEFT(文本左对齐,默认)、wx.TE_CENTER(文本居中)、wx.TE_RIGHT(文本右对齐)、wx.TE_NOHIDESEL(文本始终高亮显示,只适用于 Windows 系统)、wx.TE_PASSWORD(不显示输入的文本,以星号代替显示)、wx.TE_READONLY(控件为只读,用户不能修改其中的文本)和 wx.TE_MULTILINE(多行文本)等;参数 validator 表示窗口验证器;参数 name 表示文本输入框的名称。

**2. 文本输入框对象的相关方法**

文本输入框对象的相关方法为 GetValue() 方法,该方法从 TextEntry 类中继承而来,主要用于获取输入的文本内容,其语法格式如下:

```
GetValue()
```

**3. 创建文本输入框**

示例代码如下:

```
#资源包\Code\chapter3\3.5\0311.py
import wx
class MyFrame(wx.Frame):
    def __init__(self):
        super().__init__(parent = None, title = '文本输入框(TextCtrl 类)',
size = (350, 300))
        panel = wx.Panel(self)
        tc1 = wx.TextCtrl(panel, value = 'www.oldxia.com', pos = (50, 30))
        tc2 = wx.TextCtrl(panel, style = wx.TE_PASSWORD, pos = (50, 70))
        tc3 = wx.TextCtrl(panel, style = wx.TE_MULTILINE, pos = (50, 110))
class App(wx.App):
    def OnInit(self):
        frame = MyFrame()
        frame.Show()
        return True
    def OnExit(self):
        print('应用程序已退出,谢谢使用!')
        return False
if __name__ == '__main__':
    app = App()
    app.MainLoop()
```

上面代码的运行结果如图 3-9 所示。

图 3-9 文本输入框(TextCtrl 类)

## 3.5.3 普通按钮(Button 类)

在 wxPython 中,普通按钮用于捕获用户的单击事件,其按钮上显示的内容为文本。

### 1. 创建普通按钮对象

可以通过 wx 模块中的 Button 类创建普通按钮对象,用于完成普通按钮的创建,其语法格式如下:

```
Button(parent, id, label, pos, size, style, validator ,name)
```

其中,参数 parent 表示普通按钮的父窗口;参数 id 表示窗口标识符;参数 label 表示普通按钮显示的文本内容;参数 pos 表示普通按钮的位置;参数 size 表示普通按钮的尺寸;参数 style 表示普通按钮的样式,其值包括 wx.BU_LEFT、wx.BU_TOP、wx.BU_RIGHT、wx.BU_BOTTOM、wx.BU_EXACTFIT 和 wx.BORDER_NONE 等;参数 validator 表示窗口验证器;参数 name 表示普通按钮的名称。

### 2. 普通按钮对象的相关方法

普通按钮对象的相关方法为 GetLabel()方法,主要用于获取普通按钮的文本内容,其语法格式如下:

```
GetLabel()
```

### 3. 创建普通按钮

示例代码如下:

```
#资源包\Code\chapter3\3.5\0312.py
import wx
class MyFrame(wx.Frame):
    def __init__(self):
        super().__init__(parent = None, title = '普通按钮(Button 类)', size = (350, 200))
        panel = wx.Panel(parent = self)
        btn = wx.Button(parent = panel, id = -1, label = 'Button')
class App(wx.App):
    def OnInit(self):
        frame = MyFrame()
        frame.Show()
        return True
    def OnExit(self):
        print('应用程序已退出,谢谢使用!')
        return False
if __name__ == '__main__':
    app = App()
    app.MainLoop()
```

上面代码的运行结果如图 3-10 所示。

图 3-10　普通按钮(Button 类)

## 3.5.4　位图按钮(BitmapButton 类)

在 wxPython 中,位图按钮用于捕获用户的单击事件,并且其按钮上显示的内容为位图。

**1. 创建位图按钮对象**

可以通过 wx 模块中的 BitmapButton 类创建位图按钮对象,用于完成位图按钮的创建,其语法格式如下:

```
BitmapButton(parent, id, bitmap, pos, size,style, validator, name)
```

其中,参数 parent 表示位图按钮的父窗口;参数 id 表示窗口标识符;参数 bitmap 表示位图按钮显示的位图,并且必须为 Bitmap 类型;参数 pos 表示位图按钮的位置;参数 size 表示位图按钮的尺寸;参数 style 表示位图按钮的样式,其值包括 wx.BU_LEFT、wx.BU_TOP、wx.BU_RIGHT、wx.BU_BOTTOM、wx.BU_EXACTFIT 和 wx.BORDER_NONE 等;参数 validator 表示窗口验证器;参数 name 表示位图按钮的名称。

**2. 创建位图按钮**

示例代码如下:

```python
# 资源包\Code\chapter3\3.5\0313.py
import wx
class MyFrame(wx.Frame):
    def __init__(self):
        super().__init__(parent = None, title = '位图按钮(BitmapButton 类)', size = (350, 200))
        panel = wx.Panel(parent = self)
        bmp = wx.Bitmap('pic/icon.png', wx.BITMAP_TYPE_PNG)
        btn = wx.BitmapButton(parent = panel, id = -1, bitmap = bmp)
class App(wx.App):
    def OnInit(self):
        frame = MyFrame()
        frame.Show()
        return True
    def OnExit(self):
        print('应用程序已退出,谢谢使用!')
        return False
```

```
if __name__ == '__main__':
    app = App()
    app.MainLoop()
```

上面代码的运行结果如图 3-11 所示。

图 3-11 位图按钮（BitmapButton 类）

## 3.5.5 开关按钮（ToggleButton 类）

在 wxPython 中，开关按钮用于捕获用户的单击事件，并且可以一直保持被按下时的状态，直到其被下一次单击。

**1．创建开关按钮对象**

可以通过 wx 模块中的 ToggleButton 类创建开关按钮对象，用于完成开关按钮的创建，其语法格式如下：

```
ToggleButton(parent, id, label, pos, size, style, validator, name)
```

其中，参数 parent 表示开关按钮的父窗口；参数 id 表示窗口标识符；参数 label 表示开关按钮显示的文本内容；参数 pos 表示开关按钮的位置；参数 size 表示开关按钮的尺寸；参数 style 表示开关按钮的样式，包括 wx.BU_LEFT、wx.BU_TOP、wx.BU_RIGHT、wx.BU_BOTTOM、wx.BU_EXACTFIT 和 wx.BORDER_NONE 等；参数 validator 表示窗口验证器；参数 name 表示开关按钮的名称。

**2．开关按钮对象的相关方法**

1）GetValue()方法

该方法用于获取开关按钮的状态，其语法格式如下：

```
GetValue()
```

2）SetValue()方法

该方法用于设置开关按钮的状态，其语法格式如下：

```
SetValue(state)
```

其中，参数 state 表示开关按钮的状态，True 表示单击，False 表示未单击。

**3．创建开关按钮**

示例代码如下：

```
#资源包\Code\chapter3\3.5\0314.py
import wx
class MyFrame(wx.Frame):
    def __init__(self):
        super().__init__(parent = None, title = '开关按钮(ToggleButton类)',
size = (350, 200))
        panel = wx.Panel(parent = self)
        btn = wx.ToggleButton(parent = panel, id = -1, label = 'ToggleButton')
class App(wx.App):
    def OnInit(self):
        frame = MyFrame()
        frame.Show()
        return True
    def OnExit(self):
        print('应用程序已退出,谢谢使用!')
        return False
if __name__ == '__main__':
    app = App()
    app.MainLoop()
```

上面代码的运行结果如图 3-12 所示。

图 3-12　开关按钮(ToggleButton 类)

## 3.5.6　单选按钮(RadioButton 类)

在 wxPython 中,单选按钮主要用于选中指定组内的一个选项。

**1. 创建单选按钮对象**

可以通过 wx 模块中的 RadioButton 类创建单选按钮对象,用于完成单选按钮的创建,其语法格式如下:

```
RadioButton(parent, id, label, pos, size, style, validator, name)
```

其中,参数 parent 表示单选按钮的父窗口;参数 id 表示窗口标识符;参数 label 表示单选按钮显示的文本内容;参数 pos 表示单选按钮的位置;参数 size 表示单选按钮的尺寸;参数 style 表示单选按钮的样式,其值包括 wx.BU_LEFT、wx.BU_TOP、wx.BU_RIGHT、wx.BU_BOTTOM、wx.BU_EXACTFIT 和 wx.BORDER_NONE 等;参数 validator 表示窗口验证器;参数 name 表示单选按钮的名称。

### 2. 创建单选按钮

示例代码如下：

```python
# 资源包\Code\chapter3\3.5\0315.py
import wx
class MyFrame(wx.Frame):
    def __init__(self):
        super().__init__(parent=None, title='单选按钮(RadioButton类)', size=(350, 200))
        panel = wx.Panel(parent=self)
        btn1 = wx.RadioButton(panel, 4, '男', pos=(50, 20))
        btn2 = wx.RadioButton(panel, 5, '女', pos=(110, 20))
class App(wx.App):
    def OnInit(self):
        frame = MyFrame()
        frame.Show()
        return True
    def OnExit(self):
        print('应用程序已退出,谢谢使用')
        return False
if __name__ == '__main__':
    app = App()
    app.MainLoop()
```

上面代码的运行结果如图3-13所示。

图3-13 单选按钮(RadioButton类)

## 3.5.7 单选框(RadioBox类)

在wxPython中,单选框同样用于选中指定组内的一个选项,其与单选按钮的区别在于单选框会在单选按钮的周围绘制一条边框及一个标题。

### 1. 创建单选框对象

可以通过wx模块中的RadioBox类创建单选框对象,用于完成单选框的创建,其语法格式如下：

```
RadioBox(parent, id, label, pos, size, choices, validator, name)
```

其中,参数parent表示单选框的父窗口；参数id表示窗口标识符；参数label表示单选框的文本内容；参数pos表示单选框的位置；参数size表示单选框的尺寸；参数choices表示单选框的选项列表;参数 validator 表示窗口验证器;参数 name 表示单选框的名称。

#### 2. 创建单选框

示例代码如下:

```python
#资源包\Code\chapter3\3.5\0316.py
import wx
class MyFrame(wx.Frame):
    def __init__(self):
        super().__init__(parent = None, title = '单选框(RadioBox类)', size = (350, 300))
        panel = wx.Panel(self)
        rb = wx.RadioBox(panel, id = -1, label = "请选择要学习的编程语言", pos = (50, 10), choices = ['Python', 'Java', 'PHP'])
class App(wx.App):
    def OnInit(self):
        frame = MyFrame()
        frame.Show()
        return True

    def OnExit(self):
        print('应用程序已退出,谢谢使用!')
        return False
if __name__ == '__main__':
    app = App()
    app.MainLoop()
```

上面代码的运行结果如图 3-14 所示。

图 3-14 单选框(RadioBox 类)

### 3.5.8 复选框(CheckBox 类)

在 wxPython 中,复选框用于同时选中指定组内的多个选项。

### 1. 创建复选框对象

可以通过 wx 模块中的 CheckBox 类创建复选框对象,用于完成复选框的创建,其语法格式如下:

```
CheckBox(parent, id, label, pos, size, style, validator, name)
```

其中,参数 parent 表示复选框的父窗口;参数 id 表示窗口标识符;参数 label 表示复选框中选项的文本内容;参数 pos 表示复选框的位置;参数 size 表示复选框的尺寸;参数 style 表示复选框的样式,其值包括 wx.CHK_2STATE(默认)、wx.CHK_3STATE 和 wx.ALIGN_RIGHT 等;参数 validator 表示窗口验证器;参数 name 表示复选框的名称。

### 2. 复选框对象的相关方法

复选框对象的相关方法为 SetValue()方法,主要用于设置复选框中选项的选中状态,其语法格式如下:

```
SetValue(state)
```

其中,参数 state 表示选项的选中状态,True 表示选中,False 表示未选中。

### 3. 创建复选框

示例代码如下:

```python
#资源包\Code\chapter3\3.5\0317.py
import wx
class MyFrame(wx.Frame):
    def __init__(self):
        super().__init__(parent=None, title='复选框(CheckBox 类)', size=(350, 300))
        panel = wx.Panel(self)
        cb1 = wx.CheckBox(panel, id=-1, label='Python', pos=(50, 30))
        cb1.SetValue(True)
        cb2 = wx.CheckBox(panel, id=-1, label='Java', pos=(50, 70))
        cb2.SetValue(True)
        cb3 = wx.CheckBox(panel, id=-1, label='PHP', pos=(50, 110))
class App(wx.App):
    def OnInit(self):
        frame = MyFrame()
        frame.Show()
        return True
    def OnExit(self):
        print('应用程序已退出,谢谢使用!')
        return False
if __name__ == '__main__':
    app = App()
    app.MainLoop()
```

上面代码的运行结果如图 3-15 所示。

图 3-15　复选框(CheckBox 类)

## 3.5.9　可编辑下拉菜单(ComboBox 类)

在 wxPython 中，可编辑下拉菜单本质上是一个单选框，只不过可编辑下拉菜单是通过下拉列表框的形式进行展现的，并且其选项允许编辑。

**1. 创建可编辑下拉菜单对象**

可以通过 wx 模块中的 ComboBox 类创建可编辑下拉菜单对象，用于完成可编辑下拉菜单的创建，其语法格式如下：

```
ComboBox(parent, id, value, pos, size, choices, style, validator, name)
```

其中，参数 parent 表示可编辑下拉菜单的父窗口；参数 id 表示窗口标识符；参数 value 表示可编辑下拉菜单当前选中的值；参数 pos 表示可编辑下拉菜单的位置；参数 size 表示可编辑下拉菜单的尺寸；参数 choices 表示可编辑下拉菜单的选项列表；参数 style 表示可编辑下拉菜单的样式，其值包括 wx.CB_READONLY 和 wx.CB_SORT 等；参数 validator 表示窗口验证器；参数 name 表示可编辑下拉菜单的名称。

**2. 可编辑下拉菜单对象的相关方法**

1) GetCount()方法

该方法用于获取选项的个数，其语法格式如下：

```
GetCount()
```

2) GetSelection()方法

该方法用于获取选中选项的索引，其语法格式如下：

```
GetSelection()
```

**3. 创建可编辑下拉菜单**

示例代码如下：

```
#资源包\Code\chapter3\3.5\0318.py
import wx
class MyFrame(wx.Frame):
    def __init__(self):
        super().__init__(parent = None, title = '可编辑下拉菜单(ComboBox 类)',
size = (400, 300))
        panel = wx.Panel(self)
        cb = wx.ComboBox(panel, -1, value = '请选择', choices = ['Python', 'PHP',
'Java'], pos = (50, 30))
class App(wx.App):
    def OnInit(self):
        frame = MyFrame()
        frame.Show()
        return True
    def OnExit(self):
        print('应用程序已退出,谢谢使用!')
        return False
if __name__ == '__main__':
    app = App()
    app.MainLoop()
```

上面代码的运行结果如图 3-16 所示。

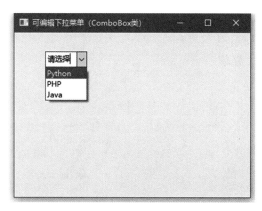

图 3-16    可编辑下拉菜单(ComboBox 类)

## 3.5.10    不可编辑下拉菜单(Choice 类)

在 wxPython 中,不可编辑下拉菜单本质上是一个单选框,只不过不可编辑下拉菜单是通过下拉列表框的形式进行展现的,并且其选项为只读。

### 1. 创建不可编辑下拉菜单对象

可以通过 wx 模块中的 Choice 类创建不可编辑下拉菜单对象,用于完成不可编辑下拉菜单的创建,其语法格式如下:

```
Choice(parent, id, pos, size, choices, style, validator, name)
```

其中,参数 parent 表示不可编辑下拉菜单的父窗口;参数 id 表示窗口标识符;参数 pos 表示不可编辑下拉菜单的位置;参数 size 表示不可编辑下拉菜单的尺寸;参数 choices 表示不可编辑下拉菜单的选项列表;参数 style 表示不可编辑下拉菜单的样式,其值包括 wx.CB_READONLY 和 wx.CB_SORT 等;参数 validator 表示窗口验证器;参数 name 表示不可编辑下拉菜单的名称。

**2. 不可编辑下拉菜单对象的相关方法**

1) GetCount()方法

该方法用于获取选项的个数,其语法格式如下:

```
GetCount()
```

2) GetSelection()方法

该方法用于获取选中选项的索引,其语法格式如下:

```
GetSelection()
```

3) SetSelection(n)方法

该方法用于获取指定选引的选项,其语法格式如下:

```
SetSelection(n)
```

其中,参数 n 表示选项索引。

**3. 创建不可编辑下拉菜单**

示例代码如下:

```python
#资源包\Code\chapter3\3.5\0319.py
import wx
class MyFrame(wx.Frame):
    def __init__(self):
        super().__init__(parent = None, title = '不可编辑下拉菜单(Choice类)', size = (400, 300))
        panel = wx.Panel(self)
        c = wx.Choice(panel, -1, choices = ['请选择', 'Python', 'PHP', 'Java'], pos = (50, 30))
        c.SetSelection(0)
class App(wx.App):
    def OnInit(self):
        frame = MyFrame()
        frame.Show()
        return True
    def OnExit(self):
        print('应用程序已退出,谢谢使用!')
        return False
if __name__ == '__main__':
    app = App()
    app.MainLoop()
```

上面代码的运行结果如图 3-17 所示。

图 3-17　不可编辑下拉菜单（Choice 类）

## 3.5.11　列表框（ListBox 类）

在 wxPython 中，列表框用于从列表中选中一个或者多个选项。

**1. 创建列表框对象**

可以通过 wx 模块中的 ListBox 类创建列表框对象，用于完成列表框的创建，其语法格式如下：

```
ListBox(parent, id, pos, size, choices, style, validator, name)
```

其中，参数 parent 表示列表框的父窗口；参数 id 表示窗口标识符；参数 pos 表示列表框的位置；参数 size 表示列表框的尺寸；参数 choices 表示列表框的选项列表；参数 style 表示列表框的样式，其值包括 wx.LB_SINGLE（单选）、wx.LB_MULTIPLE（多选）、wx.LB_EXTENDED（通过 Ctrl 或 Shift 键并单击鼠标左键进行多选）、wx.LB_HSCROLL（在需要时创建水平滚动条）、wx.LB_ALWAYS_SB（始终显示垂直滚动条）、wx.LB_NEEDED_SB（在需要创建垂直滚动条）、wx.LB_NO_SB（不创建垂直滚动条）和 wx.LB_SORT（对选项进行排序）；参数 validator 表示窗口验证器；参数 name 表示列表框的名称。

**2. 列表框对象的相关方法**

1）GetCount()方法

该方法用于获取选项的个数，其语法格式如下：

```
GetCount()
```

2）GetSelection()方法

该方法用于获取选中选项的索引，其语法格式如下：

```
GetSelection()
```

3）SetSelection()方法

该方法用于显示指定索引的选项，其语法格式如下：

```
SetSelection(n)
```

其中,参数 n 表示选项索引。

### 3. 创建列表框

示例代码如下:

```
# 资源包\Code\chapter3\3.5\0320.py
import wx
class MyFrame(wx.Frame):
    def __init__(self):
        super().__init__(parent = None, title = '列表框(ListBox 类)', size = (400, 300))
        panel = wx.Panel(self)
        lb1 = wx.ListBox(panel, -1, choices = ['Python', 'PHP', 'Java'],
style = wx.LB_SINGLE, pos = (50, 30))
        lb1.SetSelection(0)
        lb2 = wx.ListBox(panel, -1, choices = ['Python', 'PHP', 'Java'],
style = wx.LB_EXTENDED, pos = (50, 100))
class App(wx.App):
    def OnInit(self):
        frame = MyFrame()
        frame.Show()
        return True
    def OnExit(self):
        print('应用程序已退出,谢谢使用!')
        return False
if __name__ == '__main__':
    app = App()
    app.MainLoop()
```

上面代码的运行结果如图 3-18 所示。

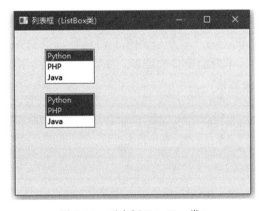

图 3-18 列表框(ListBox 类)

## 3.5.12 静态框(StaticBox 类)

在 wxPython 中,静态框会在其子控件的周围绘制一条边框及一个标题,用于表示选项的逻辑分组。

## 1. 创建静态框对象

可以通过 wx 模块中的 StaticBox 类创建静态框对象，用于完成静态框的创建，其语法格式如下：

```
StaticBox(parent, id, label, pos, size, name)
```

其中，参数 parent 表示静态框的父窗口；参数 id 表示窗口标识符；参数 label 表示静态框的文本内容；参数 pos 表示静态框的位置；参数 size 表示静态框的尺寸；参数 name 表示静态框的名称。

## 2. 创建静态框

示例代码如下：

```
# 资源包\Code\chapter3\3.5\0321.py
import wx
class MyFrame(wx.Frame):
    def __init__(self):
        super().__init__(parent = None, title = '静态框(StaticBox类)', size = (350, 300))
        panel = wx.Panel(parent = self)
        sb = wx.StaticBox(panel, label = '编程语言', pos = (5, 5), size = (240, 170))
        cb1 = wx.CheckBox(panel, label = 'Python', pos = (15, 30))
        cb2 = wx.CheckBox(panel, label = 'PHP', pos = (15, 55))
        btn = wx.Button(panel, label = 'Ok', pos = (15, 95), size = (60, -1))
class App(wx.App):
    def OnInit(self):
        frame = MyFrame()
        frame.Show()
        return True
    def OnExit(self):
        print('应用程序已退出,谢谢使用!')
        return False
if __name__ == '__main__':
    app = App()
    app.MainLoop()
```

上面代码的运行结果如图 3-19 所示。

图 3-19　静态框（StaticBox 类）

### 3.5.13 静态图像(StaticBitmap 类)

在 wxPython 中,静态图像用于显示图片信息。

**1. 创建静态图像对象**

可以通过 wx 模块中的 StaticBitmap 类创建静态图像对象,用于完成静态图像的创建,其语法格式如下:

```
StaticBitmap(parent, id, bitmap, pos, size, name)
```

其中,参数 parent 表示静态图像的父窗口;参数 id 表示窗口标识符;参数 bitmap 表示静态图像显示的图片,并且必须为 Bitmap 类型;参数 pos 表示静态图像的位置;参数 size 表示静态图像的尺寸;参数 name 表示静态图像的名称。

**2. 创建静态图像**

示例代码如下:

```python
# 资源包\Code\chapter3\3.5\0322.py
import wx
class MyFrame(wx.Frame):
    def __init__(self):
        super().__init__(parent = None, title = '静态图像(StaticBitmap 类)', size = (600, 400))
        panel = wx.Panel(parent = self)
        image = wx.StaticBitmap(panel, -1, wx.Bitmap('pic/oldxia.png', wx.BITMAP_TYPE_ANY), pos = (15, 30))
class App(wx.App):
    def OnInit(self):
        frame = MyFrame()
        frame.Show()
        return True
    def OnExit(self):
        print('应用程序已退出,谢谢使用!')
        return False
if __name__ == '__main__':
    app = App()
    app.MainLoop()
```

上面代码的运行结果如图 3-20 所示。

### 3.5.14 静态直线(StaticLine 类)

在 wxPython 中,静态直线用于绘制一条直线。

**1. 创建静态直线对象**

可以通过 wx 模块中的 StaticLine 类创建静态直线对象,用于完成静态直线的创建,其语法格式如下:

图 3-20 静态图像(StaticBitmap 类)

```
StaticLine(parent, id, pos, size, style, name)
```

其中,参数 parent 表示静态直线的父窗口;参数 id 表示窗口标识符;参数 pos 表示静态直线的位置;参数 size 表示静态直线的尺寸;参数 style 表示静态直线的样式,其值包括 wx.LI_HORIZONTAL(默认)和 wx.LI_VERTICAL;参数 name 表示静态直线的名称。

#### 2. 创建静态直线

示例代码如下:

```
#资源包\Code\chapter3\3.5\0323.py
import wx
class MyFrame(wx.Frame):
    def __init__(self):
        super().__init__(parent = None, title = '静态直线(StaticLine类)', size = (400, 400))
        panel = wx.Panel(self)
        title_font = wx.Font(16, wx.DEFAULT, wx.ITALIC, wx.BOLD)
        title = wx.StaticText(panel, label = 'wxPython 中的控件', pos = (60, 15))
        title.SetFont(title_font)
        wx.StaticLine(panel, pos = (25, 50), size = (300, 1))
        st1 = wx.StaticText(panel, label = '静态文本', pos = (25, 80))
        st2 = wx.StaticText(panel, label = '按钮', pos = (25, 100))
        st3 = wx.StaticText(panel, label = '文本输入框', pos = (25, 120))
        st4 = wx.StaticText(panel, label = '单选框', pos = (25, 140))
        st5 = wx.StaticText(panel, label = '复选框', pos = (25, 160))
        st6 = wx.StaticText(panel, label = '下拉菜单', pos = (25, 180))
        st7 = wx.StaticText(panel, label = '列表框', pos = (25, 200))
        wx.StaticText(panel, label = '静态图片', pos = (25, 220))
        wx.StaticLine(panel, pos = (25, 260), size = (300, 1))
```

```python
class App(wx.App):
    def OnInit(self):
        frame = MyFrame()
        frame.Show()
        return True
    def OnExit(self):
        print('应用程序已退出,谢谢使用!')
        return False
if __name__ == '__main__':
    app = App()
    app.MainLoop()
```

上面代码的运行结果如图 3-21 所示。

图 3-21 静态直线(StaticLine 类)

## 3.5.15 微调节器(SpinCtrl 类)

在 wxPython 中,微调节器可以通过箭头调整所需的数据值。

### 1. 创建微调节器对象

可以通过 wx 模块中的 SpinCtrl 类创建微调节器对象,用于完成微调节器的创建,其语法格式如下:

```
SpinCtrl(parent, id, value, pos, size, style, min, max, initial, name)
```

其中,参数 parent 表示微调节器的父窗口;参数 id 表示窗口标识符;参数 value 表示微调节器的值;参数 pos 表示微调节器的位置;参数 size 表示微调节器的尺寸;参数 style 表示微调节器的样式,其值包括 wx.SP_HORIZONTAL、wx.SP_VERTICAL、wx.SP_ARROW_KEYS 和 wx.SP_WRAP;参数 min 表示微调节器可获取的最小值;参数 max 表示微调节器可获取的最大值;参数 initial 表示微调节器的初始值;参数 name 表示微调节器的名称。

### 2. 微调节器对象的相关方法

微调节器对象的相关方法为 GetValue() 方法，主要用于获取当前微调节器的值，其语法格式如下：

```
GetValue()
```

### 3. 创建微调节器

示例代码如下：

```
#资源包\Code\chapter3\3.5\0324.py
import wx
class MyFrame(wx.Frame):
    def __init__(self):
        super().__init__(parent = None, title = '微调节器(SpinCtrl 类)', size = (350, 300))
        panel = wx.Panel(self)
        sc = wx.SpinCtrl(panel, pos = (55, 90), size = (80, -1), min = 1, max = 10, initial = 5)
class App(wx.App):
    def OnInit(self):
        frame = MyFrame()
        frame.Show()
        return True
    def OnExit(self):
        print('应用程序已退出,谢谢使用!')
        return False
if __name__ == '__main__':
    app = App()
    app.MainLoop()
```

上面代码的运行结果如图 3-22 所示。

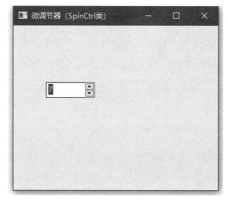

图 3-22  微调节器(SpinCtrl 类)

## 3.5.16  滑块(Slider 类)

在 wxPython 中，滑块可以通过滑动的方式调整所需的数据值。

#### 1. 创建滑块对象

可以通过 wx 模块中的 Slider 类创建滑块对象,用于完成滑块的创建,其语法格式如下:

```
Slider(parent, id, value, minValue, maxValue, pos, size, style, validator, name)
```

其中,参数 parent 表示滑块的父窗口;参数 id 表示标识符;参数 value 表示滑块的值;参数 minValue 表示滑块的最小值;参数 maxValue 表示滑块的最大值;参数 pos 表示滑块的位置;参数 size 表示滑块的尺寸;参数 style 表示滑块的样式,其值包括 wx.SL_HORIZONTAL(水平,默认)、SL_VERTICAL(垂直)、wx.SL_MIN_MAX_LABELS(显示最小值和最大值)和 wx.SL_VALUE_LABEL(显示值)等;参数 validator 表示窗口验证器;参数 name 表示滑块的名称。

#### 2. 滑块对象的相关方法

滑块对象的相关方法为 GetValue() 方法,主要用于获取当前滑块的值,其语法格式如下:

```
GetValue()
```

#### 3. 创建滑块

示例代码如下:

```python
# 资源包\Code\chapter3\3.5\0325.py
import wx
class MyFrame(wx.Frame):
    def __init__(self):
        super().__init__(parent = None, title = '滑块(Slider 类)', size = (400, 400))
        panel = wx.Panel(self)
        sld = wx.Slider(panel, value = 200, minValue = 150, maxValue = 500,
pos = (20, 20), size = (250, -1))
class App(wx.App):
    def OnInit(self):
        frame = MyFrame()
        frame.Show()
        return True
    def OnExit(self):
        print('应用程序已退出,谢谢使用!')
        return False
if __name__ == '__main__':
    app = App()
    app.MainLoop()
```

上面代码的运行结果如图 3-23 所示。

### 3.5.17 树(TreeCtrl 类)

在 wxPython 中,树是一种通过层次结构展示信息的控件。

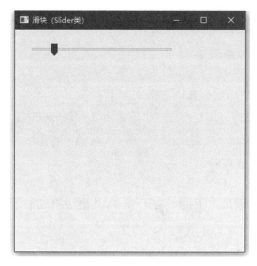

图 3-23　滑块(Slider 类)

**1．创建树对象**

可以通过 wx 模块中的 TreeCtrl 类创建树对象,用于完成树的创建,其语法格式如下:

```
TreeCtrl(parent, id, pos, size, style, validator, name)
```

其中,参数 parent 表示树的父窗口;参数 id 表示窗口标识符;参数 pos 表示树的位置;参数 size 表示树的尺寸;参数 style 表示树的样式;参数 validator 表示窗口验证器;参数 name 表示树的名称。

**2．树对象的相关方法**

1) AddRoot()方法

该方法用于添加根节点,并返回节点对象,其语法格式如下:

```
AddRoot(text, image, selImage, data)
```

其中,参数 text 表示根节点显示的文本内容;参数 image 表示根节点未被选中时的图片索引;参数 selImage 表示根节点被选中时的图片索引;参数 data 表示传递的数据。

2) AppendItem()方法

该方法用于添加子节点,并返回节点对象,其语法格式如下:

```
AppendItem(parent, text, image, selImage, data)
```

其中,参数 parent 是当前节点的父节点;参数 text 表示根节点显示的文本内容;参数 image 表示根节点未被选中时的图片索引;参数 selImage 表示根节点被选中时的图片索引;参数 data 表示传递的数据。

3) SelectItem()方法

该方法用于选中指定的节点,其语法格式如下:

```
SelectItem(item)
```

其中,参数 item 表示节点对象。

4) Expand()方法

该方法用于展开指定的节点,其语法格式如下:

```
Expand(item)
```

其中,参数 item 表示节点对象。

5) ExpandAll()方法

该方法用于展开平方根节点下的所有子节点,其语法格式如下:

```
ExpandAll()
```

6) ExpandAllChildren()方法

该方法用于展开指定节点下的所有子节点,其语法格式如下:

```
ExpandAllChildren(item)
```

其中,参数 item 表示节点对象。

7) AssignImageList()方法

该方法用于将图像列表保存至树中,其语法格式如下:

```
AssignImageList(imageList)
```

其中,参数 imageList 表示图像列表,其类型为 ImageList 类型。

### 3. 创建树

示例代码如下:

```python
#资源包\Code\chapter3\3.5\0326.py
import wx
class MyFrame(wx.Frame):
    def __init__(self):
        super().__init__(parent=None, title='树(TreeCtrl 类)', size=(600, 600))
        panel = wx.Panel(self)
        tree = wx.TreeCtrl(panel, -1, size=(200, 500))
        #根节点
        root = tree.AddRoot('Programmer')
        os = tree.AppendItem(root, 'Operating System')
        tree.AppendItem(os, 'Linux')
        tree.AppendItem(os, 'FreeBSD')
        tree.AppendItem(os, 'OpenBSD')
        tree.AppendItem(os, 'NetBSD')
        tree.AppendItem(os, 'Solaris')
        pl = tree.AppendItem(root, 'Programming Language')
        cl = tree.AppendItem(pl, 'Compiler Language')
```

```python
            sl = tree.AppendItem(pl, 'Scripting Language')
            tree.AppendItem(cl, 'Java')
            tree.AppendItem(cl, 'C++')
            tree.AppendItem(cl, 'C')
            tree.AppendItem(cl, 'Pascal')
            tree.AppendItem(sl, 'Ruby')
            tree.AppendItem(sl, 'Tcl')
            tree.AppendItem(sl, 'PHP')
            tree.AppendItem(sl, 'Python')
            tk = tree.AppendItem(root, 'Tool Kits')
            tree.AppendItem(tk, 'Qt')
            tree.AppendItem(tk, 'MFC')
            tree.AppendItem(tk, 'wxPython')
            tree.AppendItem(tk, 'GTK + ')
            tree.AppendItem(tk, 'Swing')
            #展开平方根节点下的所有子节点
            tree.ExpandAll()
class App(wx.App):
    def OnInit(self):
        frame = MyFrame()
        frame.Show()
        return True
    def OnExit(self):
        print('应用程序已退出,谢谢使用!')
        return False
if __name__ == '__main__':
    app = App()
    app.MainLoop()
```

上面代码的运行结果如图 3-24 所示。

图 3-24　树(TreeCtrl 类)

### 3.5.18 工具栏(ToolBar 类)

之前学习的菜单栏可以用于将所有的命令整合在一起,而工具栏则可以为常用的命令提供更为便捷的入口。

**1. 创建工具栏对象**

可以通过 wx 模块中的 ToolBar 类创建工具栏对象,用于完成工具栏的创建,其语法格式如下:

```
ToolBar(parent, id, pos, size, style, name)
```

其中,参数 parent 表示工具栏的父窗口;参数 id 表示窗口标识符;参数 pos 表示工具栏的位置;参数 size 表示工具栏的尺寸;参数 style 表示工具栏的样式,其值包括 TB_HORIZONTAL(水平布局,默认)和 TB_VERTICAL(垂直布局);参数 name 表示工具栏的名称。

**2. 工具栏对象的相关方法**

1) AddTool()方法

该方法用于添加工具,其语法格式如下:

```
AddTool(toolId, label, bitmap, kind, shortHelp)
```

其中,参数 toolId 表示工具的 ID;参数 label 表示工具的名称;参数 bitmap 表示工具的图片,并且必须为 Bitmap 类型;参数 kind 表示工具的类型;参数 shortHelp 表示当鼠标放置在工具上的提示信息。

2) AddSimpleTool()方法

该方法用于添加工具,其语法格式如下:

```
AddSimpleTool(toolId, bitmap, shortHelpString, longHelpString)
```

其中,参数 toolId 表示工具的 ID;参数 bitmap 表示工具的图片,并且必须为 Bitmap 类型;参数 shortHelpString 表示当鼠标放置在工具上的提示信息;参数 longHelpString 表示在状态栏中显示的提示信息。

3) Realize()方法

该方法用于显示工具栏,其语法格式如下:

```
Realize()
```

**3. 创建工具栏**

示例代码如下:

```
#资源包\Code\chapter3\3.5\0327.py
import wx
class MyFrame(wx.Frame):
```

```python
    def __init__(self):
        super().__init__(parent = None, title = '工具栏(ToolBar 类)', size = (600, 500))
        # 创建工具栏对象
        tb = wx.ToolBar(self)
        tb.AddTool(201, "back", wx.Bitmap("pic/back.png"), shortHelp = "Back")
        tb.AddSimpleTool(202, wx.Bitmap("pic/forward.png"),
shortHelpString = "forward", longHelpString = "help for 'Forward'")
        # 显示工具栏
        tb.Realize()
        self.SetToolBar(tb)
class App(wx.App):
    def OnInit(self):
        frame = MyFrame()
        frame.Show()
        return True
    def OnExit(self):
        print('应用程序已退出,谢谢使用!')
        return False
if __name__ == '__main__':
    app = App()
    app.MainLoop()
```

上面代码的运行结果如图 3-25 所示。

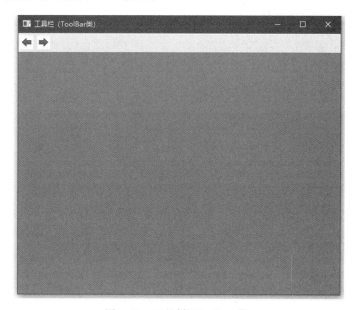

图 3-25　工具栏(ToolBar 类)

## 3.5.19　状态栏(StatusBar 类)

在 wxPython 中,状态栏位于框架的底部,用于提供少量的状态信息。

### 1. 创建状态栏对象

可以通过 wx 模块中的 StatusBar 类创建状态栏对象,用于完成状态栏的创建,其语法格式如下:

```
StatusBar(parent, id, style, name)
```

其中,参数 parent 表示状态栏的父窗口;参数 id 表示窗口标识符;参数 style 表示状态栏的样式;参数 name 表示状态栏的名称。

### 2. 状态栏对象的相关方法

状态栏对象的相关方法为 SetStatusText() 方法,主要用于设置状态栏的初始文本内容,其语法格式如下:

```
SetStatusText(text)
```

其中,参数 text 表示状态栏的初始文本内容。

### 3. 创建状态栏

示例代码如下:

```python
#资源包\Code\chapter3\3.5\0328.py
import wx
class MyFrame(wx.Frame):
    def __init__(self):
        super().__init__(parent = None, title = '状态栏(StatusBar 类)', size = (600, 500))
        menubar = wx.MenuBar()
        file_menu = wx.Menu()
        new_menuitem = wx.MenuItem(file_menu, -1, text = "New",
helpString = "help for 'New'", kind = wx.ITEM_NORMAL)
        file_menu.Append(new_menuitem)
        file_menu.AppendSeparator()
        edit_menu = wx.Menu()
        copy_menuitem = wx.MenuItem(edit_menu, -1, text = "Copy",
helpString = "help for 'Copy'", kind = wx.ITEM_NORMAL)
        edit_menu.Append(copy_menuitem)
        cut_menuitem = wx.MenuItem(edit_menu, -1, text = 'Cut',
helpString = "help for 'Cut'", kind = wx.ITEM_NORMAL)
        edit_menu.Append(cut_menuitem)
        paste_menuitem = wx.MenuItem(edit_menu, -1, text = "Paste",
helpString = "help for 'Paste'", kind = wx.ITEM_NORMAL)
        edit_menu.Append(paste_menuitem)
        file_menu.Append(-1, 'Edit', edit_menu)
        file_menu.AppendSeparator()
        radio1 = wx.MenuItem(file_menu, -1, text = "Radio_One", kind = wx.ITEM_RADIO)
        radio2 = wx.MenuItem(file_menu, -1, text = "Radio_Two", kind = wx.ITEM_RADIO)
        file_menu.Append(radio1)
        file_menu.Append(radio2)
```

```python
        file_menu.AppendSeparator()
        file_menu.AppendCheckItem( -1, item = "Check")
        quit = wx.MenuItem(file_menu, -1, text = "Quit\tCtrl + Q", kind = wx.ITEM_NORMAL)
        file_menu.Append(quit)
        menubar.Append(file_menu, 'File')
        self.SetMenuBar(menubar)
        sb = wx.StatusBar(self)
        sb.SetStatusText("This is a StatusBar!")
        self.SetStatusBar(sb)
class App(wx.App):
    def OnInit(self):
        frame = MyFrame()
        frame.Show()
        return True
    def OnExit(self):
        print('应用程序已退出,谢谢使用!')
        return False
if __name__ == '__main__':
    app = App()
    app.MainLoop()
```

上面代码的运行结果如图 3-26 所示。

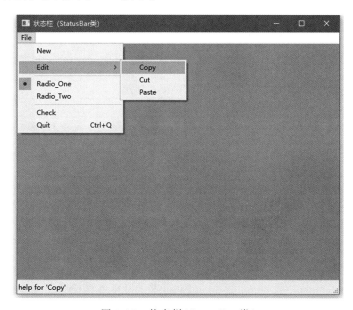

图 3-26 状态栏(StatusBar 类)

## 3.6 布局管理器

在之前学习的内容中,界面中的控件都以坐标的方式进行布局,即绝对布局。虽然绝对布局在使用上比较简单,但是绝对布局存在许多问题,例如控件的位置和尺寸不会随着父窗口的变化而变化;在不同平台上或不同分辨率下,界面的显示效果可能存在较大差别;字体的变化可能对界面的显示效果影响较大;动态添加或删除控件时,界面的布局需要重新设计等。

为了解决上述问题,需要使用布局管理器进行界面布局,即将创建的控件放置在布局管理器中进行管理。

在 wxPython 中,可以通过 Sizer 类的子类创建布局管理器,其子类包括 BoxSizer 类、StaticBoxSizer 类、WrapSizer 类、StdDialogButtonSizer 类、GridSizer 类、FlexGridSizer 类和 GridBagSizer 类。

当使用 Sizer 类的子类创建完布局管理器之后,就可以使用从 Sizer 类中继承而来的 Add()方法,将子窗口或控件添加到所创建的布局管理器中,其语法格式有以下 3 种:

(1) 将子窗口或控件添加到布局管理器中。

```
Add(window, proportion, flag, border)
```

其中,参数 window 表示子窗口或控件;参数 proportion 表示子窗口或控件所占的空间比例;参数 flag 表示标志位,如表 3-2 所示,可以控制布局管理器的对齐、边框和尺寸;参数 border 表示边框的宽度。

表 3-2 标志位

| 功能 | 标志位 | 描述 |
| --- | --- | --- |
| 对齐 | wx.ALIGN_TOP | 顶对齐 |
| | wx.ALIGN_BOTTOM | 底对齐 |
| | wx.ALIGN_LEFT | 左对齐 |
| | wx.ALIGN_RIGHT | 右对齐 |
| | wx.ALIGN_CENTER | 居中对齐 |
| | wx.ALIGN_CENTER_VERTICAL | 垂直居中对齐 |
| | wx.ALIGN_CENTER_HORIZONTAL | 水平居中对齐 |
| 边框 | wx.TOP | 设置顶部边框 |
| | wx.BOTTOM | 设置底部边框 |
| | wx.LEFT | 设置左边框 |
| | wx.RIGHT | 设置右边框 |
| | wx.ALL | 设置四周边框 |
| 尺寸 | wx.EXPAND | 将子窗口或控件完全填满有效空间 |
| | wx.SHAPED | 将子窗口或控件填充有效空间,但保存其高宽比 |
| | wx.FIXED_MINSIZE | 将子窗口或控件设置为最小尺寸 |
| | wx.RESERVE_SPACE_EVEN_IF_HIDDEN | 设置此标志后,子窗口或控件如果被隐藏,则所占空间保留 |

(2) 将一个布局管理器添加到另外一个布局管理器中。

```
Add(sizer, proportion, flag, border)
```

其中，参数 sizer 表示布局管理器；参数 proportion 表示子窗口或控件所占的空间比例；参数 flag 表示标志位，可以控制布局管理器的对齐、边框和尺寸；参数 border 表示边框的宽度。

（3）添加一个指定宽和高的间隔。

```
Add(width, height, proportion, flag, border)
```

其中，参数 width 表示间隔的宽度；参数 height 表示间隔的高度；参数 proportion 表示子窗口或控件所占的空间比例；参数 flag 表示标志位，可以控制布局管理器的对齐、边框和尺寸；参数 border 表示边框的宽度。

除此之外，还可以通过 AddMany() 方法一次性添加多个子窗口或控件，其语法格式如下：

```
AddMany(items)
```

其中，参数 items 为元组构成的列表，而列表中的元组就是 Add() 方法中所对应的参数。

最后，在将子窗口或控件添加到布局管理器之后，就可以通过 Window 类中的 SetSizer() 方法将布局管理器添加到框架或内容面板之中，其语法格式如下：

```
SetSizer(sizer)
```

其中，参数 sizer 表示布局管理器。

下面，就常用的布局管理器为读者进行详细讲解。

### 3.6.1 BoxSizer 布局管理器

BoxSizer 布局管理器允许按行或者按列进行排列，同时也允许布局管理器间的嵌套，进而构造出更为复杂的布局。

#### 1. 创建 BoxSizer 对象

可以通过 wx 模块中的 BoxSizer 类创建 BoxSizer 对象，用于完成 BoxSizer 布局管理器的创建，其语法格式如下：

```
BoxSizer(orient)
```

其中，参数 orient 表示布局的方向，其值包括 wx.HORIZONTAL（水平方向，默认）和 wx.VERTICAL（垂直方向）。

#### 2. BoxSizer 布局管理器的应用

示例代码如下：

```
# 资源包\Code\chapter3\3.6\0329.py
import wx
class MyFrame(wx.Frame):
```

```python
    def __init__(self):
        super().__init__(parent=None, title='BoxSizer 布局管理器', size=(300, 200))
        # 创建内容面板
        panel = wx.Panel(parent=self)
        # 创建静态文本
        statictext = wx.StaticText(parent=panel, label='静态文本')
        # 创建普通按钮
        btn1 = wx.Button(parent=panel, id=-1, label='普通按钮 1')
        btn2 = wx.Button(parent=panel, id=-1, label='普通按钮 2')
        # 创建垂直方向的 BoxSizer 布局管理器
        vbox = wx.BoxSizer(wx.VERTICAL)
        # 将静态文本添加到垂直方向的 BoxSizer 布局管理器中
        vbox.Add(statictext, proportion=1, flag=wx.FIXED_MINSIZE | wx.TOP | wx.ALIGN_CENTER, border=10)
        # 创建水平方向的 BoxSizer 布局管理器
        hbox = wx.BoxSizer(wx.HORIZONTAL)
        # 将普通按钮添加到水平方向的 BoxSizer 布局管理器中
        hbox.Add(btn1, 1, wx.FIXED_MINSIZE | wx.BOTTOM, 5)
        hbox.Add(btn2, 1, wx.FIXED_MINSIZE | wx.BOTTOM, 5)
        # 将水平方向的 BoxSizer 布局管理器添加到垂直方向的 BoxSizer 布局管理器中
        vbox.Add(hbox, proportion=1, flag=wx.ALIGN_CENTER)
        # 将垂直方向的 BoxSizer 布局管理器添加到内容面板中
        panel.SetSizer(vbox)
class App(wx.App):
    def OnInit(self):
        frame = MyFrame()
        frame.Show()
        return True
    def OnExit(self):
        print('应用程序已退出,谢谢使用!')
        return False
if __name__ == '__main__':
    app = App()
    app.MainLoop()
```

上面代码的运行结果如图 3-27 所示。

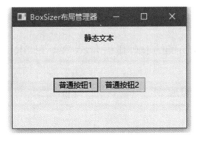

图 3-27　BoxSizer 布局管理器

## 3.6.2　StaticBoxSizer 布局管理器

StaticBoxSizer 布局管理器是 BoxSizer 布局管理器的子类，主要用于给布局管理器添加静态框。

### 1. 创建 StaticBoxSizer 对象

可以通过 wx 模块中的 StaticBoxSizer 类创建 StaticBoxSizer 对象，用于完成 StaticBoxSizer 布局管理器的创建，其语法格式有以下两种：

```
StaticBoxSizer(box, orient)
```

其中，参数 box 表示静态框对象；参数 orient 表示布局的方向。

```
StaticBoxSizer(orient, parent, label)
```

其中，参数 orient 表示布局的方向；参数 parent 表示 StaticBoxSizer 布局管理器的父窗口；参数 label 表示静态框的文本。

### 2. StaticBoxSizer 布局管理器的应用

示例代码如下：

```
#资源包\Code\chapter3\3.6\0330.py
import wx
class MyFrame(wx.Frame):
    def __init__(self):
        super().__init__(parent=None, title='StaticBoxSizer 布局管理器', size=(350, 200))
        #创建内容面板
        panel = wx.Panel(parent=self)
        #创建静态文本
        self.statictext = wx.StaticText(parent=panel, label='静态文本')
        #创建普通按钮
        b1 = wx.Button(parent=panel, id=10, label='普通按钮 1')
        b2 = wx.Button(parent=panel, id=11, label='普通按钮 2')
        #创建静态框
        sb = wx.StaticBox(panel, label="静态框")
        #创建垂直方向的 BoxSizer 布局管理器
        vbox = wx.BoxSizer(wx.VERTICAL)
        #将静态文本添加到垂直方向的 BoxSizer 布局管理器
        vbox.Add(self.statictext, proportion=2, flag=wx.FIXED_MINSIZE | wx.TOP | wx.CENTER, border=10)
        #创建水平方向的 StaticBoxSizer 布局管理器
        hsbox = wx.StaticBoxSizer(sb, wx.HORIZONTAL)
        #此种方式不需要创建静态框
        #hsbox = wx.StaticBoxSizer(wx.HORIZONTAL, parent=panel, label="静态框")
        #将普通按钮添加到水平方向的 StaticBoxSizer 布局管理器
        hsbox.Add(b1, 0, wx.EXPAND | wx.BOTTOM, 5)
        hsbox.Add(b2, 0, wx.EXPAND | wx.BOTTOM, 5)
```

```
            #将水平方向的 StaticBoxSizer 布局管理器添加到垂直方向的 BoxSizer 布局管理器
            vbox.Add(hsbox, proportion = 1, flag = wx.CENTER)
            #将垂直方向的 BoxSizer 布局管理器添加到内容面板中
            panel.SetSizer(vbox)
class App(wx.App):
    def OnInit(self):
        frame = MyFrame()
        frame.Show()
        return True
    def OnExit(self):
        print('应用程序已退出,谢谢使用!')
        return False
if __name__ == '__main__':
    app = App()
    app.MainLoop()
```

上面代码的运行结果如图 3-28 所示。

图 3-28　StaticBoxSizer 布局管理器

## 3.6.3　GridSizer 布局管理器

GridSizer 布局管理器主要用于以网格的形式对子窗口或控件进行布局。

**1. 创建 GridSizer 对象**

可以通过 wx 模块中的 GridSizer 类创建 GridSizer 对象,用于完成 GridSizer 布局管理器的创建,其语法格式有以下 4 种:

```
GridSizer(rows, cols, vgap, hgap)
```

其中,参数 rows 表示行数;参数 cols 表示列数;参数 vgap 表示垂直间隙;参数 hgap 表示水平间隙。

```
GridSizer(rows, cols, gap)
```

其中,参数 rows 表示行数;参数 cols 表示列数;参数 gap 为 Size 类型,表示水平间隙和垂直间隙。

```
GridSizer(cols, vgap, hgap)
```

其中，参数 cols 表示列数；参数 vgap 表示垂直间隙；参数 hgap 表示水平间隙。需要注意的是，由于没有限定行数，所以添加的子窗口或控件个数没有限制。

```
GridSizer(cols, gap)
```

其中，参数 cols 表示列数；参数 gap 为 Size 类型，表示水平间隙和垂直间隙。需要注意的是，由于没有限定行数，所以添加的子窗口或控件个数没有限制。

2．GridSizer 布局管理器的应用

示例代码如下：

```
#资源包\Code\chapter3\3.6\0331.py
import wx
class MyFrame(wx.Frame):
    def __init__(self):
        super().__init__(parent = None, title = 'GridSizer 布局管理器', size = (400, 300))
        #创建内容面板
        panel = wx.Panel(parent = self)
        #创建垂直方向的 BoxSizer 布局管理器
        vbox = wx.BoxSizer(wx.VERTICAL)
        #创建文本输入框
        tc = wx.TextCtrl(panel, style = wx.TE_RIGHT)
        #将文本输入框添加到垂直方向的 BoxSizer 布局管理器
        vbox.Add(tc, flag = wx.EXPAND | wx.TOP | wx.BOTTOM, border = 4)
        #创建 GridSizer 布局管理器.行数为5,列数为5,垂直间隙和水平间隙均为5像素
        gs = wx.GridSizer(5, 4, 5, 5)
        #将普通按钮添加到 GridSizer 布局管理器中
        gs.Add(wx.Button(panel, label = 'CE'), 0, wx.EXPAND)
        gs.Add(wx.Button(panel, label = 'C'), 0, wx.EXPAND)
        #将静态文本添加到 GridSizer 布局管理器中
        gs.Add(wx.StaticText(panel), wx.EXPAND)
        gs.Add(wx.Button(panel, label = 'Close'), 0, wx.EXPAND)
        gs.Add(wx.Button(panel, label = '7'), 0, wx.EXPAND)
        gs.Add(wx.Button(panel, label = '8'), 0, wx.EXPAND)
        gs.Add(wx.Button(panel, label = '9'), 0, wx.EXPAND)
        gs.Add(wx.Button(panel, label = '/'), 0, wx.EXPAND)
        gs.Add(wx.Button(panel, label = '4'), 0, wx.EXPAND)
        gs.Add(wx.Button(panel, label = '5'), 0, wx.EXPAND)
        gs.Add(wx.Button(panel, label = '6'), 0, wx.EXPAND)
        gs.Add(wx.Button(panel, label = '*'), 0, wx.EXPAND)
        gs.Add(wx.Button(panel, label = '1'), 0, wx.EXPAND)
        gs.Add(wx.Button(panel, label = '2'), 0, wx.EXPAND)
        gs.Add(wx.Button(panel, label = '3'), 0, wx.EXPAND)
        gs.Add(wx.Button(panel, label = '-'), 0, wx.EXPAND)
        gs.Add(wx.Button(panel, label = '0'), 0, wx.EXPAND)
        gs.Add(wx.Button(panel, label = '.'), 0, wx.EXPAND)
        gs.Add(wx.Button(panel, label = '='), 0, wx.EXPAND)
        gs.Add(wx.Button(panel, label = '+'), 0, wx.EXPAND)
```

```
            #将 GridSizer 布局管理器添加到垂直方向的 BoxSizer 布局管理器中
            vbox.Add(gs, proportion = 1, flag = wx.EXPAND)
            #将垂直方向的 BoxSizer 布局管理器添加到内容面板中
            panel.SetSizer(vbox)
class App(wx.App):
    def OnInit(self):
        frame = MyFrame()
        frame.Show()
        return True
    def OnExit(self):
        print('应用程序已退出,谢谢使用!')
        return False
if __name__ == '__main__':
    app = App()
    app.MainLoop()
```

上面代码的运行结果如图 3-29 所示。

图 3-29　GridSizer 布局管理器

## 3.6.4　FlexGridSizer 布局管理器

FlexGridSizer 布局管理器是 GridSizer 布局管理器的子类,但是 GridSizer 布局管理器的网格大小是固定的,而 FlexGridSizer 布局管理器则是更加灵活的网格形式布局管理器。

**1. 创建 FlexGridSizer 对象**

可以通过 wx 模块中的 FlexGridSizer 类创建 FlexGridSizer 对象,用于完成 FlexGridSizer 布局管理器的创建,其语法格式有以下 4 种:

```
FlexGridSizer(rows, cols, vgap, hgap)
```

其中,参数 rows 表示行数;参数 cols 表示列数;参数 vgap 表示垂直间隙;参数 hgap 表示水平间隙。

```
FlexGridSizer(rows, cols, gap)
```

其中,参数 rows 表示行数;参数 cols 表示列数;参数 gap 为 Size 类型,表示水平间隙和垂直间隙。

```
FlexGridSizer(cols, vgap, hgap)
```

其中,参数 cols 表示列数;参数 vgap 表示垂直间隙;参数 hgap 表示水平间隙。需要注意的是,由于没有限定行数,所以添加的子窗口或控件个数没有限制。

```
FlexGridSizer(cols, gap)
```

其中,参数 cols 表示列数;参数 gap 为 Size 类型,表示水平间隙和垂直间隙。需要注意的是,由于没有限定行数,所以添加的子窗口或控件个数没有限制。

2. FlexGridSizer 对象的相关方法

1) AddGrowableRow()方法

该方法用于设置指定的行可扩展,其语法格式如下:

```
AddGrowableRow(idx, proportion)
```

其中,参数 idx 表示行的索引,从 0 开始;参数 proportion 表示所占空间比例。

2) AddGrowableCol()方法

该方法用于设置指定的列可扩展,其语法格式如下:

```
AddGrowableCol(idx, proportion)
```

其中,参数 idx 表示列的索引,从 0 开始;参数 proportion 表示所占空间比例。

3. FlexGridSizer 布局管理器的应用

示例代码如下:

```python
#资源包\Code\chapter3\3.6\0332.py
import wx
class MyFrame(wx.Frame):
    def __init__(self):
        super().__init__(parent = None, title = 'FlexGridSizer 布局管理器', size = (400, 200))
        #创建内容面板
        panel = wx.Panel(parent = self)
        #创建静态文本
        title = wx.StaticText(panel, label = "Title")
        author = wx.StaticText(panel, label = "Author")
        review = wx.StaticText(panel, label = "Review")
        #创建文本输入框
        tc_title = wx.TextCtrl(panel)
        tc_author = wx.TextCtrl(panel)
        tc_review = wx.TextCtrl(panel, style = wx.TE_MULTILINE)
        #创建水平方向的 BoxSizer 布局管理器
        hbox = wx.BoxSizer(wx.HORIZONTAL)
```

```python
        #创建 FlexGridSizer 布局管理器,行数为3,列数为2,垂直间隙和水平间隙均为10像素
        fgs = wx.FlexGridSizer(3, 2, 10, 10)
        fgs.AddMany([(title, 1, wx.EXPAND),
                     (tc_title, 1, wx.EXPAND),
                     (author, 1, wx.EXPAND),
                     (tc_author, 1, wx.EXPAND),
                     (review, 1, wx.EXPAND),
                     (tc_review, 1, wx.EXPAND)])
        fgs.AddGrowableRow(2, 1)
        fgs.AddGrowableCol(1, 1)
        hbox.Add(fgs, proportion = 1, flag = wx.ALL | wx.EXPAND, border = 15)
        panel.SetSizer(hbox)
class App(wx.App):
    def OnInit(self):
        frame = MyFrame()
        frame.Show()
        return True
    def OnExit(self):
        print('应用程序已退出,谢谢使用!')
        return False
if __name__ == '__main__':
    app = App()
    app.MainLoop()
```

上面代码的运行结果如图 3-30 所示。

图 3-30　FlexGridSizer 布局管理器

## 3.7　事件处理

### 3.7.1　事件处理的 4 要素

事件处理是 GUI 应用程序所必需的组成部分,事件的处理涉及 4 个要素,即事件、事件类型、事件源和事件处理者。

**1. 事件**

在图形用户界面中的每个动作都会触发事件,它是用户对界面的操作,例如单击按钮、在文本框输入文本等操作都会触发相应的事件。

在 wxPython 中,事件被封装成事件类,即 Event 类,其常用的方法如下。

1) GetId()方法

该方法用于获取指定事件源的窗口标识符,其语法格式如下:

```
GetId()
```

2) GetEventObject()方法

该方法用于获取与命令事件相关联的控件对象,其语法格式如下:

```
GetEventObject()
```

但是,在实际的应用过程中,通常使用的都是 Event 类的子类,其包括 CloseEvent 类(关闭事件)、PaintEvent 类(绘制事件)、FocusEvent 类(焦点事件)、KeyEvent 类(键盘事件)、MouseEvent 类(鼠标事件)、SpinEvent 类(微调节器事件)和 CommandEvent 类(命令事件)等。

**2. 事件类型**

事件类型主要用于描述事件的详细信息。例如鼠标事件包括 EVT_LEFT_DOWN(鼠标左键按下)、EVT_LEFT_UP(鼠标左键松开)和 EVT_MOTION(鼠标移动)等事件类型。

**3. 事件源**

事件源指的是事件发生的场所,例如当单击普通按钮触发命令事件时,此时的事件源就是按钮控件。

**4. 事件处理者**

事件处理者表示触发事件后的结果,即事件类型绑定的处理函数。注意,该函数必须传递一个参数,即 event,用于表示触发的事件对象,例如鼠标事件对象、微调节器事件对象等。

事件处理的主要方法是 Bind()方法,其语法格式如下:

```
obj.Bind(event, handler, source, id, id2)
```

其中,obj 表示窗口对象;参数 event 表示事件类型;参数 handler 表示事件处理者;参数 source 表示事件源,当该参数的值为 None 时,必须设置参数 id 的值;参数 id 表示窗口标识符,即事件源的标识,当通过参数 id 绑定事件源时,需将参数 source 的值设为 None;参数 id2 表示事件源标识的范围,即当有多个事件源绑定到同一个事件处理者时可以使用此参数。

### 3.7.2 事件

**1. 关闭事件(CloseEvent 类)**

关闭事件,即当关闭窗口时所触发的事件,其事件类型如表 3-3 所示。

表 3-3 关闭事件的事件类型

| 事件类型 | 描述 |
| --- | --- |
| EVT_CLOSE | 表示当关闭窗口时会触发关闭事件 |

示例代码如下：

```
#资源包\Code\chapter3\3.7\0333.py
import wx
class MyFrame(wx.Frame):
    def __init__(self):
        super().__init__(parent = None, title = "关闭事件", size = (300, 180))
        self.Bind(wx.EVT_CLOSE, self.OnClose)
    def OnClose(self, event):
        self.Destroy()
class App(wx.App):
    def OnInit(self):
        frame = MyFrame()
        frame.Show()
        return True
    def OnExit(self):
        print('应用程序退出,谢谢使用')
        return False
if __name__ == '__main__':
    app = App()
    app.MainLoop()
```

上面代码的运行结果如图 3-31 所示。

图 3-31　关闭事件

### 2．绘制事件（PaintEvent 类）

绘制事件，即当窗口重绘（除窗口最小化和窗口还原），或者特定程序调用时所触发的事件，其事件类型如表 3-4 所示。

表 3-4　绘制事件的事件类型

| 事件类型 | 描述 |
| --- | --- |
| EVT_PAINT | 表示当窗口重绘（除窗口最小化和窗口还原），或者特定程序调用时会触发绘制事件 |

示例代码如下：

```
#资源包\Code\chapter3\3.7\0334.py
import wx
class MyFrame(wx.Frame):
    def __init__(self):
```

```
            super().__init__(parent = None, title = "绘制事件", size = (300, 180))
            self.count = 0
            self.Bind(wx.EVT_PAINT, self.OnPaint)
        def OnPaint(self, event):
            if self.count == 0:
                self.SetTitle(f'尚未触发绘制事件')
                self.count += 1
            else:
                self.SetTitle(f'触发绘制事件【{self.count}】次')
                self.count += 1
class App(wx.App):
    def OnInit(self):
        frame = MyFrame()
        frame.Show()
        return True
    def OnExit(self):
        print('应用程序退出,谢谢使用')
        return False
if __name__ == '__main__':
    app = App()
    app.MainLoop()
```

上面代码的运行结果如图 3-32 所示。

图 3-32　绘制事件

### 3. 焦点事件(FocusEvent 类)

焦点事件,即当获得焦点或失去焦点时所触发的事件,其事件类型如表 3-5 所示。

表 3-5　焦点事件的事件类型

| 事 件 类 型 | 描　　述 |
| --- | --- |
| EVT_SET_FOCUS | 表示当子窗口或控件获得焦点时会触发焦点事件 |
| EVT_KILL_FOCUS | 表示当子窗口或控件失去焦点时会触发焦点事件 |

示例代码如下:

```
#资源包\Code\chapter3\3.7\0335.py
import wx
class MyPanel(wx.Panel):
    def __init__(self, parent):
```

```
        super().__init__(parent)
        self.staticttext = wx.StaticText(parent=self, label='初始内容',
style=wx.ALIGN_CENTER_HORIZONTAL)
        self.Bind(wx.EVT_SET_FOCUS, self.OnSetFocus)
        self.Bind(wx.EVT_KILL_FOCUS, self.OnKillFocus)
    def OnSetFocus(self, event):
        self.staticttext.SetLabelText('获得焦点')
    def OnKillFocus(self, event):
        self.staticttext.SetLabelText('失去焦点')
class MyFrame(wx.Frame):
    def __init__(self):
        super().__init__(parent=None, id=wx.ID_VIEW_DETAILS, title="焦点事件",
size=(300, 180))
        grid = wx.GridSizer(2, 2, 10, 10)
        grid.AddMany([(MyPanel(self), 0, wx.EXPAND | wx.TOP | wx.LEFT, 9),
                      (MyPanel(self), 0, wx.EXPAND | wx.TOP | wx.RIGHT, 9),
                      (MyPanel(self), 0, wx.EXPAND | wx.BOTTOM | wx.LEFT, 9),
                      (MyPanel(self), 0, wx.EXPAND | wx.BOTTOM | wx.RIGHT, 9)])
        self.SetSizer(grid)
class App(wx.App):
    def OnInit(self):
        frame = MyFrame()
        frame.Show()
        return True
    def OnExit(self):
        print('应用程序已退出,谢谢使用')
        return False
if __name__ == '__main__':
    app = App()
    app.MainLoop()
```

上面代码的运行结果如图 3-33 所示。

图 3-33 焦点事件

**4. 键盘事件(KeyEvent 类)**

键盘事件,即当在键盘上进行按下按键或松开按键等操作时所触发的事件,其事件类型如表 3-6 所示。

表 3-6　键盘事件的事件类型

| 事 件 类 型 | 描　　述 |
|---|---|
| EVT_KEY_DOWN | 表示当在键盘上按下按键时会触发键盘事件 |
| EVT_KEY_UP | 表示当在键盘上松开按键时会触发键盘事件 |

示例代码如下：

```python
#资源包\Code\chapter3\3.7\0336.py
import wx
class MyFrame(wx.Frame):
    def __init__(self):
        super().__init__(parent = None, id = wx.ID_VIEW_DETAILS, title = "键盘事件", size = (300, 180))
        panel = wx.Panel(self)
        self.statictext = wx.StaticText(parent = panel, label = '键盘事件', pos = (50, 20))
        panel.Bind(wx.EVT_KEY_DOWN, self.OnKeyDown)
        panel.Bind(wx.EVT_KEY_UP, self.OnKeyUp)
    def OnKeyDown(self, event):
        self.statictext.SetLabelText('键盘按键被按下!')
    def OnKeyUp(self, e):
        self.statictext.SetLabelText('键盘按键已松开!')
class App(wx.App):
    def OnInit(self):
        frame = MyFrame()
        frame.Show()
        return True
    def OnExit(self):
        print('应用程序已退出,谢谢使用')
        return False
if __name__ == '__main__':
    app = App()
    app.MainLoop()
```

上面代码的运行结果如图 3-34 所示。

图 3-34　键盘事件

### 5．鼠标事件(MouseEvent 类)

鼠标事件,即当进行单击鼠标左(右)键,或者移动鼠标等操作时所触发的事件,其事件类型如表 3-7 所示。

表 3-7 鼠标事件的事件类型

| 事 件 类 型 | 描　　　述 |
| --- | --- |
| EVT_LEFT_DOWN | 表示当单击鼠标左键时会触发鼠标事件 |
| EVT_LEFT_UP | 表示当松开鼠标左键时会触发鼠标事件 |
| EVT_RIGHT_DOWN | 表示当右击时会触发鼠标事件 |
| EVT_RIGHT_UP | 表示当松开鼠标右键时会触发鼠标事件 |
| EVT_MOTION | 表示当移动鼠标时会触发鼠标事件 |

鼠标事件对象的相关属性和方法如下。

1）属性 GetX

该属性用于获取鼠标位置的 $x$ 轴坐标，其语法格式如下：

```
GetX
```

2）属性 GetY

该属性用于获取鼠标位置的 $y$ 轴坐标，其语法格式如下：

```
GetY
```

3）Dragging()方法

该方法用于判断鼠标是否被拖曳，当鼠标被拖曳时返回值为 True，否则返回值为 False，其语法格式如下：

```
Dragging()
```

4）RightIsDown()方法

该方法从 MouseState 类中继承而来，用于判断鼠标右键是否被一直单击，当鼠标右键被一直单击时返回值为 True，否则返回值为 False，其语法格式如下：

```
RightIsDown()
```

5）LeftIsDown()方法

该方法从 MouseState 类中继承而来，用于判断鼠标左键是否被一直单击，当鼠标左键被一直单击时返回值为 True，否则返回值为 False，其语法格式如下：

```
LeftIsDown()
```

6）GetPosition()方法

该方法从 MouseState 类中继承而来，用于获取鼠标的位置，其语法格式如下：

```
GetPosition()
```

示例代码如下：

```
#资源包\Code\chapter3\3.7\0337.py
import wx
class MyFrame(wx.Frame):
    def __init__(self):
        super().__init__(parent = None, title = "鼠标事件", size = (400, 300))
        self.Bind(wx.EVT_LEFT_DOWN, self.on_left_down)
        self.Bind(wx.EVT_LEFT_UP, self.on_left_up)
        self.Bind(wx.EVT_RIGHT_DOWN, self.on_right_down)
        self.Bind(wx.EVT_RIGHT_UP, self.on_right_up)
        self.Bind(wx.EVT_MOTION, self.on_mouse_move)
    def on_left_down(self, event):
        self.SetTitle(f'鼠标左键被按下!')
    def on_left_up(self, event):
        self.SetTitle(f'鼠标左键已松开!')
    def on_right_down(self, event):
        self.SetTitle(f'鼠标右键被按下!')
    def on_right_up(self, event):
        self.SetTitle(f'鼠标右键已松开!')
    def on_mouse_move(self, event):
        #按下左键并移动鼠标
        if event.Dragging() and event.LeftIsDown():
            #获取当前鼠标的坐标
            pos = event.GetPosition()
            self.SetTitle(f'当前坐标为【{pos}】')
class App(wx.App):
    def OnInit(self):
        frame = MyFrame()
        frame.Show()
        return True
    def OnExit(self):
        print('应用程序已退出,谢谢使用')
        return False
if __name__ == '__main__':
    app = App()
    app.MainLoop()
```

上面代码的运行结果如图 3-35 所示。

图 3-35 鼠标事件

## 6. 微调节器事件(SpinEvent 类)

微调节器事件,即当操作微调节器控件时所触发的事件,其事件类型如表 3-8 所示。

表 3-8 微调节器事件的事件类型

| 事 件 类 型 | 描　　述 |
| --- | --- |
| EVT_SPINCTRL | 表示当操作微调节器控件时会触发微调节器事件 |

微调节器事件对象的相关方法为 GetPosition() 方法,用于获取当前微调节器的值,其语法格式如下:

```
GetPosition()
```

示例代码如下:

```
#资源包\Code\chapter3\3.7\0338.py
import wx
class MyFrame(wx.Frame):
    def __init__(self):
        super().__init__(parent = None, title = '微调节器事件', size = (300, 300))
        panel = wx.Panel(self)
        self.statictext = wx.StaticText(parent = panel)
        sc = wx.SpinCtrl(panel, pos = (55, 90), size = (80, -1), min = 1, max = 10, initial = 5)
        self.Bind(wx.EVT_SPINCTRL, self.on_spinCtrl, sc)
    def on_spinCtrl(self, event):
        self.statictext.SetLabelText(f'{event.GetPosition()}')
class App(wx.App):
    def OnInit(self):
        frame = MyFrame()
        frame.Show()
        return True
    def OnExit(self):
        print('应用程序已退出,谢谢使用!')
        return False
if __name__ == '__main__':
    app = App()
    app.MainLoop()
```

上面代码的运行结果如图 3-36 所示。

图 3-36　微调节器事件

## 7. 命令事件（CommandEvent 类）

命令事件，即当操作各种控件或菜单栏时所触发的事件，其事件类型如表 3-9 所示。

表 3-9 命令事件的事件类型

| 事件类型 | 描述 |
| --- | --- |
| EVT_BUTTON | 表示当单击普通按钮或位图按钮时会触发命令事件 |
| EVT_TOGGLEBUTTON | 表示当单击开关按钮时会触发命令事件 |
| EVT_RADIOBUTTON | 表示当单击单选按钮时会触发命令事件 |
| EVT_TEXT | 表示当在文本输入框中输入文本时会触发命令事件 |
| EVT_RADIOBOX | 表示当选择单选框中的选项时会触发命令事件 |
| EVT_CHECKBOX | 表示当选择复选框中的选项时会触发命令事件 |
| EVT_COMBOBOX | 表示当选择可编辑下拉菜单中的选项时会触发命令事件 |
| EVT_CHOICE | 表示当选择不可编辑下拉菜单中的选项时会触发命令事件 |
| EVT_LISTBOX | 表示当单击选择列表框中的选项时会触发命令事件 |
| EVT_LISTBOX_DCLICK | 表示当双击选择列表框中的选项时会触发命令事件 |
| EVT_SLIDER | 表示当拖动滑块时会触发命令事件 |
| EVT_TOOL | 表示当单击工具栏中的工具时会触发命令事件 |
| EVT_MENU | 表示当单击菜单栏中的菜单项时会触发命令事件 |

命令事件对象的相关方法如下。

1) GetString()方法

该方法用于获取可编辑下拉菜单、不可编辑下拉菜单或列表框中指定选项的内容，其语法格式如下：

```
GetString()
```

2) GetSelection()方法

该方法用于获取可编辑下拉菜单、不可编辑下拉菜单或列表框中指定选项的索引，其语法格式如下：

```
GetSelection()
```

以下为操作各种控件和菜单栏时触发命令事件的示例代码。

（1）普通按钮和位图按钮，示例代码如下：

```python
# 资源包\Code\chapter3\3.7\0339.py
import wx
class MyFrame(wx.Frame):
    def __init__(self):
        super().__init__(parent = None, title = '命令事件:普通按钮和位图按钮',
size = (400, 200))
        panel = wx.Panel(parent = self)
        self.statictext = wx.StaticText(parent = panel)
        btn1 = wx.Button(parent = panel, id = 1, label = 'Button')
```

```
            self.Bind(wx.EVT_BUTTON, self.on_click, btn1)
            bmp = wx.Bitmap('pic/icon.png', wx.BITMAP_TYPE_PNG)
            btn2 = wx.BitmapButton(parent = panel, id = 2, bitmap = bmp)
            self.Bind(wx.EVT_BUTTON, self.on_click, btn2)
            vbox = wx.BoxSizer(wx.VERTICAL)
            vbox.Add(100, 10, proportion = 1, flag = wx.ALIGN_CENTER | wx.FIXED_MINSIZE)
            vbox.Add(self.statictext, proportion = 1, flag = wx.ALIGN_LEFT | wx.FIXED_MINSIZE)
            vbox.Add(btn1, proportion = 1, flag = wx.CENTER | wx.EXPAND)
            vbox.Add(btn2, proportion = 1, flag = wx.CENTER | wx.EXPAND)
            panel.SetSizer(vbox)
    def on_click(self, event):
            event_id = event.GetId()
            rb = event.GetEventObject()
            if event_id == 1:
                self.statictext.SetLabelText(f'单击普通按钮【{rb.GetLabel()}】')
            elif event_id == 2:
                self.statictext.SetLabelText('单击位图按钮')
class App(wx.App):
    def OnInit(self):
        frame = MyFrame()
        frame.Show()
        return True
    def OnExit(self):
        print('应用程序已退出,谢谢使用')
        return False
if __name__ == '__main__':
    app = App()
    app.MainLoop()
```

上面代码的运行结果如图 3-37 所示。

图 3-37　命令事件：普通按钮和位图按钮

(2) 开关按钮，示例代码如下：

```
# 资源包\Code\chapter3\3.7\0340.py
import wx
class MyFrame(wx.Frame):
    def __init__(self):
        super().__init__(parent = None, title = '命令事件:开关按钮', size = (300, 200))
        panel = wx.Panel(parent = self)
```

```
        self.statictext = wx.StaticText(parent = panel)
        btn1 = wx.ToggleButton(parent = panel, id = 1, label = 'ToggleButton')
        self.Bind(wx.EVT_TOGGLEBUTTON, self.on_click, btn1)
        vbox = wx.BoxSizer(wx.VERTICAL)
        vbox.Add(100, 10, proportion = 1, flag = wx.ALIGN_CENTER | wx.FIXED_MINSIZE)
        vbox.Add(self.statictext, proportion = 1, flag = wx.ALIGN_LEFT | wx.FIXED_MINSIZE)
        vbox.Add(btn1, proportion = 1, flag = wx.CENTER | wx.EXPAND)
        panel.SetSizer(vbox)
    def on_click(self, event):
        event_id = event.GetId()
        rb = event.GetEventObject()
        if event_id == 1:
            self.statictext.SetLabelText(f'单击开关按钮【{rb.GetValue()}】')
class App(wx.App):
    def OnInit(self):
        frame = MyFrame()
        frame.Show()
        return True
    def OnExit(self):
        print('应用程序已退出,谢谢使用')
        return False
if __name__ == '__main__':
    app = App()
    app.MainLoop()
```

上面代码的运行结果如图 3-38 所示。

图 3-38　命令事件：开关按钮

（3）单选按钮,示例代码如下：

```
#资源包\Code\chapter3\3.7\0341.py
import wx
class MyFrame(wx.Frame):
    def __init__(self):
        super().__init__(parent = None, title = '命令事件:单选按钮', size = (300, 200))
        panel = wx.Panel(parent = self)
        self.statictext = wx.StaticText(parent = panel)
        btn1 = wx.RadioButton(panel, 1, '男')
        btn2 = wx.RadioButton(panel, 2, '女')
        self.Bind(wx.EVT_RADIOBUTTON, self.on_click, id = 1, id2 = 2)
```

```
                vbox = wx.BoxSizer(wx.VERTICAL)
                vbox.Add(100, 10, proportion = 1, flag = wx.ALIGN_CENTER | wx.FIXED_MINSIZE)
                vbox.Add(self.statictext, proportion = 1, flag = wx.ALIGN_LEFT | wx.FIXED_MINSIZE)
                vbox.Add(btn1, proportion = 1, flag = wx.CENTER | wx.FIXED_MINSIZE)
                vbox.Add(btn2, proportion = 1, flag = wx.CENTER | wx.FIXED_MINSIZE)
                panel.SetSizer(vbox)
        def on_click(self, event):
                event_id = event.GetId()
                rb = event.GetEventObject()
                if event_id == 1:
                        self.statictext.SetLabelText(f'单击单选按钮【{rb.GetLabel()}】')
                elif event_id == 2:
                        self.statictext.SetLabelText(f'单击单选按钮【{rb.GetLabel()}】')
class App(wx.App):
        def OnInit(self):
                frame = MyFrame()
                frame.Show()
                return True
        def OnExit(self):
                print('应用程序已退出,谢谢使用')
                return False
if __name__ == '__main__':
        app = App()
        app.MainLoop()
```

上面代码的运行结果如图 3-39 所示。

图 3-39  命令事件：单选按钮

(4) 文本输入框,示例代码如下：

```
#资源包\Code\chapter3\3.7\0342.py
import wx
class MyFrame(wx.Frame):
        def __init__(self):
                super().__init__(parent = None, title = '命令事件:文本输入框', size = (350, 300))
                panel = wx.Panel(self)
                self.statictext = wx.StaticText(parent = panel)
                hbox1 = wx.BoxSizer(wx.HORIZONTAL)
                hbox1.Add(self.statictext, 1, flag = wx.ALL | wx.FIXED_MINSIZE)
                tc1 = wx.TextCtrl(panel, value = 'www.oldxia.com', pos = (50, 30))
```

```
            tc2 = wx.TextCtrl(panel, style = wx.TE_PASSWORD, pos = (50, 70))
            tc3 = wx.TextCtrl(panel, style = wx.TE_MULTILINE, pos = (50, 110))
            vbox = wx.BoxSizer(wx.VERTICAL)
            vbox.Add(hbox1, 1, flag = wx.ALL | wx.EXPAND, border = 5)
            vbox.Add(tc1, 1, flag = wx.ALL | wx.EXPAND, border = 5)
            vbox.Add(tc2, 1, flag = wx.ALL | wx.EXPAND, border = 5)
            vbox.Add(tc3, 3, flag = wx.ALL | wx.EXPAND, border = 5)
            panel.SetSizer(vbox)
            self.Bind(wx.EVT_TEXT, self.on_textCtrl, tc3)
        def on_textCtrl(self, event):
            rb = event.GetEventObject()
            self.statictext.SetLabelText(f'{rb.GetValue()}')
    class App(wx.App):
        def OnInit(self):
            frame = MyFrame()
            frame.Show()
            return True
        def OnExit(self):
            print('应用程序已退出,谢谢使用!')
            return False
    if __name__ == '__main__':
        app = App()
        app.MainLoop()
```

上面代码的运行结果如图 3-40 所示。

图 3-40　命令事件：文本输入框

(5) 单选框,示例代码如下：

```
# 资源包\Code\chapter3\3.7\0343.py
import wx
class MyFrame(wx.Frame):
    def __init__(self):
        super().__init__(parent = None, title = '命令事件:单选框', size = (300, 150))
        panel = wx.Panel(self)
        self.statictext = wx.StaticText(panel)
```

```
            hbox1 = wx.BoxSizer(wx.HORIZONTAL)
            hbox1.Add(self.statictext, 1, flag = wx.ALL | wx.FIXED_MINSIZE)
            rb = wx.RadioBox(panel, id = -1, label = "请选择要学习的编程语言", pos = (50,
10), choices = ['Python', 'Java', 'PHP'])
            self.Bind(wx.EVT_RADIOBOX, self.on_radiobox, rb)
            hbox2 = wx.BoxSizer(wx.HORIZONTAL)
            hbox2.Add(rb, 1, flag = wx.ALL | wx.FIXED_MINSIZE)
            vbox = wx.BoxSizer(wx.VERTICAL)
            vbox.Add(hbox1, 1, flag = wx.ALL | wx.EXPAND, border = 5)
            vbox.Add(hbox2, 1, flag = wx.ALL | wx.EXPAND, border = 5)
            panel.SetSizer(vbox)
        def on_radiobox(self, event):
            self.statictext.SetLabelText(f'{event.GetString()}')
class App(wx.App):
    def OnInit(self):
        frame = MyFrame()
        frame.Show()
        return True
    def OnExit(self):
        print('应用程序已退出,谢谢使用!')
        return False
if __name__ == '__main__':
    app = App()
    app.MainLoop()
```

上面代码的运行结果如图3-41所示。

图3-41  命令事件:单选框

(6)复选框,示例代码如下:

```
#资源包\Code\chapter3\3.7\0344.py
import wx
class MyFrame(wx.Frame):
    def __init__(self):
        super().__init__(parent = None, title = '命令事件:复选框', size = (400, 130))
        panel = wx.Panel(self)
        statictext1 = wx.StaticText(panel, label = '编程语言:')
        cb1 = wx.CheckBox(panel, 1, 'Python')
        cb1.SetValue(True)
        cb2 = wx.CheckBox(panel, 2, 'Java')
        cb3 = wx.CheckBox(panel, 3, 'PHP')
        self.Bind(wx.EVT_CHECKBOX, self.on_checkbox_click, id = 1, id2 = 3)
```

```
            hbox1 = wx.BoxSizer(wx.HORIZONTAL)
            self.statictext2 = wx.StaticText(panel)
            hbox1.Add(self.statictext2, proportion = 1, flag = wx.FIXED_MINSIZE |
wx.TOP | wx.ALIGN_CENTER, border = 10)
            hbox2 = wx.BoxSizer(wx.HORIZONTAL)
            hbox2.Add(statictext1, 1, flag = wx.LEFT | wx.RIGHT | wx.FIXED_MINSIZE, border = 10)
            hbox2.Add(cb1, 1, flag = wx.ALL | wx.FIXED_MINSIZE)
            hbox2.Add(cb2, 1, flag = wx.ALL | wx.FIXED_MINSIZE)
            hbox2.Add(cb3, 1, flag = wx.ALL | wx.FIXED_MINSIZE)
            vbox = wx.BoxSizer(wx.VERTICAL)
            vbox.Add(hbox1, 1, flag = wx.ALL | wx.EXPAND, border = 5)
            vbox.Add(hbox2, 2, flag = wx.ALL | wx.EXPAND, border = 5)
            panel.SetSizer(vbox)
        def on_checkbox_click(self, event):
            cb = event.GetEventObject()
            if event.IsChecked() == True:
                self.statictext2.SetLabelText(f'{cb.GetLabel()},状态:已选择')
            else:
                self.statictext2.SetLabelText(f'{cb.GetLabel()},状态:未选择')
class App(wx.App):
    def OnInit(self):
        frame = MyFrame()
        frame.Show()
        return True
    def OnExit(self):
        print('应用程序已退出,谢谢使用')
        return False
if __name__ == '__main__':
    app = App()
    app.MainLoop()
```

上面代码的运行结果如图 3-42 所示。

图 3-42　命令事件:复选框

(7) 可编辑下拉菜单,示例代码如下:

```
#资源包\Code\chapter3\3.7\0345.py
import wx
class MyFrame(wx.Frame):
    def __init__(self):
        super().__init__(parent = None, title = '命令事件:可编辑下拉菜单',
size = (400, 180))
        panel = wx.Panel(self)
```

```
        self.statictext = wx.StaticText(panel)
        hbox1 = wx.BoxSizer(wx.HORIZONTAL)
        hbox1.Add(self.statictext, 1, flag = wx.ALL | wx.FIXED_MINSIZE)
        statictext2 = wx.StaticText(panel, label = '编程语言:')
        ch1 = wx.ComboBox(panel, -1, value = '请选择', choices = ['Python', 'C++',
'Java'])
        self.Bind(wx.EVT_COMBOBOX, self.on_combobox, ch1)
        hbox2 = wx.BoxSizer(wx.HORIZONTAL)
        hbox2.Add(statictext2, 1, flag = wx.LEFT | wx.RIGHT | wx.FIXED_MINSIZE, border = 5)
        hbox2.Add(ch1, 1, flag = wx.ALL | wx.FIXED_MINSIZE)
        vbox = wx.BoxSizer(wx.VERTICAL)
        vbox.Add(hbox1, 1, flag = wx.ALL | wx.EXPAND, border = 5)
        vbox.Add(hbox2, 1, flag = wx.ALL | wx.EXPAND, border = 5)
        panel.SetSizer(vbox)
    def on_combobox(self, event):
        self.statictext.SetLabelText(f'{event.GetString()}')
class App(wx.App):
    def OnInit(self):
        frame = MyFrame()
        frame.Show()
        return True
if __name__ == '__main__':
    app = App()
    app.MainLoop()
```

上面代码的运行结果如图 3-43 所示。

图 3-43　命令事件:可编辑下拉菜单

（8）不可编辑下拉菜单,示例代码如下:

```
# 资源包\Code\chapter3\3.7\0346.py
import wx
class MyFrame(wx.Frame):
    def __init__(self):
        super().__init__(parent = None, title = '命令事件:不可编辑下拉菜单',
size = (400, 180))
        panel = wx.Panel(self)
        self.statictext = wx.StaticText(panel)
        hbox1 = wx.BoxSizer(wx.HORIZONTAL)
        hbox1.Add(self.statictext, 1, flag = wx.ALL | wx.FIXED_MINSIZE)
        statictext1 = wx.StaticText(panel, label = '选择性别:')
```

```
            ch2 = wx.Choice(panel, -1, choices = ['请选择', '男', '女'])
            ch2.SetSelection(0)
            self.Bind(wx.EVT_CHOICE, self.on_choice, ch2)
            hbox2 = wx.BoxSizer(wx.HORIZONTAL)
            hbox2.Add(statictext1, 1, flag = wx.LEFT | wx.RIGHT | wx.FIXED_MINSIZE, border = 5)
            hbox2.Add(ch2, 1, flag = wx.ALL | wx.FIXED_MINSIZE)
            vbox = wx.BoxSizer(wx.VERTICAL)
            vbox.Add(hbox1, 1, flag = wx.ALL | wx.EXPAND, border = 5)
            vbox.Add(hbox2, 1, flag = wx.ALL | wx.EXPAND, border = 5)
            panel.SetSizer(vbox)
        def on_choice(self, event):
            self.statictext.SetLabelText(f'{event.GetString()}')
class App(wx.App):
        def OnInit(self):
            frame = MyFrame()
            frame.Show()
            return True
if __name__ == '__main__':
        app = App()
        app.MainLoop()
```

上面代码的运行结果如图 3-44 所示。

图 3-44　命令事件：不可编辑下拉菜单

（9）列表框，示例代码如下：

```
#资源包\Code\chapter3\3.7\0347.py
import wx
class MyFrame(wx.Frame):
    def __init__(self):
        super().__init__(parent = None, title = '命令事件:列表框', size = (350, 180))
        panel = wx.Panel(self)
        self.statictext = wx.StaticText(panel)
        hbox1 = wx.BoxSizer(wx.HORIZONTAL)
        hbox1.Add(self.statictext, 1, flag = wx.ALL | wx.FIXED_MINSIZE)
        statictext2 = wx.StaticText(panel, label = '编程语言')
        list1 = ['Python', 'PHP', 'Java']
        lb1 = wx.ListBox(panel, -1, choices = list1, style = wx.LB_SINGLE)
        self.Bind(wx.EVT_LISTBOX, self.on_listbox1, lb1)
        hbox2 = wx.BoxSizer(wx.HORIZONTAL)
        hbox2.Add(statictext2, 1, flag = wx.LEFT | wx.RIGHT | wx.FIXED_MINSIZE, border = 5)
```

```
            hbox2.Add(lb1, 1, flag = wx.ALL | wx.FIXED_MINSIZE)
            statictext3 = wx.StaticText(panel, label = '操作系统')
            list2 = ['Windows', 'Linux', 'UNIX']
            lb2 = wx.ListBox(panel, -1, choices = list2, style = wx.LB_EXTENDED)
            self.Bind(wx.EVT_LISTBOX_DCLICK, self.on_listbox2, lb2)
            hbox3 = wx.BoxSizer(wx.HORIZONTAL)
            hbox3.Add(statictext3, 1, flag = wx.LEFT | wx.RIGHT | wx.FIXED_MINSIZE, border = 5)
            hbox3.Add(lb2, 1, flag = wx.ALL | wx.FIXED_MINSIZE)
            vbox = wx.BoxSizer(wx.VERTICAL)
            vbox.Add(hbox1, 1, flag = wx.ALL | wx.EXPAND, border = 5)
            vbox.Add(hbox2, 1, flag = wx.ALL | wx.EXPAND, border = 5)
            vbox.Add(hbox3, 1, flag = wx.ALL | wx.EXPAND, border = 5)
            panel.SetSizer(vbox)
    def on_listbox1(self, event):
            self.statictext.SetLabelText(f'{event.GetString()}')
    def on_listbox2(self, event):
            self.statictext.SetLabelText(f'{event.GetString()}')
class App(wx.App):
    def OnInit(self):
            frame = MyFrame()
            frame.Show()
            return True
if __name__ == '__main__':
    app = App()
    app.MainLoop()
```

上面代码的运行结果如图 3-45 所示。

图 3-45 命令事件：列表框

（10）滑块，示例代码如下：

```
# 资源包\Code\chapter3\3.7\0348.py
import wx
class MyFrame(wx.Frame):
    def __init__(self):
            super().__init__(parent = None, title = '命令事件:滑块', size = (400, 200))
            panel = wx.Panel(self)
            self.statictext = wx.StaticText(parent = panel)
            hbox1 = wx.BoxSizer(wx.HORIZONTAL)
            hbox1.Add(self.statictext, 1, flag = wx.ALL | wx.FIXED_MINSIZE)
```

```
            sld = wx.Slider(panel, value = 1, minValue = 1, maxValue = 100, pos = (20, 20), size =
(250, -1), style = wx.SL_HORIZONTAL)
            self.Bind(wx.EVT_SLIDER, self.on_slider, sld)
            vbox = wx.BoxSizer(wx.VERTICAL)
            vbox.Add(hbox1, 1, flag = wx.ALL | wx.EXPAND, border = 5)
            vbox.Add(sld, 1, flag = wx.ALL | wx.EXPAND, border = 5)
            panel.SetSizer(vbox)
        def on_slider(self, event):
            rb = event.GetEventObject()
            self.statictext.SetLabelText(f'{rb.GetValue()}')
class App(wx.App):
    def OnInit(self):
        frame = MyFrame()
        frame.Show()
        return True
    def OnExit(self):
        print('应用程序已退出,谢谢使用!')
        return False
if __name__ == '__main__':
    app = App()
    app.MainLoop()
```

上面代码的运行结果如图 3-46 所示。

图 3-46　命令事件:滑块

(11) 工具栏,示例代码如下:

```
# 资源位置:资源包\Code\chapter3\3.7\0349.py
import wx
class MyFrame(wx.Frame):
    def __init__(self):
        super().__init__(parent = None, title = '命令事件:工具栏', size = (600, 500))
        panel = wx.Panel(self)
        self.statictext = wx.StaticText(panel)
        tb = wx.ToolBar(self)
        tool1 = tb.AddTool(201, "back", wx.Bitmap("pic/back.png"), shortHelp = "Back")
        tool2 = tb.AddSimpleTool(202, wx.Bitmap("pic/forward.png"),
shortHelpString = "forward", longHelpString = "help for 'Forward'")
        tb.Realize()
        self.SetToolBar(tb)
```

```
            self.Bind(wx.EVT_TOOL, self.on_toolbar, tool1)
            self.Bind(wx.EVT_TOOL, self.on_toolbar, tool2)
    def on_toolbar(self, event):
        event_id = event.GetId()
        if event_id == 201:
            self.statictext.SetLabelText(f'Back')
        else:
            self.statictext.SetLabelText(f'Forward')
class App(wx.App):
    def OnInit(self):
        frame = MyFrame()
        frame.Show()
        return True
    def OnExit(self):
        print('应用程序已退出,谢谢使用!')
        return False
if __name__ == '__main__':
    app = App()
    app.MainLoop()
```

上面代码的运行结果如图 3-47 所示。

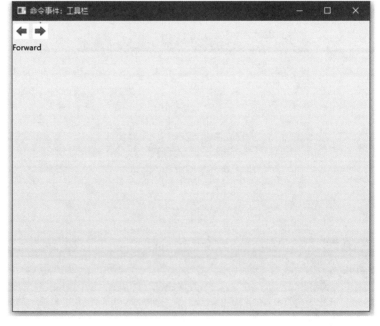

图 3-47 命令事件:工具栏

(12) 菜单栏,示例代码如下:

```
#资源包\Code\chapter3\3.7\0350.py
import wx
class MyFrame(wx.Frame):
```

```python
    def __init__(self):
        super().__init__(parent = None, title = '命令事件:菜单栏', size = (600, 500))
        panel = wx.Panel(self)
        self.statictext = wx.StaticText(panel, pos = (300,30))
        self.CreateStatusBar()
        menubar = wx.MenuBar()
        file_menu = wx.Menu()
        self.new_menuitem = wx.MenuItem(file_menu, -1, text = "New",
helpString = "help for 'New'", kind = wx.ITEM_NORMAL)
        file_menu.Append(self.new_menuitem)
        file_menu.AppendSeparator()
        edit_menu = wx.Menu()
        copy_menuitem = wx.MenuItem(edit_menu, -1, text = "Copy",
helpString = "help for 'Copy'", kind = wx.ITEM_NORMAL)
        edit_menu.Append(copy_menuitem)
        self.Bind(wx.EVT_MENU, self.on_menuitem, copy_menuitem)
        cut_menuitem = wx.MenuItem(edit_menu, -1, text = 'Cut',
helpString = "help for 'Cut'", kind = wx.ITEM_NORMAL)
        edit_menu.Append(cut_menuitem)
        self.Bind(wx.EVT_MENU, self.on_menuitem, cut_menuitem)
        paste_menuitem = wx.MenuItem(edit_menu, -1, text = "Paste",
helpString = "help for 'Paste'", kind = wx.ITEM_NORMAL)
        edit_menu.Append(paste_menuitem)
        file_menu.Append(-1, 'Edit', edit_menu)
        self.Bind(wx.EVT_MENU, self.on_menuitem, paste_menuitem)
        menubar.Append(file_menu, 'File')
        self.SetMenuBar(menubar)
    def on_menuitem(self, event):
        event_id = event.GetId()
        rb = event.GetEventObject()
        itemmenu = rb.FindItemById(event_id)
        self.statictext.SetLabelText(f'选择:【{itemmenu.GetItemLabelText()}】')
class App(wx.App):
    def OnInit(self):
        frame = MyFrame()
        frame.Show()
        return True
    def OnExit(self):
        print('应用程序已退出,谢谢使用!')
        return False
if __name__ == '__main__':
    app = App()
    app.MainLoop()
```

上面代码运行结果如图 3-48 所示。

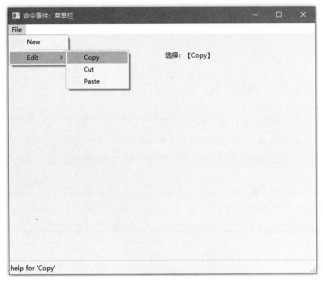

图 3-48 命令事件：菜单栏

## 3.8 消息对话框

在 wxPython 中，消息对话框是一个独立的窗口，起到了与用户进行交互的作用。

**1. 创建消息对话框对象**

可以通过 wx 模块中的 MessageDialog 类创建消息对话框对象，用于完成消息对话框的创建，其语法如下：

```
MessageDialog(parent, message, caption, style, pos)
```

其中，参数 parent 表示消息对话框的父窗口；参数 message 表示消息对话框中显示的文本内容；参数 caption 表示消息对话框的标题；参数 style 表示消息对话框样式（如表 3-10 所示）的组合；参数 pos 表示消息对话框的位置。

表 3-10 消息对话框的样式

| 样　　式 | 描　　述 |
| --- | --- |
| OK | 在消息对话框中放置一个 OK 按钮 |
| OK_DEFAULT | 在消息对话框中将 OK 按钮设置为默认按钮 |
| CANCEL | 在消息框中放置一个"取消"按钮 |
| CANCEL_DEFAULT | 在消息对话框中将"取消"按钮设置为默认按钮 |
| YES_NO | 在消息对话框中放置"是"和"否"按钮，默认按钮为"是"按钮 |
| YES_DEFAULT | 在消息对话框中将"是"按钮设置为默认按钮 |
| NO_DEFAULT | 在消息对话框中将"否"按钮设置为默认按钮 |
| HELP | 在消息框中放置一个"帮助"按钮 |
| ICON_ERROR | 在对话框中显示错误图标 |
| ICON_WARNING | 在对话框中显示警告图标 |

续表

| 样　式 | 描　述 |
|---|---|
| ICON_INFORMATION | 显示信息符号 |
| ICON_QUESTION | 显示问号符号 |
| ICON_AUTH_NEEDED | 显示所需的身份验证符号 |
| STAY_ON_TOP | 使消息框保持在所有其他窗口之上 |
| CENTER | 将消息框居中 |

**2．消息对话框对象的相关方法**

1）ShowModal()方法

该方法用于显示消息对话框,并返回 wx.ID_OK、wx.ID_CANCEL、wx.ID_YES、wx.ID_NO 或 wx.ID_HELP,其语法格式如下：

```
ShowModal()
```

2）Destroy()方法

该方法从 Window 类中继承而来,用于销毁窗口,其语法格式如下：

```
Destroy()
```

**3．创建消息对话框**

示例代码如下：

```
#资源包\Code\chapter3\3.8\0351.py
import wx
class MyFrame(wx.Frame):
    def __init__(self):
        super().__init__(parent = None, title = '消息对话框', size = (400, 200))
        panel = wx.Panel(self)
        button = wx.Button(panel, label = '弹出消息对话框', pos = (150, 60))
        self.Bind(wx.EVT_BUTTON, self.on_close, button)
    def on_close(self, event):
        dlg = wx.MessageDialog(None, "确定退出?", "这是标题", wx.YES_NO |
wx.ICON_AUTH_NEEDED | wx.CENTER)
        if dlg.ShowModal() == wx.ID_YES:
            self.Close()
        dlg.Destroy()
class App(wx.App):
    def OnInit(self):
        frame = MyFrame()
        frame.Show()
        return True
    def OnExit(self):
        print('应用程序已退出,谢谢使用!')
        return False
if __name__ == '__main__':
    app = App()
    app.MainLoop()
```

上面代码的运行结果如图 3-49 所示。

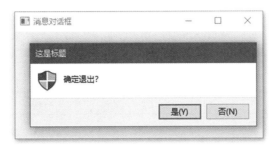

图 3-49　消息对话框

## 3.9　网格

在 wxPython 中,网格主要用于表格数据的显示和编辑。

### 1. 创建网格对象

可以通过 wx.grid 模块中的 Grid 类创建网格对象,用于完成网格的创建,其语法格式如下:

```
Grid(parent, id, pos, size, name)
```

其中,参数 parent 表示网格的父窗口;参数 id 表示窗口标识符;参数 pos 表示网格的位置;参数 size 表示网格的尺寸;参数 name 表示网格的名称。

### 2. 网格对象的相关方法

1) CreateGrid() 方法

该方法用于创建网格,并指定初始的行数和列数,其语法格式如下:

```
CreateGrid(numRow, numCols)
```

其中,参数 numRow 表示行数;参数 numCols 表示列数。

2) SetColLabelValue() 方法

该方法用于设置指定列的标题,其语法格式如下:

```
SetColLabelValue(col, value)
```

其中,参数 col 表示指定的列;参数 value 表示列的标题。

3) SetCellValue() 方法

该方法用于在指定位置设置单元格的值,其语法格式如下:

```
SetCellValue(row, col, s)
```

其中,参数 row 表示指定的行;参数 col 表示指定的列;参数 s 表示设置的值。

4）AutoSize()方法

该方法用于自动设置所有行和列的高度和宽度以适应其内容，其语法格式如下：

```
AutoSize()
```

## 3．创建网格

示例代码如下：

```
#资源包\Code\chapter3\3.9\0352.py
import wx
import wx.grid
data = [['0036', '高等数学', '李放', '人民邮电出版社', '20000812', '1'],
        ['0004', 'FLASH精选', '刘扬', '中国纺织出版社', '19990312', '2'],
        ['0026', '软件工程', '牛田', '经济科学出版社', '20000328', '4'],
        ['0015', '人工智能', '周末', '机械工业出版社', '19991223', '3'],
        ['0037', '南方周末', '邓光明', '南方出版社', '20000923', '3'],
        ['0019', '通信与网络', '欧阳杰', '机械工业出版社', '20000517', '1'],
        ['0014', '期货分析', '孙宝', '飞鸟出版社', '19991122', '3'],
        ['0023', '经济概论', '思佳', '北京大学出版社', '20000819', '3'],
        ['0017', '计算机理论基础', '戴家', '机械工业出版社', '20000218', '4'],
        ['0002', '汇编语言', '李利光', '北京大学出版社', '19980318', '2'],
        ['0033', '模拟电路', '邓英才', '电子工业出版社', '20000527', '2'],
        ['0011', '南方旅游', '王爱国', '南方出版社', '19990930', '2'],
        ['0039', '黑幕', '李仪', '华光出版社', '20000508', '14'],
        ['0001', '软件工程', '戴国强', '机械工业出版社', '19980528', '2'],
        ['0034', '集邮爱好者', '李云', '人民邮电出版社', '20000630', '1'],
        ['0031', '软件工程', '戴志名', '电子工业出版社', '20000324', '3'],
        ['0030', '数据库及应用', '孙家萧', '清华大学出版社', '20000619', '1'],
        ['0024', '经济与科学', '毛波', '经济科学出版社', '20000923', '2'],
        ['0009', '军事要闻', '张强', '解放军出版社', '19990722', '3'],
        ['0003', '计算机基础', '王飞', '经济科学出版社', '19980218', '1'],
        ['0020', '现代操作系统', '王小国', '机械工业出版社', '20010128', '1'],
        ['0025', '计算机体系结构', '方丹', '机械工业出版社', '20000328', '4'],
        ['0010', '大众生活', '许阳', '电子出版社', '19990819', '3'],
        ['0021', '网络基础', '王大尉', '北京大学出版社', '20000617', '1'],
        ['0006', '世界杯', '柳飞', '世界出版社', '19990412', '2'],
        ['0028', '高级语言程序设计', '寇国华', '清华大学出版社', '20000117', '3'],
        ['0038', '十大旅游胜地', '潭晓明', '南方出版社', '20000403', '2'],
        ['0018', '编译原理', '郑键', '机械工业出版社', '20000415', '2'],
        ['0007', 'Java程序设计', '张余', '人民邮电出版社', '19990613', '1'],
        ['0013', '幽灵', '钱力华', '华光出版社', '19991008', '1'],
        ['0022', '万紫千红', '丛丽', '北京大学出版社', '20000702', '3'],
        ['0027', '世界语言大观', '候丙辉', '经济科学出版社', '20000814', '2'],
        ['0029', '操作系统概论', '聂元名', '清华大学出版社', '20001028', '1'],
        ['0016', '数据库系统概念', '吴红', '机械工业出版社', '20000328', '3'],
        ['0005', 'Java基础', '王一', '电子工业出版社', '19990528', '3'],
        ['0032', 'SQL使用手册', '贺民', '电子工业出版社', '19990425', '2']]
column_names = ['书籍编号', '书籍名称', '作者', '出版社', '出版日期', '库存数量']
class MyFrame(wx.Frame):
    def __init__(self):
        super().__init__(parent=None, title='网格', size=(550, 920))
        panel = wx.Panel(self)
```

```
            grid = wx.grid.Grid(panel)
            grid.CreateGrid(len(data), len(data[0]))
            for row in range(len(data)):
                for col in range(len(data[row])):
                    grid.SetColLabelValue(col, column_names[col])
                    grid.SetCellValue(row, col, data[row][col])
            grid.AutoSize()
class App(wx.App):
    def OnInit(self):
        frame = MyFrame()
        frame.Show()
        return True
    def OnExit(self):
        print('应用程序已退出,谢谢使用!')
        return False
if __name__ == '__main__':
    app = App()
    app.MainLoop()
```

上面代码的运行结果如图 3-50 所示。

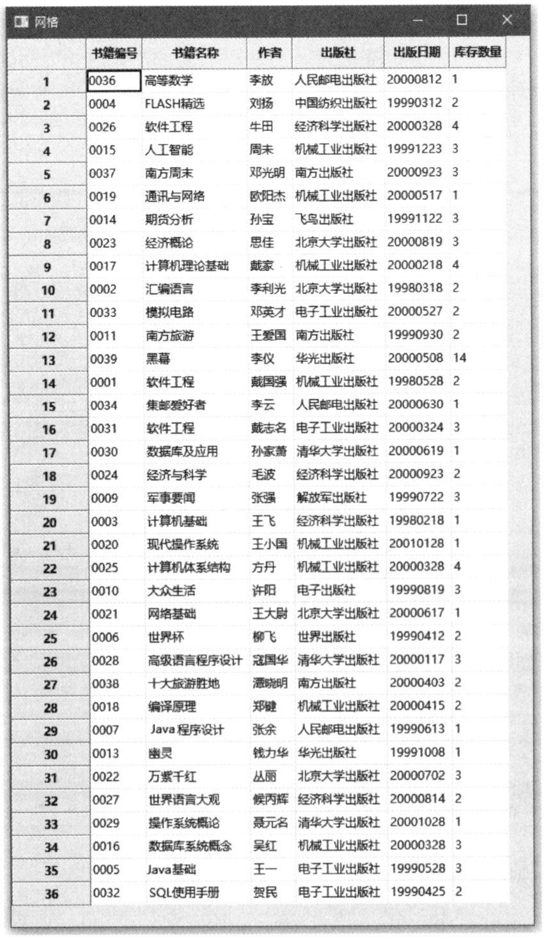

图 3-50　网格

## 3.10 滚动面板

在 wxPython 中，滚动面板主要用于创建带滚动条的面板。

**1. 创建滚动面板对象**

可以通过 wx.lib 模块中的 ScrolledPanel 类创建滚动面板对象，用于完成滚动面板的创建，其语法格式如下：

```
Grid(parent, id, pos, size, style, name)
```

其中，参数 parent 表示滚动面板的父窗口；参数 id 表示窗口标识符；参数 pos 表示滚动面板的位置；参数 size 表示滚动面板的尺寸；参数 style 表述滚动面板的样式；参数 name 表示滚动面板的名称。

**2. 滚动面板对象的相关方法**

滚动面板对象的相关方法为 SetupScrolling() 方法，主要用于设置显示滚动条，其语法格式如下：

```
SetupScrolling()
```

**3. 创建滚动面板**

示例代码如下：

```python
# 资源包\Code\chapter3\3.10\0353.py
import wx
import wx.lib.scrolledpanel as scrolled
class MyFrame(wx.Frame):
    def __init__(self):
        super().__init__(parent=None, title='滚动面板', size=(260, 500))
        panel = wx.Panel(self)
        # 顶部面板
        toppanel = wx.Panel(panel)
        # 顶部面板中的控件
        usericon_sbitmap = wx.StaticBitmap(toppanel, bitmap=wx.Bitmap('resources/images/1.jpg', wx.BITMAP_TYPE_JPEG))
        username_st = wx.StaticText(toppanel, style=wx.ALIGN_CENTER_HORIZONTAL, label='夏正东')
        # 创建垂直方向的 BoxSizer 布局管理器
        topbox = wx.BoxSizer(wx.VERTICAL)
        topbox.AddSpacer(15)
        topbox.Add(usericon_sbitmap, 1, wx.CENTER)
        topbox.AddSpacer(5)
        topbox.Add(username_st, 1, wx.CENTER)
        # 将垂直方向的 BoxSizer 布局管理器添加到顶部面板中
```

```python
            toppanel.SetSizer(topbox)
            #滚动面板
            sp = scrolled.ScrolledPanel(panel, -1, size=(260, 500), style=wx.DOUBLE_BORDER)
            #设置滚动条
            sp.SetupScrolling()
            gridsizer = wx.GridSizer(cols=1, rows=14, gap=(1, 1))
            for i in range(1,15):
                #创建好友面板
                friendpanel = wx.Panel(sp, id=-1)
                fdname_st = wx.StaticText(friendpanel, id=-1,
style=wx.ALIGN_CENTER_HORIZONTAL,label=f'{i}')
                fdqq_st = wx.StaticText(friendpanel, id=-1,
style=wx.ALIGN_CENTER_HORIZONTAL, label=f'88800{i}')
                fdicon_sb = wx.StaticBitmap(friendpanel, id=-1,
bitmap=wx.Bitmap(f'resources/images/{i}.jpg', wx.BITMAP_TYPE_JPEG),
style=wx.BORDER_RAISED)
                friendbox = wx.BoxSizer(wx.HORIZONTAL)
                friendbox.Add(fdicon_sb, 1, wx.CENTER)
                friendbox.Add(fdname_st, 1, wx.CENTER)
                friendbox.Add(fdqq_st, 1, wx.CENTER)
                friendpanel.SetSizer(friendbox)
                gridsizer.Add(friendpanel, 1, wx.ALL, border=5)
            #将 GridSizer 布局管理器添加到滚动面板中
            sp.SetSizer(gridsizer)
            #创建整体的布局管理器
            box = wx.BoxSizer(wx.VERTICAL)
            #将顶部面板和滚动面板添加到整体的布局管理器中
            box.Add(toppanel, 1,wx.CENTER | wx.EXPAND)
            box.Add(sp, 3,wx.CENTER | wx.EXPAND)
            #将整体的布局管理器添加到面板中
            panel.SetSizer(box)
class App(wx.App):
    def OnInit(self):
        frame = MyFrame()
        frame.Show()
        return True
    def OnExit(self):
        print('应用程序已退出,谢谢使用!')
        return False
if __name__ == '__main__':
    app = App()
    app.MainLoop()
```

上面代码的运行结果如图 3-51 所示。

图 3-51　滚动面板

## 3.11　项目实战：QQ

本节将学习编写即时聊天工具 QQ，以便于更深入地学习 wxPython 的相关使用方式。

### 3.11.1　程序概述

**1. 登录窗口**

登录窗口主要用于输入 QQ 号码和 QQ 密码，并完成程序的登录操作，其界面如图 3-52 所示。

图 3-52　登录窗口

**2. 好友列表窗口**

好友列表窗口主要用于显示当前 QQ 号码所对应的 QQ 好友，以及显示 QQ 好友的在线和离线状态，其界面如图 3-53 所示。

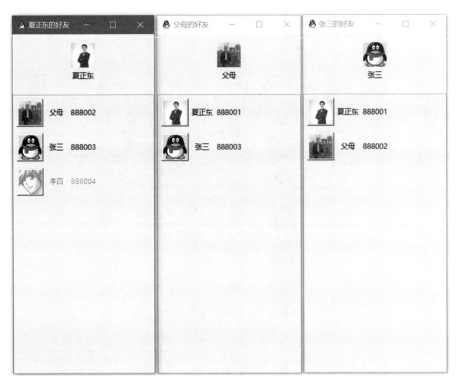

图 3-53　好友列表窗口

3. 聊天窗口

聊天窗口主要用于当前 QQ 号码与其 QQ 好友的聊天操作，其界面如图 3-54 所示。

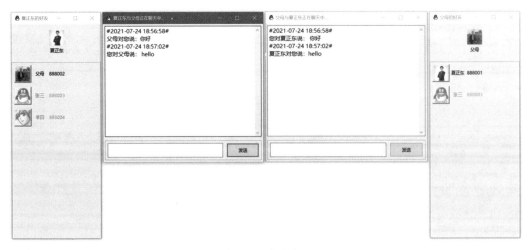

图 3-54　聊天窗口

## 3.11.2　创建数据库

该程序所使用的数据库为 MySQL，创建数据库的 SQL 语句如下：

```sql
#资源包\QQ\db\qq.sql
CREATE DATABASE IF NOT EXISTS qq;
use qq;
/* 用户表 */
CREATE TABLE IF NOT EXISTS users (
    user_id varchar(80) not null,
    user_pwd varchar(25) not null,
    user_name varchar(80) not null,
    user_icon varchar(100) not null,
PRIMARY KEY (user_id));
/* 用户好友表 */
CREATE TABLE IF NOT EXISTS friends (
    user_id1 varchar(80) not null,
    user_id2 varchar(80) not null,
PRIMARY KEY (user_id1, user_id2));
```

上面的 SQL 语句创建了一个名为 qq 的数据库,并且在该数据库中创建了两个数据表,即用户表和用户好友表。

1)用户表

该表主要用于存储用户的相关信息,包括 QQ 号码、QQ 密码、用户名和用户头像,其表结构如表 3-11 所示。

表 3-11 用户表的表结构

| 字段名 | 数据类型 | 长度 | 主键 | 外键 | 备注 |
|---|---|---|---|---|---|
| user_id | varchar(80) | 80 | YES | NO | QQ 号码 |
| user_pwd | varchar(25) | 25 | NO | NO | QQ 密码 |
| user_name | varchar(80) | 80 | NO | NO | 用户名 |
| user_icon | varchar(100) | 100 | NO | NO | 用户头像 |

2)用户好友表

该表主要用于存储用户的 QQ 好友关系,其表结构如表 3-12 所示。

表 3-12 用户好友表的表结构

| 字段名 | 数据类型 | 长度 | 主键 | 外键 | 备注 |
|---|---|---|---|---|---|
| user_id1 | varchar(80) | 80 | YES | YES | 当前用户的 QQ 号码 |
| user_id2 | varchar(80) | 80 | YES | YES | 当前用户对应的好友 QQ 号码 |

创建完数据库和数据表之后,需要向这两个数据表中分别插入数据,其 SQL 语句如下:

```sql
#资源包\QQ\db\data.sql
use qq;
/* 用户表数据 */
INSERT INTO users VALUES('888001','123456','夏正东','1');
INSERT INTO users VALUES('888002','123456','父母','2');
INSERT INTO users VALUES('888003','123456','张三','3');
INSERT INTO users VALUES('888004','123456','李四','4');
```

```
/* 用户好友表数据 */
INSERT INTO friends VALUES('888001','888002');
INSERT INTO friends VALUES('888001','888003');
INSERT INTO friends VALUES('888002','888003');
INSERT INTO friends VALUES('888004','888001');
```

### 3.11.3 程序目录结构

在正式开始编写程序前,首先需要创建程序的目录结构,如图 3-55 所示。

图 3-55 目录结构

其中,目录 QQ 为整个程序的根目录;目录 resources 用于存放程序所需的图标和图片资源;目录 icon 用于存放程序的图标;目录 images 用于存放程序界面图片、用户头像等图片资源;目录 com 为程序的包,用于存放程序中其他的包;目录 client 为程序的包,用于存放客户端表示层的相关文件;目录 server 为程序的包,用于存放服务器端数据持久层的相关文件。

### 3.11.4 程序编写

1) 创建 config.ini 文件

该文件用于配置连接 MySQL 数据库的相关信息,示例代码如下:

```
;QQ/config.ini
;数据库设置
[db]
host = 127.0.0.1
port = 3306
user = root
password = 12345678
database = qq_db
charset = utf8
```

2) 创建 base_dao.py 文件

该文件用于 MySQL 数据库的连接和关闭,示例代码如下:

```
#资源包\QQ\com\oldxia\qq\server\base_dao.py
#版权所有 © 2021-2022 Python 全栈开发
#许可信息查看 LICENSE.txt 文件
#描述:用于 MySQL 数据库的连接和关闭
#历史版本:
#2021-5-1: 创建 夏正东
import pymysql
import configparser
import logging
#创建日志器
logger = logging.getLogger(__name__)
class BaseDao(object):
    def __init__(self):
        #创建 ConfigParser 的实例对象,用于读取数据库配置文件
        self.config = configparser.ConfigParser()
        self.config.read('config.ini', encoding = 'utf-8')
        host = self.config['db']['host']
        user = self.config['db']['user']
        port = self.config.getint('db', 'port')
        password = self.config['db']['password']
        database = self.config['db']['database']
        charset = self.config['db']['charset']
        #连接 MySQL 数据库
        self.conn = pymysql.connect(host = host, user = user, port = port, password = password, database = database, charset = charset)
    def close(self):
        '''关闭数据库'''
        self.conn.close()
```

3) 创建 user_dao.py 文件

该文件用于对用户表进行相关操作,示例代码如下:

```
#资源包\QQ\com\oldxia\qq\server\user_dao.py
#版权所有 © 2021-2022 Python 全栈开发
#许可信息查看 LICENSE.txt 文件
#描述:对用户表进行相关操作
#历史版本:
#2021-5-1: 创建 夏正东
from com.oldxia.qq.server.base_dao import BaseDao
class UserDao(BaseDao):
    def __init__(self):
        super().__init__()
    def findbyid(self, userid):
        '''查找用户信息'''
        try:
            with self.conn.cursor() as cursor:
                sql = 'select user_id, user_pwd, user_name, user_icon from users where user_id = %s'
                #查找字段 user_id 对应的用户信息
```

```
                    cursor.execute(sql, userid)
                    #提取查找结果
                    row = cursor.fetchone()
                    #定义字典 user,用于存放查找到的用户信息
                    user = {}
                    #将查找出来的用户信息存入字典 user 中
                    if row is not None:
                        user['user_id'] = row[0]
                        user['user_pwd'] = row[1]
                        user['user_name'] = row[2]
                        user['user_icon'] = row[3]
                    else:
                        return False
            finally:
                self.close()
            return user
        def findfriends(self, userid):
            '''查找好友信息'''
            users = []
            try:
                with self.conn.cursor() as cursor:
                    sql = 'select user_id,user_pwd,user_name,user_icon FROM users WHERE user_id IN (select user_id2 as user_id from friends where user_id1 = %s) OR user_id IN (select user_id1 as user_id from friends where user_id2 = %s)'
                    #查找字段 user_id 对应的好友信息
                    cursor.execute(sql, (userid, userid))
                    result_set = cursor.fetchall()
                    #将查找出来的好友信息存入字典 user 中,然后将字典 user 存入列表 users 中
                    for row in result_set:
                        user = {}
                        user['user_id'] = row[0]
                        user['user_pwd'] = row[1]
                        user['user_name'] = row[2]
                        user['user_icon'] = row[3]
                        users.append(user)
            finally:
                self.close()
            return users
```

4)创建 qq_client.py 文件

该文件用于启动 QQ 客户端,示例代码如下:

```
#资源包\QQ\qq_client.py
#版权所有 © 2021－2022 Python 全栈开发
#许可信息查看 LICENSE.txt 文件
#描述:用于启动客户端
#历史版本:
#2021－5－1: 创建 夏正东
```

```python
import logging
import wx
# 对日志器进行配置,输出的内容包括日志信息输出的时间、线程名称、日志器名称、调用日志信息
# 函数的函数名、日志级别和日志信息的文本内容
logging.basicConfig(level = logging.INFO, format = '%(asctime)s \
- %(threadName)s - %(name)s - %(funcName)s - %(levelname)s - %(message)s')
logger = logging.getLogger(__name__)
class App(wx.App):
    def OnInit(self):
        # TODO 待完成功能:添加 QQ 登录窗口
        return True
if __name__ == '__main__':
    app = App()
    app.MainLoop()
```

5)创建 my_frame.py 文件

该文件用于创建程序中所有窗口的基类,并创建客户端 Socket 对象,用于与服务器端进行通信,示例代码如下:

```python
# 资源包\QQ\com\oldxia\qq\client\my_frame.py
# 版权所有 © 2021 - 2022 Python 全栈开发
# 许可信息查看 LICENSE.txt 文件
# 描述:创建程序中所有窗口的基类,并创建客户端 Socket 对象,用于与服务器端进行通信
# 历史版本:
# 2021 - 5 - 1: 创建 夏正东
import logging
import socket
import sys
import wx
logger = logging.getLogger(__name__)
# 创建客户端的 Socket 对象
client_socket = socket.socket(socket.AF_INET, socket.SOCK_DGRAM)
# 设置超时 1s 不再等待接收数据
client_socket.settimeout(1)
# 服务器端 IP
SERVER_IP = '127.0.0.1'
# 服务器端端口号
SERVER_PORT = 8888
# 服务器地址
server_address = (SERVER_IP, SERVER_PORT)
# 操作命令代码:登录命令
COMMAND_LOGIN = 1
# 操作命令代码:下线命令
COMMAND_LOGOUT = 2
# 操作命令代码:发消息命令
COMMAND_SENDMSG = 3
# 操作命令代码:刷新好友列表命令
COMMAND_REFRESH = 4
```

```python
class MyFrame(wx.Frame):
    def __init__(self, title, size):
        super().__init__(parent = None, title = title, size = size)
        # 设置框架居中
        self.Center()
        # 创建内容面板
        self.panel = wx.Panel(parent = self)
        ico = wx.Icon('resources/icon/qq.ico', wx.BITMAP_TYPE_ICO)
        # 设置窗口图标
        self.SetIcon(ico)
        # 设置窗口的最大尺寸和最小尺寸
        self.SetSizeHints(size, size)
        self.Bind(wx.EVT_CLOSE, self.OnClose)
    def OnClose(self, event):
        # 销毁窗口
        self.Destroy()
        # 关闭 Socket
        client_socket.close()
        # 退出程序
        sys.exit(0)
```

6）创建 login_frame.py 文件

该文件用于创建 QQ 登录窗口，示例代码如下：

```python
# 资源包\QQ\com\oldxia\qq\client\login_frame.py
# 版权所有 © 2021 - 2022 Python 全栈开发
# 许可信息查看 LICENSE.txt 文件
# 描述：创建 QQ 登录窗口
# 历史版本：
# 2021 - 5 - 1：创建 夏正东
from com.oldxia.qq.client.my_frame import *
class LoginFrame(MyFrame):
    def __init__(self):
        super().__init__(title = 'QQ 登录', size = (340, 255))
        # 创建静态图片控件
        topimage_sb = wx.StaticBitmap(self.panel,
bitmap = wx.Bitmap('resources/images/top.jpg', wx.BITMAP_TYPE_JPEG))
        # 创建登录信息内容面板
        middle_panel = wx.Panel(self.panel, style = wx.BORDER_DOUBLE)
        # 创建静态文本框控件
        userid_st = wx.StaticText(middle_panel, label = 'QQ 号码')
        userpwd_st = wx.StaticText(middle_panel, label = 'QQ 密码')
        # 创建文本输入框控件
        self.userid_tc = wx.TextCtrl(middle_panel)
        self.userpwd_tc = wx.TextCtrl(middle_panel, style = wx.TE_PASSWORD)
        autologin_cb = wx.CheckBox(middle_panel, - 1, '自动登录')
        stealth_cb = wx.CheckBox(middle_panel, - 1, '隐身登录')
        forgetpwd_st = wx.StaticText(middle_panel, label = '忘记密码?')
```

```python
        #设置前景色
        forgetpwd_st.SetForegroundColour(wx.BLUE)
        #创建FlexGridSizer布局管理器
        fgs = wx.FlexGridSizer(3, 3, 8, 15)
        fgs.AddMany([(userid_st, 1, wx.ALIGN_CENTER_VERTICAL | wx.ALIGN_RIGHT |
wx.FIXED_MINSIZE),
                     (self.userid_tc, 1, wx.CENTER | wx.EXPAND),
                     wx.StaticText(middle_panel),
                     (userpwd_st, 1, wx.ALIGN_CENTER_VERTICAL | wx.ALIGN_RIGHT |
wx.FIXED_MINSIZE),
                     (self.userpwd_tc, 1, wx.CENTER | wx.EXPAND),
                     (forgetpwd_st, 1, wx.ALIGN_CENTER_VERTICAL | wx.ALIGN_RIGHT |
wx.FIXED_MINSIZE),
                     wx.StaticText(middle_panel),
                     (autologin_cb, 1, wx.CENTER | wx.EXPAND),
                     (stealth_cb, 1, wx.CENTER | wx.EXPAND)])
        #设置FlexGrid布局对象
        fgs.AddGrowableRow(0, 1)
        fgs.AddGrowableRow(1, 1)
        fgs.AddGrowableRow(2, 1)
        fgs.AddGrowableCol(0, 1)
        fgs.AddGrowableCol(1, 1)
        fgs.AddGrowableCol(2, 1)
        #创建水平方向的BoxSizer布局管理器,用于添加FlexGridSizer布局管理器
        middle_hbox = wx.BoxSizer()
        middle_hbox.Add(fgs, -1, wx.CENTER | wx.ALL | wx.EXPAND, border=10)
        middle_panel.SetSizer(middle_hbox)
        #创建按钮控件
        ok_btn = wx.Button(parent=self.panel, label='登录')
        cancel_btn = wx.Button(parent=self.panel, label='取消')
        apply_btn = wx.Button(parent=self.panel, label='申请号码↓')
        #TODO 待完成功能:登录按钮和取消按钮事件的处理,并将用户信息发送至服务器进行验证
        #创建水平方向的BoxSizer布局管理器
        top_hbox = wx.BoxSizer(wx.HORIZONTAL)
        top_hbox.Add(apply_btn, 1, wx.CENTER | wx.ALL | wx.EXPAND, border=10)
        top_hbox.Add(ok_btn, 1, wx.CENTER | wx.ALL | wx.EXPAND, border=10)
        top_hbox.Add(cancel_btn, 1, wx.CENTER | wx.ALL | wx.EXPAND, border=10)
        #创建垂直方向的BoxSizer布局管理器
        vbox = wx.BoxSizer(wx.VERTICAL)
        vbox.Add(topimage_sb, -1, wx.CENTER | wx.EXPAND)
        vbox.Add(middle_panel, -1, wx.CENTER | wx.ALL | wx.EXPAND, border=5)
        vbox.Add(top_hbox, -1, wx.CENTER | wx.BOTTOM, border=1)
        self.panel.SetSizer(vbox)
```

7)完善 qq_client.py 文件

该文件中需完善的 TODO 注释为"待完成功能:添加登录窗口",示例代码如下:

```
#版权所有 © 2021-2022 Python全栈开发
#许可信息查看 LICENSE.txt 文件
#描述:用于启动客户端
#历史版本:
```

```
#2021-5-1: 创建 夏正东
#2021-5-1: 添加登录窗口
import logging
import wx
from com.oldxia.qq.client.login_frame import LoginFrame
#对日志器进行配置,输出的内容包括日志信息输出的时间、线程名称、日志器名称、调用日志信息
#函数的函数名、日志级别和日志信息的文本内容
logging.basicConfig(level = logging.INFO, format = '%(asctime)s - %(threadName)s - %(name)s - %(funcName)s - %(levelname)s - %(message)s')
logger = logging.getLogger(__name__)
class App(wx.App):
    def OnInit(self):
        #添加登录窗口
        frame = LoginFrame()
        frame.Show()
        return True
if __name__ == '__main__':
    app = App()
    app.MainLoop()
```

运行 qq_client.py 文件,其运行结果如图 3-56 所示。

图 3-56　登录窗口

8）完善 login_frame.py 文件

该文件中需完善的 TODO 注释为"待完成功能：登录按钮和取消按钮事件的处理,并将用户信息发送至服务器进行验证",示例代码如下：

```
#版权所有 © 2021-2022 Python 全栈开发
#许可信息查看 LICENSE.txt 文件
#描述:创建 QQ 登录窗口
#历史版本:
#2021-5-1: 创建 夏正东
#2021-5-1: 登录按钮和取消按钮事件的处理,并将用户信息发送至服务器进行验证
import json
from com.oldxia.qq.client.my_frame import *
class LoginFrame(MyFrame):
    def __init__(self):
        super().__init__(title = 'QQ登录', size = (340, 255))
```

```python
        #创建静态图片控件
        topimage_sb = wx.StaticBitmap(self.panel,
bitmap = wx.Bitmap('resources/images/top.jpg', wx.BITMAP_TYPE_JPEG))
        #创建登录信息内容面板
        middle_panel = wx.Panel(self.panel, style = wx.BORDER_DOUBLE)
        #创建静态文本框控件
        userid_st = wx.StaticText(middle_panel, label = 'QQ号码')
        userpwd_st = wx.StaticText(middle_panel, label = 'QQ密码')
        #创建文本输入框控件
        self.userid_tc = wx.TextCtrl(middle_panel)
        self.userpwd_tc = wx.TextCtrl(middle_panel, style = wx.TE_PASSWORD)
        autologin_cb = wx.CheckBox(middle_panel, -1, '自动登录')
        stealth_cb = wx.CheckBox(middle_panel, -1, '隐身登录')
        forgetpwd_st = wx.StaticText(middle_panel, label = '忘记密码?')
        #设置前景色
        forgetpwd_st.SetForegroundColour(wx.BLUE)
        #创建FlexGridSizer布局管理器
        fgs = wx.FlexGridSizer(3, 3, 8, 15)
        fgs.AddMany([(userid_st, 1, wx.ALIGN_CENTER_VERTICAL |
wx.ALIGN_RIGHT | wx.FIXED_MINSIZE),
                    (self.userid_tc, 1, wx.CENTER | wx.EXPAND),
                    wx.StaticText(middle_panel),
                    (userpwd_st, 1, wx.ALIGN_CENTER_VERTICAL | wx.ALIGN_RIGHT |
wx.FIXED_MINSIZE),
                    (self.userpwd_tc, 1, wx.CENTER |
wx.EXPAND),
                    (forgetpwd_st, 1, wx.ALIGN_CENTER_VERTICAL | wx.ALIGN_RIGHT | wx.FIXED
_MINSIZE),
                    wx.StaticText(middle_panel),
                    (autologin_cb, 1, wx.CENTER | wx.EXPAND),
                    (stealth_cb, 1, wx.CENTER | wx.EXPAND)])
        #设置FlexGrid布局对象
        fgs.AddGrowableRow(0, 1)
        fgs.AddGrowableRow(1, 1)
        fgs.AddGrowableRow(2, 1)
        fgs.AddGrowableCol(0, 1)
        fgs.AddGrowableCol(1, 1)
        fgs.AddGrowableCol(2, 1)
        #创建水平方向的BoxSizer布局管理器,用于添加FlexGridSizer布局管理器
        middle_hbox = wx.BoxSizer()
        middle_hbox.Add(fgs, -1, wx.CENTER | wx.ALL | wx.EXPAND, border = 10)
        middle_panel.SetSizer(middle_hbox)
        #创建按钮控件
        ok_btn = wx.Button(parent = self.panel, label = '登录')
        cancel_btn = wx.Button(parent = self.panel, label = '取消')
        apply_btn = wx.Button(parent = self.panel, label = '申请号码↓')
        #登录按钮和取消按钮事件的处理
        self.Bind(wx.EVT_BUTTON, self.ok_btn_onclick, ok_btn)
        self.Bind(wx.EVT_BUTTON, self.cancel_btn_onclick, cancel_btn)
```

```python
            # 创建水平方向的 BoxSizer 布局管理器
            top_hbox = wx.BoxSizer(wx.HORIZONTAL)
            top_hbox.Add(apply_btn, 1, wx.CENTER | wx.ALL | wx.EXPAND, border = 10)
            top_hbox.Add(ok_btn, 1, wx.CENTER | wx.ALL | wx.EXPAND, border = 10)
            top_hbox.Add(cancel_btn, 1, wx.CENTER | wx.ALL | wx.EXPAND, border = 10)
            # 创建垂直方向的 BoxSizer 布局管理器
            vbox = wx.BoxSizer(wx.VERTICAL)
            vbox.Add(topimage_sb, -1, wx.CENTER | wx.EXPAND)
            vbox.Add(middle_panel, -1, wx.CENTER | wx.ALL | wx.EXPAND, border = 5)
            vbox.Add(top_hbox, -1, wx.CENTER | wx.BOTTOM, border = 1)
            self.panel.SetSizer(vbox)
    def ok_btn_onclick(self, event):
        userid = self.userid_tc.GetValue()
        userpwd = self.userpwd_tc.GetValue()
        user = self.login(userid, userpwd)
        if user is not None:
            logger.info('登录成功!!!')
            # TODO 待完成功能:添加好友列表窗口
        else:
            logger.info('登录失败.')
            dlg = wx.MessageDialog(self, '你的QQ号码或密码不正确', '登录失败', wx.OK | wx.ICON_ERROR)
            dlg.ShowModal()
    def login(self, userid, userpwd):
        json_obj = {}
        json_obj['command'] = COMMAND_LOGIN
        json_obj['user_id'] = userid
        json_obj['user_pwd'] = userpwd
        json_str = json.dumps(json_obj)
        # 将操作命令代码、QQ号码和QQ密码发送至服务器端进行验证
        client_socket.sendto(json_str.encode(), server_address)
        # 从服务器端接收的数据
        json_data, _ = client_socket.recvfrom(1024)
        json_obj = json.loads(json_data.decode())
        logger.info('登录之后,从服务器接收的数据{0}'.format(json_obj))
        # 登录成功后,将登录用户的操作命令代码、QQ号码和QQ密码返回
        if json_obj['result'] == '1':
            return json_obj
    def cancel_btn_onclick(self, event):
        self.Destroy()
        sys.exit(0)
```

9)创建 qq_server.py 文件

该文件用于启动 QQ 服务器端,并验证客户端发送的用户信息,示例代码如下:

```
# 资源包\QQ\qq_server.py
# 版权所有 © 2021-2022 Python全栈开发
# 许可信息查看 LICENSE.txt 文件
# 描述:用于启动QQ服务器端,并验证客户端发送的用户信息
```

```python
#历史版本:
#2021-5-1:创建 夏正东
import json
import logging
import socket
from com.oldxia.qq.server.user_dao import UserDao
logging.basicConfig(level = logging.INFO, format = '%(asctime)s - %(threadName)s - %(name)s - %(funcName)s - %(levelname)s - %(message)s')
logger = logging.getLogger(__name__)
#操作命令代码:登录命令
COMMAND_LOGIN = 1
#操作命令代码:下线命令
COMMAND_LOGOUT = 2
#操作命令代码:发消息命令
COMMAND_SENDMSG = 3
#操作命令代码:刷新好友列表命令
COMMAND_REFRESH = 4
SERVER_IP = '127.0.0.1'
SERVER_PORT = 8888
#创建服务器端 Socket 对象
server_socket = socket.socket(socket.AF_INET, socket.SOCK_DGRAM)
server_socket.bind((SERVER_IP, SERVER_PORT))
#该变量用于存储每个登录用户的信息和 IP
userinfo_list = []
while True:
    try:
        data, client_address = server_socket.recvfrom(1024)
        #从客户端接收的信息,包括操作命令代码、QQ 号码和 QQ 密码
        json_obj = json.loads(data.decode())
        logger.info(f'从客户端接收的数据为{json_obj}')
        #获取操作命令代码
        command = json_obj['command']
        #当操作命令代码为登录命令时
        if command == COMMAND_LOGIN:
            userid = json_obj['user_id']
            userpwd = json_obj['user_pwd']
            dao = UserDao()
            #获取当前登录用户信息,包括 QQ 号码、QQ 密码、用户名和用户头像
            user = dao.findbyid(userid)
            #对当前登录用户的 QQ 密码进行验证
            if user is not None and user['user_pwd'] == userpwd:
                userinfo = (userid, client_address)
                #将当前登录的用户信息和 IP 存入 userinfo_list 之中
                userinfo_list.append(userinfo)
                #json_obj 表示当前登录用户的信息
                json_obj = user
                #添加键 result,并将其值设置为 1,表示密码验证通过
                json_obj['result'] = '1'
                dao = UserDao()
                #获取当前登录用户对应好友信息组成的列表
```

```python
            friends = dao.findfriends(userid)
            # friend_ids 表示当前登录用户对应的好友 QQ 号码组成的列表
            friend_ids = map(lambda it: it[0], userinfo_list)
            for friend in friends:
                # 获取当前登录用户对应的好友 QQ 号码
                fid = friend['user_id']
                # 添加键 online,默认值为 0,表示该好友离线
                friend['online'] = '0'
                if fid in friend_ids:
                    # 表示该好友在线
                    friend['online'] = '1'
            # 将好友信息添加至 json_obj 中
            json_obj['friends'] = friends
            json_str = json.dumps(json_obj)
            server_socket.sendto(json_str.encode(), client_address)
        # 密码验证失败
        else:
            json_obj = {}
            json_obj['result'] = '-1'
            json_str = json.dumps(json_obj)
            server_socket.sendto(json_str.encode(), client_address)
        # TODO 待完成功能:发送消息功能
        # TODO 待完成功能:好友列表刷新功能——在线状态
        # TODO 待完成功能:好友列表刷新功能——离线状态
    except Exception:
        logger.info('服务器连接超时!!!')
```

首先,运行 qq_server.py 文件,启动 QQ 服务器端,然后,运行 qq_client.py 文件,启动 QQ 客户端;最后,在登录窗口中输入 QQ 号码和 QQ 密码,并单击"登录"按钮,如果输入的 QQ 号码和 QQ 密码均正确,则登录成功,输出如图 3-57 所示的日志信息。

```
login - INFO - 登录之后,从服务器接收的数据{'user_id':'888001','user_pwd':'123456','user_name':'夏正东'}
okb_btn_onclick - INFO - 登录成功!!!
```

图 3-57 登录成功

10) 创建 friends_frame.py 文件

该文件用于创建好友列表窗口,示例代码如下:

```
# 资源包\QQ\com\oldxia\qq\client\friends_frame.py
# 版权所有 © 2021-2022 Python全栈开发
```

```python
# 许可信息查看 LICENSE.txt 文件
# 描述:创建好友列表窗口
# 历史版本:
# 2021-5-1: 创建 夏正东
import wx.lib.scrolledpanel as scrolled
from com.oldxia.qq.client.my_frame import *
class FriendsFrame(MyFrame):
    def __init__(self, user):
        super().__init__(title=f'{user["user_name"]}的好友', size=(260, 600))
        # 当前登录用户的信息
        self.user = user
        # 当前登录用户对应的好友信息
        self.friends = user['friends']
        # 好友头像列表
        self.friendicons = []
        # 创建用户图标
        usericon = wx.Bitmap(f'resources/images/{user["user_icon"]}.jpg', wx.BITMAP_TYPE_JPEG)
        # 顶部面板
        top_panel = wx.Panel(self.panel)
        usericon_sb = wx.StaticBitmap(top_panel, bitmap=usericon)
        username_st = wx.StaticText(top_panel, style=wx.ALIGN_CENTER_HORIZONTAL, label=user['user_name'])
        # 创建垂直方向的 BoxSizer 布局管理器
        top_hbox = wx.BoxSizer(wx.VERTICAL)
        top_hbox.AddSpacer(15)
        top_hbox.Add(usericon_sb, 1, wx.CENTER)
        top_hbox.AddSpacer(5)
        top_hbox.Add(username_st, 1, wx.CENTER)
        top_panel.SetSizer(top_hbox)
        # 创建滚动面板
        sp = scrolled.ScrolledPanel(self.panel, -1, size=(260, 1000), style=wx.DOUBLE_BORDER)
        # 创建 GridSizer 布局管理器
        gridsizer = wx.GridSizer(cols=1, rows=20, gap=(1, 1))
        # 如果好友列表人数大于 20,则设置滚动条
        if len(self.friends) > 20:
            sp.SetupScrolling()
            gridsizer = wx.GridSizer(cols=1, rows=len(self.friends), gap=(1, 1))
        for index, friend in enumerate(self.friends):
            friend_panel = wx.Panel(sp, id=index)
            # 好友用户名
            fdname_st = wx.StaticText(friend_panel, id=index, style=wx.ALIGN_CENTER_HORIZONTAL, label=friend['user_name'])
            # 好友 QQ 号码
            fdqq_st = wx.StaticText(friend_panel, id=index, style=wx.ALIGN_CENTER_HORIZONTAL, label=friend['user_id'])
            fdicon_enabled = wx.Bitmap(f'resources/images/{friend["user_icon"]}.jpg',
```

```
                wx.BITMAP_TYPE_JPEG)
                    if friend['online'] == '0':
                        #将头像转换为不可用
                        fdicon_disabled = fdicon_enabled.ConvertToDisabled()
                        fdicon_sb = wx.StaticBitmap(friend_panel, id = index, bitmap =
fdicon_disabled, style = wx.BORDER_RAISED)
                        #将好友头像、好友用户名和好友QQ号码设置为不可用
                        fdicon_sb.Enable(False)
                        fdname_st.Enable(False)
                        fdqq_st.Enable(False)
                        self.friendicons.append((fdname_st, fdqq_st, fdicon_sb, fdicon_enabled))
                    else:
                        fdicon_sb = wx.StaticBitmap(friend_panel, id = index,
bitmap = fdicon_enabled, style = wx.BORDER_RAISED)
                        #将好友头像、好友用户名和好友QQ号码设置为不可用
                        fdicon_sb.Enable(True)
                        fdname_st.Enable(True)
                        fdqq_st.Enable(True)
                        self.friendicons.append((fdname_st, fdqq_st, fdicon_sb, fdicon_enabled))
                    #TODO 待完成功能:双击好友头像、好友用户名和好友QQ号码事件的处理
                    #创建水平方向的BoxSizer布局管理器
                    friend_hbox = wx.BoxSizer(wx.HORIZONTAL)
                    friend_hbox.Add(fdicon_sb, 1, wx.CENTER)
                    friend_hbox.Add(fdname_st, 1, wx.CENTER)
                    friend_hbox.Add(fdqq_st, 1, wx.CENTER)
                    friend_panel.SetSizer(friend_hbox)
                    gridsizer.Add(friend_panel, 1, wx.ALL, border = 5)
                sp.SetSizer(gridsizer)
            #创建垂直方向的BoxSizer布局管理器
            vbox = wx.BoxSizer(wx.VERTICAL)
            vbox.Add(top_panel, -1, wx.CENTER | wx.EXPAND)
            vbox.Add(sp, -1, wx.CENTER | wx.EXPAND)
            self.panel.SetSizer(vbox)
            #TODO 待完成功能:好友列表刷新功能——在线状态
        #TODO 待完成功能:重启子线程
        #TODO 待完成功能:好友列表刷新功能——离线状态
```

11) 完善login_frame.py文件

该文件中需完善的TODO注释为"待完成功能:添加好友列表窗口",示例代码如下:

```
#版权所有 © 2021-2022 Python全栈开发
#许可信息查看LICENSE.txt文件
#描述:创建QQ登录窗口
#历史版本:
#2021-5-1:创建 夏正东
#2021-5-1:登录按钮和取消按钮事件的处理,并将用户信息发送至服务器进行验证
#2021-5-1:添加好友列表窗口
import json
from com.oldxia.qq.client.friends_frame import FriendsFrame
```

```python
from com.oldxia.qq.client.my_frame import *
class LoginFrame(MyFrame):
    def __init__(self):
        super().__init__(title = 'QQ登录', size = (340, 255))
        #创建静态图片控件
        topimage_sb = wx.StaticBitmap(self.panel,
bitmap = wx.Bitmap('resources/images/top.jpg', wx.BITMAP_TYPE_JPEG))
        #创建登录信息内容面板
        middle_panel = wx.Panel(self.panel, style = wx.BORDER_DOUBLE)
        #创建静态文本框控件
        userid_st = wx.StaticText(middle_panel, label = 'QQ号码')
        userpwd_st = wx.StaticText(middle_panel, label = 'QQ密码')
        #创建文本输入框控件
        self.userid_tc = wx.TextCtrl(middle_panel)
        self.userpwd_tc = wx.TextCtrl(middle_panel, style = wx.TE_PASSWORD)
        autologin_cb = wx.CheckBox(middle_panel, -1, '自动登录')
        stealth_cb = wx.CheckBox(middle_panel, -1, '隐身登录')
        forgetpwd_st = wx.StaticText(middle_panel, label = '忘记密码?')
        #设置前景色
        forgetpwd_st.SetForegroundColour(wx.BLUE)
        #创建 FlexGridSizer 布局管理器
        fgs = wx.FlexGridSizer(3, 3, 8, 15)
        fgs.AddMany([(userid_st, 1, wx.ALIGN_CENTER_VERTICAL | wx.ALIGN_RIGHT | wx.FIXED_MINSIZE),
                     (self.userid_tc, 1, wx.CENTER | wx.EXPAND),
                     wx.StaticText(middle_panel),
                     (userpwd_st, 1, wx.ALIGN_CENTER_VERTICAL | wx.ALIGN_RIGHT | wx.FIXED_MINSIZE),
                     (self.userpwd_tc, 1, wx.CENTER | wx.EXPAND),
                     (forgetpwd_st, 1, wx.ALIGN_CENTER_VERTICAL | wx.ALIGN_RIGHT | wx.FIXED_MINSIZE),
                     wx.StaticText(middle_panel),
                     (autologin_cb, 1, wx.CENTER | wx.EXPAND),
                     (stealth_cb, 1, wx.CENTER | wx.EXPAND)])
        #设置 FlexGrid 布局对象
        fgs.AddGrowableRow(0, 1)
        fgs.AddGrowableRow(1, 1)
        fgs.AddGrowableRow(2, 1)
        fgs.AddGrowableCol(0, 1)
        fgs.AddGrowableCol(1, 1)
        fgs.AddGrowableCol(2, 1)
        #创建水平方向的 BoxSizer 布局管理器,用于添加 FlexGridSizer 布局管理器
        middle_hbox = wx.BoxSizer()
        middle_hbox.Add(fgs, -1, wx.CENTER | wx.ALL | wx.EXPAND, border = 10)
        middle_panel.SetSizer(middle_hbox)
        #创建按钮控件
        ok_btn = wx.Button(parent = self.panel, label = '登录')
        cancel_btn = wx.Button(parent = self.panel, label = '取消')
        apply_btn = wx.Button(parent = self.panel, label = '申请号码↓')
        #登录按钮和取消按钮事件的处理
```

```python
        self.Bind(wx.EVT_BUTTON, self.ok_btn_onclick, ok_btn)
        self.Bind(wx.EVT_BUTTON, self.cancel_btn_onclick, cancel_btn)
        # 创建水平方向的 BoxSizer 布局管理器
        top_hbox = wx.BoxSizer(wx.HORIZONTAL)
        top_hbox.Add(apply_btn, 1, wx.CENTER | wx.ALL | wx.EXPAND, border = 10)
        top_hbox.Add(ok_btn, 1, wx.CENTER | wx.ALL | wx.EXPAND, border = 10)
        top_hbox.Add(cancel_btn, 1, wx.CENTER | wx.ALL | wx.EXPAND, border = 10)
        # 创建垂直方向的 BoxSizer 布局管理器
        vbox = wx.BoxSizer(wx.VERTICAL)
        vbox.Add(topimage_sb, -1, wx.CENTER | wx.EXPAND)
        vbox.Add(middle_panel, -1, wx.CENTER | wx.ALL | wx.EXPAND, border = 5)
        vbox.Add(top_hbox, -1, wx.CENTER | wx.BOTTOM, border = 1)
        self.panel.SetSizer(vbox)
    def ok_btn_onclick(self, event):
        userid = self.userid_tc.GetValue()
        userpwd = self.userpwd_tc.GetValue()
        user = self.login(userid, userpwd)
        if user is not None:
            logger.info('登录成功!!!')
            # 添加好友列表窗口
            next_frame = FriendsFrame(user)
            next_frame.Show()
            # 隐藏当前窗口
            self.Hide()
        else:
            logger.info('登录失败.')
            dlg = wx.MessageDialog(self, '你的QQ号码或密码不正确', '登录失败', wx.OK | wx.ICON_ERROR)
            dlg.ShowModal()
    def login(self, userid, userpwd):
        json_obj = {}
        json_obj['command'] = COMMAND_LOGIN
        json_obj['user_id'] = userid
        json_obj['user_pwd'] = userpwd
        json_str = json.dumps(json_obj)
        # 将操作命令代码、QQ号码和QQ密码发送至服务器端进行验证
        client_socket.sendto(json_str.encode(), server_address)
        # 从服务器端接收的数据
        json_data, _ = client_socket.recvfrom(1024)
        json_obj = json.loads(json_data.decode())
        logger.info('登录之后,从服务器端接收的数据{0}'.format(json_obj))
        # 登录成功后,将登录用户的操作命令代码、QQ号码和QQ密码返回
        if json_obj['result'] == '1':
            return json_obj
    def cancel_btn_onclick(self, event):
        self.Destroy()
        sys.exit(0)
```

首先,运行 qq_server.py 文件,启动 QQ 服务器端;其次,运行 qq_client.pyy 文件,启

动 QQ 客户端；最后，在登录窗口中输入 QQ 号码和 QQ 密码，并单击"登录"按钮，如果输入的 QQ 号码和 QQ 密码均正确，则登录成功，显示好友列表窗口，如图 3-58 所示。

但是，如果同时登录两个互为好友的 QQ 号码，就会发现在当前 QQ 号码的好友列表窗口中，其对应的好友并未显示在线，而是显示离线，如图 3-59 所示，所以下一步就需要编写好友列表窗口中的刷新功能，以确保可以正常显示好友的在线和离线状态。

图 3-58 好友列表窗口

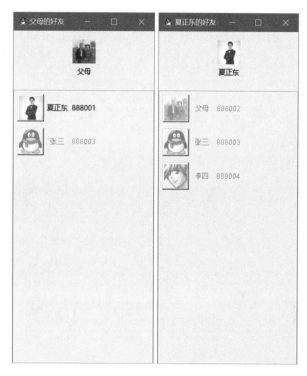

图 3-59 好友无法正常显示在线和离线状态

12）完善 qq_server.py 文件

该文件中需完善的 TODO 注释为"待完成功能：好友列表刷新功能——在线状态"，示例代码如下：

```
# 版权所有 © 2021-2022 Python 全栈开发
# 许可信息查看 LICENSE.txt 文件
# 描述:用于启动 QQ 服务器端,并验证客户端发送的用户信息
# 历史版本:
# 2021-5-1: 创建 夏正东
# 2021-5-1: 好友列表刷新功能——在线状态
import json
import logging
import socket
from com.oldxia.qq.server.user_dao import UserDao
logging.basicConfig(level = logging.INFO, format = ' % (asctime)s - % (threadName)s - %
(name)s - % (funcName)s - % (levelname)s - % (message)s')
```

```python
logger = logging.getLogger(__name__)
# 操作命令代码:登录命令
COMMAND_LOGIN = 1
# 操作命令代码:下线命令
COMMAND_LOGOUT = 2
# 操作命令代码:发消息命令
COMMAND_SENDMSG = 3
# 操作命令代码:刷新好友列表命令
COMMAND_REFRESH = 4
SERVER_IP = '127.0.0.1'
SERVER_PORT = 8888
# 创建服务器端 Socket 对象
server_socket = socket.socket(socket.AF_INET, socket.SOCK_DGRAM)
server_socket.bind((SERVER_IP, SERVER_PORT))
# 该变量用于存储每个登录用户的信息和 IP
userinfo_list = []
while True:
    try:
        data, client_address = server_socket.recvfrom(1024)
        # 从客户端接收的信息,包括操作命令代码、QQ号码和QQ密码
        json_obj = json.loads(data.decode())
        logger.info(f'从客户端接收的数据为{json_obj}')
        # 获取操作命令代码
        command = json_obj['command']
        # 当操作命令代码为登录命令时
        if command == COMMAND_LOGIN:
            userid = json_obj['user_id']
            userpwd = json_obj['user_pwd']
            dao = UserDao()
            # 获取当前登录用户信息,包括QQ号码、QQ密码、用户名和用户头像
            user = dao.findbyid(userid)
            # 对当前登录用户的 QQ 密码进行验证
            if user is not None and user['user_pwd'] == userpwd:
                userinfo = (userid, client_address)
                # 将当前登录的用户信息和 IP 存入 userinfo_list 之中
                userinfo_list.append(userinfo)
                # json_obj 表示当前登录用户的信息
                json_obj = user
                # 添加键 result,并将其值设置为1,表示密码验证通过
                json_obj['result'] = '1'
                dao = UserDao()
                # 获取当前登录用户对应好友信息组成的列表
                friends = dao.findfriends(userid)
                # friend_ids 表示当前登录用户对应的好友QQ号码组成的列表
                friend_ids = map(lambda it: it[0], userinfo_list)
                for friend in friends:
                    # 获取当前登录用户对应的好友 QQ 号码
                    fid = friend['user_id']
                    # 添加键 online,默认值为 0,表示该好友离线
                    friend['online'] = '0'
```

```
                    if fid in friend_ids:
                        # 表示该好友在线
                        friend['online'] = '1'
                # 将好友信息添加至 json_obj 中
                json_obj['friends'] = friends
                json_str = json.dumps(json_obj)
                server_socket.sendto(json_str.encode(), client_address)
            # 密码验证失败
            else:
                json_obj = {}
                json_obj['result'] = '-1'
                json_str = json.dumps(json_obj)
                server_socket.sendto(json_str.encode(), client_address)
        # TODO 待完成功能:发送消息功能
        # TODO 待完成功能:好友列表刷新功能——离线状态
        # 好友列表刷新功能——在线状态
        if len(userinfo_list) == 0:
            continue
        json_obj = {}
        json_obj['command'] = COMMAND_REFRESH
        usersid_map = map(lambda it: it[0], userinfo_list)
        # 获取在线用户的 QQ 号码
        userid_list = list(usersid_map)
        json_obj['OnlineUserList'] = userid_list
        logger.info(f"服务器向客户端发送消息,刷新用户列表:{json_obj}")
        for userinfo in userinfo_list:
            _, address = userinfo
            json_str = json.dumps(json_obj)
            server_socket.sendto(json_str.encode(), address)
    except Exception:
        logger.info('服务器连接超时!!!')
```

13) 完善 friends_frame.py 文件

该文件中需完善的 TODO 注释为"待完成功能:好友列表刷新功能——在线状态",示例代码如下:

```
# 版权所有 © 2021-2022 Python 全栈开发
# 许可信息查看 LICENSE.txt 文件
# 描述:创建好友列表窗口
# 历史版本:
# 2021-5-1: 创建 夏正东
# 2021-5-1: 好友列表刷新功能——在线状态
import json
import threading
import wx.lib.scrolledpanel as scrolled
from com.oldxia.qq.client.my_frame import *
class FriendsFrame(MyFrame):
    def __init__(self, user):
        super().__init__(title = f'{user["user_name"]}的好友', size = (260, 600))
```

```python
        # 当前登录用户的信息
        self.user = user
        # 当前登录用户对应的好友信息
        self.friends = user['friends']
        # 好友头像列表
        self.friendicons = []
        # 创建用户图标
        usericon = wx.Bitmap(f'resources/images/{user["user_icon"]}.jpg', wx.BITMAP_TYPE_JPEG)
        # 顶部面板
        top_panel = wx.Panel(self.panel)
        usericon_sb = wx.StaticBitmap(top_panel, bitmap=usericon)
        username_st = wx.StaticText(top_panel, style=wx.ALIGN_CENTER_HORIZONTAL, label=user['user_name'])
        # 创建垂直方向的 BoxSizer 布局管理器
        top_hbox = wx.BoxSizer(wx.VERTICAL)
        top_hbox.AddSpacer(15)
        top_hbox.Add(usericon_sb, 1, wx.CENTER)
        top_hbox.AddSpacer(5)
        top_hbox.Add(username_st, 1, wx.CENTER)
        top_panel.SetSizer(top_hbox)
        # 创建滚动面板
        sp = scrolled.ScrolledPanel(self.panel, -1, size=(260, 1000), style=wx.DOUBLE_BORDER)
        # 创建 GridSizer 布局管理器
        gridsizer = wx.GridSizer(cols=1, rows=20, gap=(1, 1))
        # 如果好友列表人数大于 20,则设置滚动条
        if len(self.friends) > 20:
            sp.SetupScrolling()
            gridsizer = wx.GridSizer(cols=1, rows=len(self.friends), gap=(1, 1))
        for index, friend in enumerate(self.friends):
            friend_panel = wx.Panel(sp, id=index)
            # 好友用户名
            fdname_st = wx.StaticText(friend_panel, id=index, style=wx.ALIGN_CENTER_HORIZONTAL, label=friend['user_name'])
            # 好友 QQ 号码
            fdqq_st = wx.StaticText(friend_panel, id=index, style=wx.ALIGN_CENTER_HORIZONTAL, label=friend['user_id'])
            fdicon_enabled = wx.Bitmap(f'resources/images/{friend["user_icon"]}.jpg', wx.BITMAP_TYPE_JPEG)
            if friend['online'] == '0':
                # 将头像转换为不可用
                fdicon_disabled = fdicon_enabled.ConvertToDisabled()
                fdicon_sb = wx.StaticBitmap(friend_panel, id=index, bitmap=fdicon_disabled, style=wx.BORDER_RAISED)
                # 将好友头像、好友用户名和好友 QQ 号码设置为不可用
                fdicon_sb.Enable(False)
                fdname_st.Enable(False)
                fdqq_st.Enable(False)
                self.friendicons.append((fdname_st, fdqq_st, fdicon_sb, fdicon_enabled))
```

```python
            else:
                fdicon_sb = wx.StaticBitmap(friend_panel, id = index, bitmap = fdicon_
enabled, style = wx.BORDER_RAISED)
                # 将好友头像、好友用户名和好友 QQ 号码设置为不可用
                fdicon_sb.Enable(True)
                fdname_st.Enable(True)
                fdqq_st.Enable(True)
            self.friendicons.append((fdname_st, fdqq_st, fdicon_sb, fdicon_enabled))
            # TODO 待完成功能:双击好友头像、好友用户名和好友 QQ 号码事件的处理
            # 创建水平方向的 BoxSizer 布局管理器
            friend_hbox = wx.BoxSizer(wx.HORIZONTAL)
            friend_hbox.Add(fdicon_sb, 1, wx.CENTER)
            friend_hbox.Add(fdname_st, 1, wx.CENTER)
            friend_hbox.Add(fdqq_st, 1, wx.CENTER)
            friend_panel.SetSizer(friend_hbox)
            gridsizer.Add(friend_panel, 1, wx.ALL, border = 5)
            sp.SetSizer(gridsizer)
        # 创建垂直方向的 BoxSizer 布局管理器
        vbox = wx.BoxSizer(wx.VERTICAL)
        vbox.Add(top_panel, -1, wx.CENTER | wx.EXPAND)
        vbox.Add(sp, -1, wx.CENTER | wx.EXPAND)
        self.panel.SetSizer(vbox)
        # 好友列表刷新功能——在线状态
        # 设置子线程的默认运行状态
        self.isrunning = True
        # 创建子线程,用于刷新好友列表
        self.t1 = threading.Thread(target = self.thread_body)
        self.t1.start()
    def refreshfriendlist(self, onlineuserlist):
        for index, friend in enumerate(self.friends):
            frienduserid = friend['user_id']
            fdname_st, fdqq_st, fdicon_sb, fdicon = self.friendicons[index]
            if frienduserid in onlineuserlist:
                fdname_st.Enable(True)
                fdqq_st.Enable(True)
                fdicon_sb.Enable(True)
                fdicon_sb.SetBitmap(fdicon)
            else:
                fdname_st.Enable(False)
                fdqq_st.Enable(False)
                fdicon_sb.Enable(False)
                fdicon_sb.SetBitmap(fdicon.ConvertToDisabled())
        # 重绘窗口,显示更换之后的图片
        self.panel.Layout()
    def thread_body(self):
        # 当前线程对象
        while self.isrunning:
            try:
                # 从服务器端接收数据
                json_data, _ = client_socket.recvfrom(1024)
```

```
                    json_obj = json.loads(json_data.decode())
                    logger.info(f'从服务器端接收数据:{json_obj}')
                    cmd = json_obj['command']
                    if cmd is not None and cmd == COMMAND_REFRESH:
                        useridlist = json_obj['OnlineUserList']
                        if useridlist is not None and len(useridlist) > 0:
                            self.refreshfriendlist(useridlist)
                except Exception:
                    continue
        # TODO 待完成功能:重启子线程
        # TODO 待完成功能:重写 OnClose()方法,完成用户离线功能
```

14) 完善 qq_server.py 文件

该文件中需完善的 TODO 注释为"待完成功能:好友列表刷新功能——离线状态",示例代码如下:

```
# 版权所有 © 2021 - 2022 Python 全栈开发
# 许可信息查看 LICENSE.txt 文件
# 描述:用于启动 QQ 服务器端,并验证客户端发送的用户信息
# 历史版本:
# 2021 - 5 - 1:创建 夏正东
# 2021 - 5 - 1:好友列表刷新功能——在线状态
# 2021 - 5 - 1:好友列表刷新功能——离线状态
import json
import logging
import socket
from com.oldxia.qq.server.user_dao import UserDao
logging.basicConfig(level = logging.INFO, format = '%(asctime)s - %(threadName)s - %(name)s - %(funcName)s - %(levelname)s - %(message)s')
logger = logging.getLogger(__name__)
# 操作命令代码:登录命令
COMMAND_LOGIN = 1
# 操作命令代码:下线命令
COMMAND_LOGOUT = 2
# 操作命令代码:发消息命令
COMMAND_SENDMSG = 3
# 操作命令代码:刷新好友列表命令
COMMAND_REFRESH = 4
SERVER_IP = '127.0.0.1'
SERVER_PORT = 8888
# 创建服务器端 Socket 对象
server_socket = socket.socket(socket.AF_INET, socket.SOCK_DGRAM)
server_socket.bind((SERVER_IP, SERVER_PORT))
# 该变量用于存储每个登录用户的信息和 IP
userinfo_list = []
while True:
    try:
        data, client_address = server_socket.recvfrom(1024)
        # 从客户端接收的信息,包括操作命令代码、QQ 号码和 QQ 密码
```

```python
        json_obj = json.loads(data.decode())
        logger.info(f'从客户端接收的数据为{json_obj}')
        #获取操作命令代码
        command = json_obj['command']
        #当操作命令代码为登录命令时
        if command == COMMAND_LOGIN:
            userid = json_obj['user_id']
            userpwd = json_obj['user_pwd']
            dao = UserDao()
            #获取当前登录用户信息,包括QQ号码、QQ密码、用户名和用户头像
            user = dao.findbyid(userid)
            #对当前登录用户的QQ密码进行验证
            if user is not None and user['user_pwd'] == userpwd:
                userinfo = (userid, client_address)
                    #将当前登录的用户信息和IP存入userinfo_list之中
                userinfo_list.append(userinfo)
                #json_obj表示当前登录用户的信息
                json_obj = user
                #添加键result,并将其值设置为1,表示密码验证通过
                json_obj['result'] = '1'
                dao = UserDao()
                #获取当前登录用户对应好友信息组成的列表
                friends = dao.findfriends(userid)
                #friend_ids表示当前登录用户对应的好友QQ号码组成的列表
                friend_ids = map(lambda it: it[0], userinfo_list)
                for friend in friends:
                    #获取当前登录用户对应的好友QQ号码
                    fid = friend['user_id']
                    #添加键online,默认值为0,表示该好友不在线
                    friend['online'] = '0'
                    if fid in friend_ids:
                        #表示好友在线
                        friend['online'] = '1'
                #将好友信息添加至json_obj中
                json_obj['friends'] = friends
                json_str = json.dumps(json_obj)
                server_socket.sendto(json_str.encode(), client_address)
            #密码验证失败
            else:
                json_obj = {}
                json_obj['result'] = '-1'
                json_str = json.dumps(json_obj)
                server_socket.sendto(json_str.encode(), client_address)
        #TODO 待完成功能:发送消息功能
        #好友列表刷新功能——离线状态
        elif command == COMMAND_LOGOUT:
            #获得用户QQ号码
            userid = json_obj['user_id']
            for userinfo in userinfo_list:
                cuserid, _ = userinfo
```

```python
                if cuserid == userid:
                    # 从 userinfo_list 集合中删除用户
                    userinfo_list.remove(userinfo)
                    break
            logger.info(userinfo_list)
            # 好友列表刷新功能——在线状态
            if len(userinfo_list) == 0:
                continue
            json_obj = {}
            json_obj['command'] = COMMAND_REFRESH
            usersid_map = map(lambda it: it[0], userinfo_list)
            # 获取在线用户的 QQ 号码
            userid_list = list(usersid_map)
            json_obj['OnlineUserList'] = userid_list
            logger.info(f"服务器向客户端发送消息,刷新用户列表:{json_obj}")
            for userinfo in userinfo_list:
                _, address = userinfo
                json_str = json.dumps(json_obj)
                server_socket.sendto(json_str.encode(), address)
        except Exception:
            logger.info('服务器连接超时!!!')
```

15) 完善 friends_frame.py 文件

该文件中需完善的 TODO 注释为"待完成功能:好友列表刷新功能——离线状态",示例代码如下:

```python
# 版权所有 © 2021 - 2022 Python 全栈开发
# 许可信息查看 LICENSE.txt 文件
# 描述:创建好友列表窗口
# 历史版本:
# 2021 - 5 - 1:创建 夏正东
# 2021 - 5 - 1:好友列表刷新功能——在线状态
# 2021 - 5 - 1:好友列表刷新功能——离线状态
import json
import threading
import wx.lib.scrolledpanel as scrolled
from com.oldxia.qq.client.my_frame import *
class FriendsFrame(MyFrame):
    def __init__(self, user):
        super().__init__(title=f'{user["user_name"]}的好友', size=(260, 600))
        # 当前登录用户的信息
        self.user = user
        # 当前登录用户对应的好友信息
        self.friends = user['friends']
        # 好友头像列表
        self.friendicons = []
        # 创建用户图标
        usericon = wx.Bitmap(f'resources/images/{user["user_icon"]}.jpg', wx.BITMAP_TYPE_JPEG)
```

```python
        # 顶部面板
        top_panel = wx.Panel(self.panel)
        usericon_sb = wx.StaticBitmap(top_panel, bitmap=usericon)
        username_st = wx.StaticText(top_panel, style=wx.ALIGN_CENTER_HORIZONTAL, label=user['user_name'])
        # 创建垂直方向的 BoxSizer 布局管理器
        top_hbox = wx.BoxSizer(wx.VERTICAL)
        top_hbox.AddSpacer(15)
        top_hbox.Add(usericon_sb, 1, wx.CENTER)
        top_hbox.AddSpacer(5)
        top_hbox.Add(username_st, 1, wx.CENTER)
        top_panel.SetSizer(top_hbox)
        # 创建滚动面板
        sp = scrolled.ScrolledPanel(self.panel, -1, size=(260, 1000), style=wx.DOUBLE_BORDER)
        # 创建 GridSizer 布局管理器
        gridsizer = wx.GridSizer(cols=1, rows=20, gap=(1, 1))
        # 如果好友列表人数大于 20,则设置滚动条
        if len(self.friends) > 20:
            sp.SetupScrolling()
            gridsizer = wx.GridSizer(cols=1, rows=len(self.friends), gap=(1, 1))
        for index, friend in enumerate(self.friends):
            friend_panel = wx.Panel(sp, id=index)
            # 好友用户名
            fdname_st = wx.StaticText(friend_panel, id=index, style=wx.ALIGN_CENTER_HORIZONTAL, label=friend['user_name'])
            # 好友 QQ 号码
            fdqq_st = wx.StaticText(friend_panel, id=index, style=wx.ALIGN_CENTER_HORIZONTAL, label=friend['user_id'])
            fdicon_enabled = wx.Bitmap(f'resources/images/{friend["user_icon"]}.jpg', wx.BITMAP_TYPE_JPEG)
            if friend['online'] == '0':
                # 将头像转换为不可用
                fdicon_disabled = fdicon_enabled.ConvertToDisabled()
                fdicon_sb = wx.StaticBitmap(friend_panel, id=index, bitmap=fdicon_disabled, style=wx.BORDER_RAISED)
                # 将好友头像、好友用户名和好友 QQ 号码设置为不可用
                fdicon_sb.Enable(False)
                fdname_st.Enable(False)
                fdqq_st.Enable(False)
                self.friendicons.append((fdname_st, fdqq_st, fdicon_sb, fdicon_enabled))
            else:
                fdicon_sb = wx.StaticBitmap(friend_panel, id=index, bitmap=fdicon_enabled, style=wx.BORDER_RAISED)
                # 将好友头像、好友用户名和好友 QQ 号码设置为不可用
                fdicon_sb.Enable(True)
                fdname_st.Enable(True)
                fdqq_st.Enable(True)
                self.friendicons.append((fdname_st, fdqq_st, fdicon_sb, fdicon_enabled))
            # TODO 待完成功能:双击好友头像、好友用户名和好友 QQ 号码事件的处理
```

```python
            # 创建水平方向的 BoxSizer 布局管理器
            friend_hbox = wx.BoxSizer(wx.HORIZONTAL)
            friend_hbox.Add(fdicon_sb, 1, wx.CENTER)
            friend_hbox.Add(fdname_st, 1, wx.CENTER)
            friend_hbox.Add(fdqq_st, 1, wx.CENTER)
            friend_panel.SetSizer(friend_hbox)
            gridsizer.Add(friend_panel, 1, wx.ALL, border = 5)
            sp.SetSizer(gridsizer)
        # 创建垂直方向的 BoxSizer 布局管理器
        vbox = wx.BoxSizer(wx.VERTICAL)
        vbox.Add(top_panel, -1, wx.CENTER | wx.EXPAND)
        vbox.Add(sp, -1, wx.CENTER | wx.EXPAND)
        self.panel.SetSizer(vbox)
        # 好友列表刷新功能——在线状态
        # 设置子线程的默认运行状态
        self.isrunning = True
        # 创建子线程,用于刷新好友列表
        self.t1 = threading.Thread(target = self.thread_body)
        self.t1.start()
    def refreshfriendlist(self, onlineuserlist):
        for index, friend in enumerate(self.friends):
            frienduserid = friend['user_id']
            fdname_st, fdqq_st, fdicon_sb, fdicon = self.friendicons[index]
            if frienduserid in onlineuserlist:
                fdname_st.Enable(True)
                fdqq_st.Enable(True)
                fdicon_sb.Enable(True)
                fdicon_sb.SetBitmap(fdicon)
            else:
                fdname_st.Enable(False)
                fdqq_st.Enable(False)
                fdicon_sb.Enable(False)
                fdicon_sb.SetBitmap(fdicon.ConvertToDisabled())
        # 重绘窗口,显示更换之后的图片
        self.panel.Layout()
    def thread_body(self):
        # 当前线程对象
        while self.isrunning:
            try:
                # 从服务器端接收数据
                json_data, _ = client_socket.recvfrom(1024)
                json_obj = json.loads(json_data.decode())
                logger.info(f'从服务器端接收数据:{json_obj}')
                cmd = json_obj['command']
                if cmd is not None and cmd == COMMAND_REFRESH:
                    useridlist = json_obj['OnlineUserList']
                    if useridlist is not None and len(useridlist) > 0:
                        self.refreshfriendlist(useridlist)
            except Exception:
```

```
                continue
# TODO 待完成功能:重启子线程
# 好友列表刷新功能——离线状态
def OnClose(self, event):
    # TODO 待完成功能:判断聊天窗口是否关闭
    # 当用户下线时,给服务器发送下线操作命令代码
    json_obj = {}
    json_obj['command'] = COMMAND_LOGOUT
    json_obj['user_id'] = self.user['user_id']
    json_str = json.dumps(json_obj)
    client_socket.sendto(json_str.encode(), server_address)
    # 停止当前子线程
    self.isrunning = False
    self.t1.join()
    self.t1 = None
    # 关闭窗口,并退出系统
    super().OnClose(event)
```

此时,登录两个互为好友 QQ 号码,由于好友列表窗口中的刷新功能已经启动,所以可以正常显示好友在线和离线状态,如图 3-60 所示。

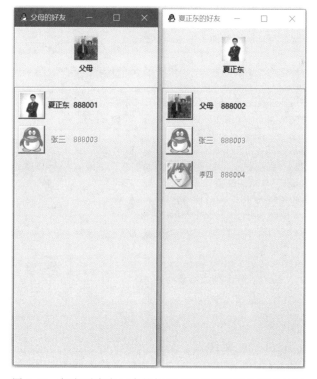

图 3-60 好友列表窗口中的好友在线和离线状态正常显示

16) 创建 chat_frame.py 文件

该文件用于创建聊天窗口,用于当前 QQ 号码与其 QQ 好友的聊天操作,示例代码如下:

```python
# 资源包\QQ\com\oldxia\qq\client\chat_frame.py
# 版权所有 © 2021 - 2022 Python 全栈开发
# 许可信息查看 LICENSE.txt 文件
# 描述:创建聊天窗口
# 历史版本:
# 2021 - 5 - 1: 创建 夏正东
from com.oldxia.qq.client.my_frame import *
class ChatFrame(MyFrame):
    def __init__(self, friendsframe, user, friend):
        super().__init__(title = '', size = (450, 400))
        self.friendsframe = friendsframe
        self.user = user
        self.friend = friend
        title = f'{user["user_name"]}与{friend["user_name"]}正在聊天中...'
        self.SetTitle(title)
        # 创建文本输入框控件,用于查看消息
        self.seemsg_tc = wx.TextCtrl(self.panel, style = wx.TE_MULTILINE | wx.TE_READONLY)
        self.seemsg_tc.SetFont(wx.Font(11, wx.FONTFAMILY_DEFAULT, wx.FONTSTYLE_NORMAL, wx.FONTWEIGHT_NORMAL, faceName = '微软雅黑'))
        # 初始化查看消息面板
        bottom_panel = wx.Panel(self.panel, style = wx.DOUBLE_BORDER)
        # 创建文本输入框控件,用于发送消息
        self.sendmsg_tc = wx.TextCtrl(bottom_panel)
        # 将焦点设置到发送消息的文本输入框控件
        self.sendmsg_tc.SetFocus()
        self.sendmsg_tc.SetFont(wx.Font(11, wx.FONTFAMILY_DEFAULT, wx.FONTSTYLE_NORMAL, wx.FONTWEIGHT_NORMAL, faceName = '微软雅黑'))
        sendmsg_btn = wx.Button(bottom_panel, label = '发送')
        # TODO 待完成功能:发送按钮的事件处理,即发送消息
        bottom_hbox = wx.BoxSizer()
        bottom_hbox.Add(self.sendmsg_tc, 5, wx.CENTER | wx.ALL | wx.EXPAND, border = 5)
        bottom_hbox.Add(sendmsg_btn, 1, wx.CENTER | wx.ALL | wx.EXPAND, border = 5)
        bottom_panel.SetSizer(bottom_hbox)
        # 创建垂直方向的 BoxSizer 布局管理器
        vbox = wx.BoxSizer(wx.VERTICAL)
        vbox.Add(self.seemsg_tc, 5, wx.CENTER | wx.ALL | wx.EXPAND, border = 5)
        vbox.Add(bottom_panel, 1, wx.CENTER | wx.ALL | wx.EXPAND, border = 5)
        self.panel.SetSizer(vbox)
        # TODO 待完成功能:好友列表刷新功能
    # TODO 待完成功能:重写 OnClose()方法,停止当前子线程,关闭当前窗口,并重启好友列表窗口
    # 中的子线程
```

17) 完善 friends_frame.py 文件

该文件中需完善的 TODO 注释为"待完成功能:双击好友头像、好友用户名和好友 QQ 号码事件的处理",示例代码如下:

```python
# 版权所有 © 2021 - 2022 Python 全栈开发
# 许可信息查看 LICENSE.txt 文件
# 描述:创建好友列表窗口
```

```python
#历史版本：
#2021-5-1：创建 夏正东
#2021-5-1：好友列表刷新功能——在线状态
#2021-5-1：好友列表刷新功能——离线状态
#2021-5-1：双击好友头像、好友用户名和好友QQ号码事件的处理
import json
import threading
import wx.lib.scrolledpanel as scrolled
from com.oldxia.qq.client.chat_frame import ChatFrame
from com.oldxia.qq.client.my_frame import *
class FriendsFrame(MyFrame):
    def __init__(self, user):
        super().__init__(title = f'{user["user_name"]}的好友', size = (260, 600))
        #初始化聊天窗口，将其设置为None
        self.chatFrame = None
        #当前登录用户的信息
        self.user = user
        #当前登录用户对应的好友信息
        self.friends = user['friends']
        #好友头像列表
        self.friendicons = []
        #创建用户图标
        usericon = wx.Bitmap(f'resources/images/{user["user_icon"]}.jpg', wx.BITMAP_TYPE_JPEG)
        #顶部面板
        top_panel = wx.Panel(self.panel)
        usericon_sb = wx.StaticBitmap(top_panel, bitmap = usericon)
        username_st = wx.StaticText(top_panel, style = wx.ALIGN_CENTER_HORIZONTAL, label = user['user_name'])
        #创建垂直方向的BoxSizer布局管理器
        top_hbox = wx.BoxSizer(wx.VERTICAL)
        top_hbox.AddSpacer(15)
        top_hbox.Add(usericon_sb, 1, wx.CENTER)
        top_hbox.AddSpacer(5)
        top_hbox.Add(username_st, 1, wx.CENTER)
        top_panel.SetSizer(top_hbox)
        #创建滚动面板
        sp = scrolled.ScrolledPanel(self.panel, -1, size = (260, 1000), style = wx.DOUBLE_BORDER)
        #创建GridSizer布局管理器
        gridsizer = wx.GridSizer(cols = 1, rows = 20, gap = (1, 1))
        #如果好友列表人数大于20，则设置滚动条
        if len(self.friends) > 20:
            sp.SetupScrolling()
            gridsizer = wx.GridSizer(cols = 1, rows = len(self.friends), gap = (1, 1))
        for index, friend in enumerate(self.friends):
            friend_panel = wx.Panel(sp, id = index)
            #好友用户名
            fdname_st = wx.StaticText(friend_panel, id = index, style = wx.ALIGN_CENTER_HORIZONTAL, label = friend['user_name'])
```

```python
            #好友QQ号码
            fdqq_st = wx.StaticText(friend_panel, id = index, style = wx.ALIGN_CENTER_HORIZONTAL, label = friend['user_id'])
            fdicon_enabled = wx.Bitmap(f'resources/images/{friend["user_icon"]}.jpg', wx.BITMAP_TYPE_JPEG)
            if friend['online'] == '0':
                #将头像转换为不可用
                fdicon_disabled = fdicon_enabled.ConvertToDisabled()
                fdicon_sb = wx.StaticBitmap(friend_panel, id = index, bitmap = fdicon_disabled, style = wx.BORDER_RAISED)
                #将好友头像、好友用户名和好友QQ号码设置为不可用
                fdicon_sb.Enable(False)
                fdname_st.Enable(False)
                fdqq_st.Enable(False)
                self.friendicons.append((fdname_st, fdqq_st, fdicon_sb, fdicon_enabled))
            else:
                fdicon_sb = wx.StaticBitmap(friend_panel, id = index, bitmap = fdicon_enabled, style = wx.BORDER_RAISED)
                #将好友头像、好友用户名和好友QQ号码设置为不可用
                fdicon_sb.Enable(True)
                fdname_st.Enable(True)
                fdqq_st.Enable(True)
                self.friendicons.append((fdname_st, fdqq_st, fdicon_sb, fdicon_enabled))
            #双击好友头像、好友用户名和好友QQ号码事件的处理
            fdicon_sb.Bind(wx.EVT_LEFT_DCLICK, self.on_dclick)
            fdname_st.Bind(wx.EVT_LEFT_DCLICK, self.on_dclick)
            fdqq_st.Bind(wx.EVT_LEFT_DCLICK, self.on_dclick)
            #创建水平方向的BoxSizer布局管理器
            friend_hbox = wx.BoxSizer(wx.HORIZONTAL)
            friend_hbox.Add(fdicon_sb, 1, wx.CENTER)
            friend_hbox.Add(fdname_st, 1, wx.CENTER)
            friend_hbox.Add(fdqq_st, 1, wx.CENTER)
            friend_panel.SetSizer(friend_hbox)
            gridsizer.Add(friend_panel, 1, wx.ALL, border = 5)
            sp.SetSizer(gridsizer)
        #创建垂直方向的BoxSizer布局管理器
        vbox = wx.BoxSizer(wx.VERTICAL)
        vbox.Add(top_panel, -1, wx.CENTER | wx.EXPAND)
        vbox.Add(sp, -1, wx.CENTER | wx.EXPAND)
        self.panel.SetSizer(vbox)
        #好友列表刷新功能——在线状态
        #设置子线程的默认运行状态
        self.isrunning = True
        #创建子线程,用于刷新好友列表
        self.t1 = threading.Thread(target = self.thread_body)
        self.t1.start()
    def refreshfriendlist(self, onlineuserlist):
        for index, friend in enumerate(self.friends):
            frienduserid = friend['user_id']
            fdname_st, fdqq_st, fdicon_sb, fdicon = self.friendicons[index]
```

```python
                if frienduserid in onlineuserlist:
                    fdname_st.Enable(True)
                    fdqq_st.Enable(True)
                    fdicon_sb.Enable(True)
                    fdicon_sb.SetBitmap(fdicon)
                else:
                    fdname_st.Enable(False)
                    fdqq_st.Enable(False)
                    fdicon_sb.Enable(False)
                    fdicon_sb.SetBitmap(fdicon.ConvertToDisabled())
        #重绘窗口,显示更换之后的图片
        self.panel.Layout()
    def thread_body(self):
        #当前线程对象
        while self.isrunning:
            try:
                #从服务器端接收数据
                json_data, _ = client_socket.recvfrom(1024)
                json_obj = json.loads(json_data.decode())
                logger.info(f'从服务器端接收数据:{json_obj}')
                cmd = json_obj['command']
                if cmd is not None and cmd == COMMAND_REFRESH:
                    useridlist = json_obj['OnlineUserList']
                    if useridlist is not None and len(useridlist) > 0:
                        self.refreshfriendlist(useridlist)
            except Exception:
                continue
    def on_dclick(self, event):
        fid = event.GetId()
        if self.chatFrame is not None and self.chatFrame.IsShown():
            dlg = wx.MessageDialog(self, f'你与{self.friends[fid]["user_name"]}的聊天窗口已经打开...', '操作失败', wx.OK | wx.ICON_ERROR)
            dlg.ShowModal()
            dlg.Destroy()
            return
        #停止当前线程
        self.isrunning = False
        self.t1.join()
        self.chatFrame = ChatFrame(self, self.user, self.friends[fid])
        self.chatFrame.Show()
        event.Skip()
    #TODO 待完成功能:重启子线程
    #好友列表刷新功能——离线状态
    def OnClose(self, event):
        #TODO 待完成功能:判断聊天窗口是否关闭
        #当用户下线时,给服务器发送下线操作命令代码
        json_obj = {}
        json_obj['command'] = COMMAND_LOGOUT
        json_obj['user_id'] = self.user['user_id']
        json_str = json.dumps(json_obj)
```

```
            client_socket.sendto(json_str.encode(), server_address)
        #停止当前子线程
        self.isrunning = False
        self.t1.join()
        self.t1 = None
        #关闭窗口,并退出系统
        super().OnClose(event)
```

此时,双击好友列表窗口中的好友头像、好友用户名或好友 QQ 号码均可以正常弹出聊天窗口,如图 3-61 所示。

图 3-61　聊天窗口

但是,在打开聊天窗口时,当有 QQ 用户上线或下线时,好友列表窗口中此时无法正常显示该 QQ 用户的在线或离线状态,如图 3-62 所示,所以下一步就需要完善聊天窗口中的好友列表刷新功能。

18) 完善 chat_frame.py 文件

该文件中需完善的 TODO 注释为"待完成功能:好友列表刷新功能",示例代码如下:

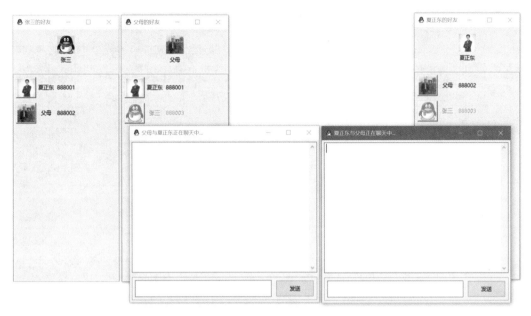

图 3-62 好友列表窗口中不能正常显示用户在线或离线状态

```
#版权所有 © 2021-2022 Python全栈开发
#许可信息查看 LICENSE.txt 文件
#描述:创建聊天窗口
#历史版本:
#2021-5-1:创建 夏正东
#2021-5-1:好友列表刷新功能
import json
import threading
from com.oldxia.qq.client.my_frame import *
class ChatFrame(MyFrame):
    def __init__(self, friendsframe, user, friend):
        super().__init__(title = '', size = (450, 400))
        self.friendsframe = friendsframe
        self.user = user
        self.friend = friend
        title = f'{user["user_name"]}与{friend["user_name"]}正在聊天中…'
        self.SetTitle(title)
        #创建文本输入框控件,用于查看消息
        self.seemsg_tc = wx.TextCtrl(self.panel, style = wx.TE_MULTILINE | wx.TE_READONLY)
        self.seemsg_tc.SetFont(
            wx.Font(11, wx.FONTFAMILY_DEFAULT, wx.FONTSTYLE_NORMAL, wx.FONTWEIGHT_NORMAL,
faceName = '微软雅黑'))
        #初始化查看消息面板
        bottom_panel = wx.Panel(self.panel, style = wx.DOUBLE_BORDER)
        #创建文本输入框控件,用于发送消息
        self.sendmsg_tc = wx.TextCtrl(bottom_panel)
        #将焦点设置到发送消息的文本输入框控件
```

```python
                self.sendmsg_tc.SetFocus()
                self.sendmsg_tc.SetFont(
                    wx.Font(11, wx.FONTFAMILY_DEFAULT, wx.FONTSTYLE_NORMAL, wx.FONTWEIGHT_NORMAL,
faceName = '微软雅黑'))
                sendmsg_btn = wx.Button(bottom_panel, label = '发送')
                # TODO 待完成功能:发送按钮的事件处理,即发送消息
                bottom_hbox = wx.BoxSizer()
                bottom_hbox.Add(self.sendmsg_tc, 5, wx.CENTER | wx.ALL | wx.EXPAND, border = 5)
                bottom_hbox.Add(sendmsg_btn, 1, wx.CENTER | wx.ALL | wx.EXPAND, border = 5)
                bottom_panel.SetSizer(bottom_hbox)
                # 创建垂直方向的 BoxSizer 布局管理器
                vbox = wx.BoxSizer(wx.VERTICAL)
                vbox.Add(self.seemsg_tc, 5, wx.CENTER | wx.ALL | wx.EXPAND, border = 5)
                vbox.Add(bottom_panel, 1, wx.CENTER | wx.ALL | wx.EXPAND, border = 5)
                self.panel.SetSizer(vbox)
                # 好友列表刷新功能
                # 设置子线程的默认运行状态
                self.isrunning = True
                # 创建子线程
                self.t1 = threading.Thread(target = self.thread_body)
                self.t1.start()
            def thread_body(self):
                # 当前线程对象
                while self.isrunning:
                    try:
                        # 从服务器端接收数据
                        json_data, _ = client_socket.recvfrom(1024)
                        json_obj = json.loads(json_data.decode())
                        logger.info(f'聊天窗口从服务器端接收的数据:{json_obj}')
                        command = json_obj['command']
                        if command is not None and command == COMMAND_REFRESH:
                            # 获取好友列表
                            userids = json_obj['OnlineUserList']
                            # 刷新好友列表
                            self.friendsframe.refreshfriendlist(userids)
                        # TODO 待完成功能:接收其他客户端发送至服务器的消息,并将该消息显示在对
                # 应 QQ 好友的查看信息文本输入框中
                    except Exception:
                        continue
                # TODO 待完成功能:重写 OnClose()方法,停止当前子线程,关闭当前窗口,并重启好友列表窗口
                # 中的子线程
```

此时,当打开聊天窗口时,如果有 QQ 好友上线或下线,好友列表窗口中则可以正常显示该 QQ 好友的在线或离线状态,如图 3-63 所示。

19) 完善 chat_frame.py 文件

该文件中需完善的 TODO 注释为"待完成功能:发送按钮的事件处理,即发送消息",示例代码如下:

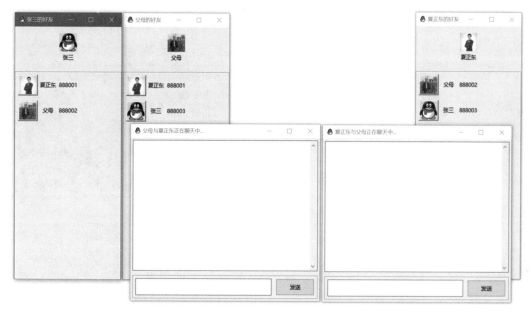

图 3-63 好友列表窗口中可以正常显示用户的在线或离线状态

```
# 版权所有 © 2021－2022 Python 全栈开发
# 许可信息查看 LICENSE.txt 文件
# 描述:创建聊天窗口
# 历史版本:
# 2021－5－1:创建 夏正东
# 2021－5－1:好友列表刷新功能
# 2021－5－1:发送按钮的事件处理,即发送消息
import datetime
import json
import threading
from com.oldxia.qq.client.my_frame import *
class ChatFrame(MyFrame):
    def __init__(self, friendsframe, user, friend):
        super().__init__(title = '', size = (450, 400))
        self.friendsframe = friendsframe
        self.user = user
        self.friend = friend
        title = f'{user["user_name"]}与{friend["user_name"]}正在聊天中...'
        self.SetTitle(title)
        # 创建文本输入框控件,用于查看消息
        self.seemsg_tc = wx.TextCtrl(self.panel, style = wx.TE_MULTILINE | wx.TE_READONLY)
        self.seemsg_tc.SetFont(
            wx.Font(11, wx.FONTFAMILY_DEFAULT, wx.FONTSTYLE_NORMAL, wx.FONTWEIGHT_NORMAL,
faceName = '微软雅黑'))
        # 初始化查看消息面板
        bottom_panel = wx.Panel(self.panel, style = wx.DOUBLE_BORDER)
        # 创建文本输入框控件,用于发送消息
        self.sendmsg_tc = wx.TextCtrl(bottom_panel)
```

```python
        # 将焦点设置到发送消息的文本输入框控件
        self.sendmsg_tc.SetFocus()
        self.sendmsg_tc.SetFont(
            wx.Font(11, wx.FONTFAMILY_DEFAULT, wx.FONTSTYLE_NORMAL, wx.FONTWEIGHT_NORMAL, faceName='微软雅黑'))
        sendmsg_btn = wx.Button(bottom_panel, label='发送')
        # 发送按钮的事件处理,即发送消息
        self.Bind(wx.EVT_BUTTON, self.on_click, sendmsg_btn)
        bottom_hbox = wx.BoxSizer()
        bottom_hbox.Add(self.sendmsg_tc, 5, wx.CENTER | wx.ALL | wx.EXPAND, border=5)
        bottom_hbox.Add(sendmsg_btn, 1, wx.CENTER | wx.ALL | wx.EXPAND, border=5)
        bottom_panel.SetSizer(bottom_hbox)
        # 创建垂直方向的BoxSizer布局管理器
        vbox = wx.BoxSizer(wx.VERTICAL)
        vbox.Add(self.seemsg_tc, 5, wx.CENTER | wx.ALL | wx.EXPAND, border=5)
        vbox.Add(bottom_panel, 1, wx.CENTER | wx.ALL | wx.EXPAND, border=5)
        self.panel.SetSizer(vbox)
        # 显示的消息
        self.msglog = ''
        # 好友列表刷新功能
        # 设置子线程的默认运行状态
        self.isrunning = True
        # 创建子线程
        self.t1 = threading.Thread(target=self.thread_body)
        self.t1.start()
    def thread_body(self):
        # 当前线程对象
        while self.isrunning:
            try:
                # 从服务器端接收数据
                json_data, _ = client_socket.recvfrom(1024)
                json_obj = json.loads(json_data.decode())
                logger.info(f'聊天窗口从服务器端接收的数据:{json_obj}')
                command = json_obj['command']
                if command is not None and command == COMMAND_REFRESH:
                    # 获取好友列表
                    userids = json_obj['OnlineUserList']
                    # 刷新好友列表
                    self.friendsframe.refreshfriendlist(userids)
                # TODO 待完成功能:接收其他客户端发送至服务器的消息,并将该消息显示在对
                # 应QQ好友的查看信息文本输入框中
            except Exception:
                continue
    def on_click(self, event):
        if self.sendmsg_tc.GetValue() != '':
            now = datetime.datetime.today()
            strnow = now.strftime('%Y-%m-%d %H:%M:%S')
            # 在消息查看框中显示消息
            msg = f'#{strnow}#\n你对{self.friend["user_name"]}说:{self.sendmsg_tc.GetValue()}\n'
```

```
            self.msglog += msg
            self.seemsg_tc.SetValue(self.msglog)
            #光标在最后显示
            self.seemsg_tc.SetInsertionPointEnd()
            json_obj = {}
            json_obj['command'] = COMMAND_SENDMSG
            json_obj['user_id'] = self.user['user_id']
            json_obj['message'] = self.sendmsg_tc.GetValue()
            json_obj['receive_user_id'] = self.friend['user_id']
            json_str = json.dumps(json_obj)
            client_socket.sendto(json_str.encode(), server_address)
            #清空发送消息的文本输入框
            self.sendmsg_tc.SetValue('')
     #TODO 待完成功能:重写OnClose()方法,停止当前子线程,关闭当前窗口,并重启好友列表窗口
     #中的子线程
```

在发送消息的文本输入框中输入需要发送的消息,然后单击"发送"按钮,显示结果如图 3-64 所示。

图 3-64  发送按钮的事件处理

虽然单击"发送"按钮可以正常显示需要发送的消息,但是当前 QQ 号码所对应的 QQ 好友却无法正常接收到该消息,如图 3-65 所示,即两个互为好友的 QQ 号码无法互相发送和接收消息,所以下一步需要进一步完善发送消息的功能,使两个互为好友的 QQ 号码可以

正常发送和接收消息。

图 3-65　两个互为好友的 QQ 号码无法正常发送和接收消息

20）完善 qq_server.py 文件

该文件中需完善的 TODO 注释为"待完成功能：发送消息功能"，示例代码如下：

```
# 版权所有 © 2021-2022 Python全栈开发
# 许可信息查看 LICENSE.txt 文件
# 描述:用于启动 QQ 服务器端,并验证客户端发送的用户信息
# 历史版本:
# 2021-5-1: 创建 夏正东
# 2021-5-1: 好友列表刷新功能——在线状态
# 2021-5-1: 好友列表刷新功能——离线状态
# 2021-5-1: 发送消息功能
import json
import logging
import socket
from com.oldxia.qq.server.user_dao import UserDao
logging.basicConfig(level = logging.INFO, format = ' % (asctime)s - % (threadName)s - %
(name)s - %(funcName)s - %(levelname)s - %(message)s')
logger = logging.getLogger(__name__)
# 操作命令代码:登录命令
COMMAND_LOGIN = 1
# 操作命令代码:下线命令
COMMAND_LOGOUT = 2
# 操作命令代码:发消息命令
```

```python
COMMAND_SENDMSG = 3
#操作命令代码:刷新好友列表命令
COMMAND_REFRESH = 4
SERVER_IP = '127.0.0.1'
SERVER_PORT = 8888
#创建服务器端 Socket 对象
server_socket = socket.socket(socket.AF_INET, socket.SOCK_DGRAM)
server_socket.bind((SERVER_IP, SERVER_PORT))
#该变量用于存储每个登录用户的信息和 IP
userinfo_list = []
while True:
    try:
        data, client_address = server_socket.recvfrom(1024)
        #从客户端接收的信息,包括操作命令代码、QQ 号码和 QQ 密码
        json_obj = json.loads(data.decode())
        logger.info(f'从客户端接收的数据为{json_obj}')
        #获取操作命令代码
        command = json_obj['command']
        #当操作命令代码为登录命令时
        if command == COMMAND_LOGIN:
            userid = json_obj['user_id']
            userpwd = json_obj['user_pwd']
            dao = UserDao()
            #获取当前登录用户信息,包括 QQ 号码、QQ 密码、用户名和用户头像
            user = dao.findbyid(userid)
            #对当前登录用户的 QQ 密码进行验证
            if user is not None and user['user_pwd'] == userpwd:
                userinfo = (userid, client_address)
                #将当前登录的用户信息和 IP 存入 userinfo_list 之中
                userinfo_list.append(userinfo)
                #json_obj 表示当前登录用户的信息
                json_obj = user
                #添加键 result,并将其值设置为 1,表示密码验证通过
                json_obj['result'] = '1'
                dao = UserDao()
                #获取当前登录用户对应好友信息组成的列表
                friends = dao.findfriends(userid)
                #friend_ids 表示当前登录用户对应的好友 QQ 号码组成的列表
                friend_ids = map(lambda it: it[0], userinfo_list)
                for friend in friends:
                    #获取当前登录用户对应的好友 QQ 号码
                    fid = friend['user_id']
                    #添加键 online,默认值为 0,表示该好友不在线
                    friend['online'] = '0'
                    if fid in friend_ids:
                        #表示好友在线
                        friend['online'] = '1'
                #将好友信息添加至 json_obj 中
                json_obj['friends'] = friends
                json_str = json.dumps(json_obj)
```

```python
                server_socket.sendto(json_str.encode(), client_address)
            # 密码验证失败
            else:
                json_obj = {}
                json_obj['result'] = '-1'
                json_str = json.dumps(json_obj)
                server_socket.sendto(json_str.encode(), client_address)
        # 发送消息功能
        elif command == COMMAND_SENDMSG:
            # 获取好友QQ号码
            fduserid = json_obj['receive_user_id']
            # 向客户端发送数据
            # 在userinfo_list中查找好友QQ号码
            filter_userinfo = filter(lambda it: it[0] == fduserid, userinfo_list)
            userinfo = list(filter_userinfo)
            if len(userinfo) == 1:
                _, client_address = userinfo[0]
                # 服务器将消息转发给客户端
                json_str = json.dumps(json_obj)
                server_socket.sendto(json_str.encode(), client_address)
        # 好友列表刷新功能——离线状态
        elif command == COMMAND_LOGOUT:
            # 获得用户QQ号码
            userid = json_obj['user_id']
            for userinfo in userinfo_list:
                cuserid, _ = userinfo
                if cuserid == userid:
                    # 从userinfo_list集合中删除用户
                    userinfo_list.remove(userinfo)
                    break
            logger.info(userinfo_list)
        # 好友列表刷新功能——在线状态
        if len(userinfo_list) == 0:
            continue
        json_obj = {}
        json_obj['command'] = COMMAND_REFRESH
        usersid_map = map(lambda it: it[0], userinfo_list)
        # 获取在线用户的QQ号码
        userid_list = list(usersid_map)
        json_obj['OnlineUserList'] = userid_list
        logger.info(f"服务器端向客户端发送消息,刷新用户列表:{json_obj}")
        for userinfo in userinfo_list:
            _, address = userinfo
            json_str = json.dumps(json_obj)
            server_socket.sendto(json_str.encode(), address)
    except Exception:
        logger.info('服务器连接超时!!!')
```

21）完善 chat_frame.py 文件

该文件中需完善的 TODO 注释为"待完成功能：接收其他客户端发送至服务器的消息"，示例代码如下：

```python
#版权所有 © 2021-2022 Python 全栈开发
#许可信息查看 LICENSE.txt 文件
#描述:创建聊天窗口
#历史版本:
#2021-5-1:创建 夏正东
#2021-5-1:好友列表刷新功能
#2021-5-1:发送按钮的事件处理,即发送消息
#2021-5-1:接收其他客户端发送至服务器的消息,并将该消息显示在对应 QQ 好友的查看信息文
#本输入框中
import datetime
import json
import threading
from com.oldxia.qq.client.my_frame import *
class ChatFrame(MyFrame):
    def __init__(self, friendsframe, user, friend):
        super().__init__(title = '', size = (450, 400))
        self.friendsframe = friendsframe
        self.user = user
        self.friend = friend
        title = f'{user["user_name"]}与{friend["user_name"]}正在聊天中...'
        self.SetTitle(title)
        #创建文本输入框控件,用于查看消息
        self.seemsg_tc = wx.TextCtrl(self.panel, style = wx.TE_MULTILINE | wx.TE_READONLY)
        self.seemsg_tc.SetFont(wx.Font(11, wx.FONTFAMILY_DEFAULT, wx.FONTSTYLE_NORMAL, wx.FONTWEIGHT_NORMAL, faceName = '微软雅黑'))
        #初始化查看消息面板
        bottom_panel = wx.Panel(self.panel, style = wx.DOUBLE_BORDER)
        #创建文本输入框控件,用于发送消息
        self.sendmsg_tc = wx.TextCtrl(bottom_panel)
        #将焦点设置到发送消息的文本输入框控件
        self.sendmsg_tc.SetFocus()
        self.sendmsg_tc.SetFont(wx.Font(11, wx.FONTFAMILY_DEFAULT, wx.FONTSTYLE_NORMAL, wx.FONTWEIGHT_NORMAL, faceName = '微软雅黑'))
        sendmsg_btn = wx.Button(bottom_panel, label = '发送')
        #发送按钮的事件处理,即发送消息
        self.Bind(wx.EVT_BUTTON, self.on_click, sendmsg_btn)
        bottom_hbox = wx.BoxSizer()
        bottom_hbox.Add(self.sendmsg_tc, 5, wx.CENTER | wx.ALL | wx.EXPAND, border = 5)
        bottom_hbox.Add(sendmsg_btn, 1, wx.CENTER | wx.ALL | wx.EXPAND, border = 5)
        bottom_panel.SetSizer(bottom_hbox)
        #创建垂直方向的 BoxSizer 布局管理器
        vbox = wx.BoxSizer(wx.VERTICAL)
        vbox.Add(self.seemsg_tc, 5, wx.CENTER | wx.ALL | wx.EXPAND, border = 5)
        vbox.Add(bottom_panel, 1, wx.CENTER | wx.ALL | wx.EXPAND, border = 5)
        self.panel.SetSizer(vbox)
```

```python
            # 显示的消息
            self.msglog = ''
            # 好友列表刷新功能
            # 设置子线程的默认运行状态
            self.isrunning = True
            # 创建子线程
            self.t1 = threading.Thread(target = self.thread_body)
            self.t1.start()
        def thread_body(self):
            # 当前线程对象
            while self.isrunning:
                try:
                    # 从服务器端接收数据
                    json_data, _ = client_socket.recvfrom(1024)
                    json_obj = json.loads(json_data.decode())
                    logger.info(f'聊天窗口从服务器端接收的数据:{json_obj}')
                    command = json_obj['command']
                    if command is not None and command == COMMAND_REFRESH:
                        # 获取好友列表
                        userids = json_obj['OnlineUserList']
                        # 刷新好友列表
                        self.friendsframe.refreshfriendlist(userids)
                    # 接收其他客户端发送至服务器端的消息,并将该消息显示在对应QQ好友的查看
                    # 信息文本输入框中
                    else:
                        # 获得当前时间
                        now = datetime.datetime.today()
                        strnow = now.strftime('%Y-%m-%d %H:%M:%S')
                        message = json_obj['message']
                        log = f"#{strnow}#\n{self.friend['user_name']}对你说:{message}\n"
                        self.msglog += log
                        # 在查看消息的文本输入框中显示消息
                        self.seemsg_tc.SetValue(self.msglog)
                        # 光标显示在最后一行
                        self.seemsg_tc.SetInsertionPointEnd()
                except Exception:
                    continue
        def on_click(self, event):
            if self.sendmsg_tc.GetValue() != '':
                now = datetime.datetime.today()
                strnow = now.strftime('%Y-%m-%d %H:%M:%S')
                # 在消息查看框中显示消息
                msg = f'#{strnow}#\n你对{self.friend["user_name"]}说:{self.sendmsg_tc.GetValue()}\n'
                self.msglog += msg
                self.seemsg_tc.SetValue(self.msglog)
                # 光标在最后显示
                self.seemsg_tc.SetInsertionPointEnd()
```

```
                    json_obj = {}
                    json_obj['command'] = COMMAND_SENDMSG
                    json_obj['user_id'] = self.user['user_id']
                    json_obj['message'] = self.sendmsg_tc.GetValue()
                    json_obj['receive_user_id'] = self.friend['user_id']
                    json_str = json.dumps(json_obj)
                    client_socket.sendto(json_str.encode(), server_address)
                    # 清空发送消息的文本输入框
                    self.sendmsg_tc.SetValue('')
            # TODO 待完成功能：重写 OnClose()方法，停止当前子线程，关闭当前窗口，并重启好友列表窗口
            # 中的子线程
```

此时，当使用当前 QQ 号码给其对应的 QQ 好友发送消息时，其 QQ 好友可以正常接收到消息，反之亦可，如图 3-66 所示。

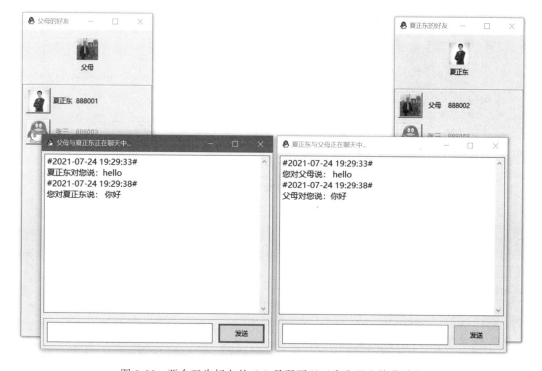

图 3-66　两个互为好友的 QQ 号码可以正常发送和接收消息

但是，此时如果将聊天窗口关闭，再登录其他 QQ 号码时，会发现关闭聊天窗口的 QQ 号码，其好友列表窗口又无法正常显示其好友的在线和离线状态，如图 3-67 所示，所以下一步就需要停止当前聊天窗口的子线程，并重启好友列表窗口中的子线程。

22）完善 chat_frame.py 文件

该文件中需完善的 TODO 注释为"待完成功能：重写 OnClose()方法，停止当前子线程，关闭当前窗口，并重启好友列表窗口中的子线程"，示例代码如下：

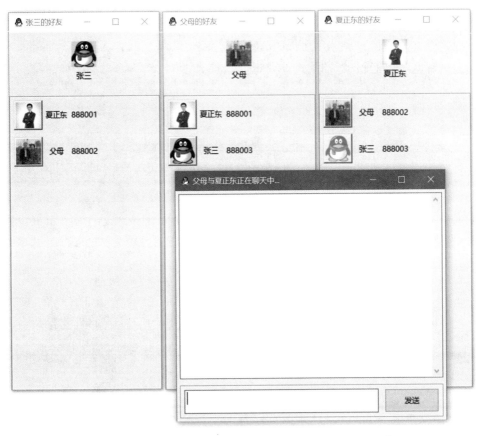

图 3-67　好友列表窗口无法正常显示好友的在线和离线状态

```
# 版权所有 © 2021 - 2022 Python 全栈开发
# 许可信息查看 LICENSE.txt 文件
# 描述:创建聊天窗口
# 历史版本:
# 2021 - 5 - 1: 创建 夏正东
# 2021 - 5 - 1: 好友列表刷新功能
# 2021 - 5 - 1: 发送按钮的事件处理,即发送消息
# 2021 - 5 - 1: 接收其他客户端发送至服务器端的消息
# 2021 - 5 - 1: 重写 OnClose()方法,停止当前子线程,关闭当前窗口,并重启好友列表窗口中的子
# 线程
import datetime
import json
import threading
from com.oldxia.qq.client.my_frame import *
class ChatFrame(MyFrame):
    def __init__(self, friendsframe, user, friend):
        super().__init__(title = '', size = (450, 400))
        self.friendsframe = friendsframe
        self.user = user
        self.friend = friend
```

```python
            title = f'{user["user_name"]}与{friend["user_name"]}正在聊天中...'
            self.SetTitle(title)
            # 创建文本输入框控件,用于查看消息
            self.seemsg_tc = wx.TextCtrl(self.panel, style=wx.TE_MULTILINE | wx.TE_READONLY)
            self.seemsg_tc.SetFont(wx.Font(11, wx.FONTFAMILY_DEFAULT, wx.FONTSTYLE_NORMAL, wx.
FONTWEIGHT_NORMAL, faceName='微软雅黑'))
            # 初始化查看消息面板
            bottom_panel = wx.Panel(self.panel, style=wx.DOUBLE_BORDER)
            # 创建文本输入框控件,用于发送消息
            self.sendmsg_tc = wx.TextCtrl(bottom_panel)
            # 将焦点设置到发送消息的文本输入框控件
            self.sendmsg_tc.SetFocus()
            self.sendmsg_tc.SetFont(wx.Font(11, wx.FONTFAMILY_DEFAULT, wx.FONTSTYLE_NORMAL,
wx.FONTWEIGHT_NORMAL, faceName='微软雅黑'))
            sendmsg_btn = wx.Button(bottom_panel, label='发送')
            # 发送按钮的事件处理,即发送消息
            self.Bind(wx.EVT_BUTTON, self.on_click, sendmsg_btn)
            bottom_hbox = wx.BoxSizer()
            bottom_hbox.Add(self.sendmsg_tc, 5, wx.CENTER | wx.ALL | wx.EXPAND, border=5)
            bottom_hbox.Add(sendmsg_btn, 1, wx.CENTER | wx.ALL | wx.EXPAND, border=5)
            bottom_panel.SetSizer(bottom_hbox)
            # 创建垂直方向的BoxSizer布局管理器
            vbox = wx.BoxSizer(wx.VERTICAL)
            vbox.Add(self.seemsg_tc, 5, wx.CENTER | wx.ALL | wx.EXPAND, border=5)
            vbox.Add(bottom_panel, 1, wx.CENTER | wx.ALL | wx.EXPAND, border=5)
            self.panel.SetSizer(vbox)
            # 显示的消息
            self.msglog = ''
            # 好友列表刷新功能
            # 设置子线程的默认运行状态
            self.isrunning = True
            # 创建子线程
            self.t1 = threading.Thread(target=self.thread_body)
            self.t1.start()
        def thread_body(self):
            # 当前线程对象
            while self.isrunning:
                try:
                    # 从服务器端接收数据
                    json_data, _ = client_socket.recvfrom(1024)
                    json_obj = json.loads(json_data.decode())
                    logger.info(f'聊天窗口从服务器端接收的数据:{json_obj}')
                    command = json_obj['command']
                    if command is not None and command == COMMAND_REFRESH:
                        # 获取好友列表
                        userids = json_obj['OnlineUserList']
                        # 刷新好友列表
                        self.friendsframe.refreshfriendlist(userids)
                    # 接收其他客户端发送至服务器端的消息
                    else:
```

```python
                    # 获得当前时间
                    now = datetime.datetime.today()
                    strnow = now.strftime('%Y-%m-%d %H:%M:%S')
                    message = json_obj['message']
                    log = f"#{strnow}#\n{self.friend['user_name']}对你说:{message}\n"
                    self.msglog += log
                    # 在查看消息的文本输入框中显示消息
                    self.seemsg_tc.SetValue(self.msglog)
                    # 光标显示在最后一行
                    self.seemsg_tc.SetInsertionPointEnd()
            except Exception:
                continue
    def on_click(self, event):
        if self.sendmsg_tc.GetValue() != '':
            now = datetime.datetime.today()
            strnow = now.strftime('%Y-%m-%d %H:%M:%S')
            # 在消息查看框中显示消息
            msg = f'#{strnow}#\n 你对{self.friend["user_name"]}说: {self.sendmsg_tc.GetValue()}\n'
            self.msglog += msg
            self.seemsg_tc.SetValue(self.msglog)
            # 光标在最后显示
            self.seemsg_tc.SetInsertionPointEnd()
            json_obj = {}
            json_obj['command'] = COMMAND_SENDMSG
            json_obj['user_id'] = self.user['user_id']
            json_obj['message'] = self.sendmsg_tc.GetValue()
            json_obj['receive_user_id'] = self.friend['user_id']
            json_str = json.dumps(json_obj)
            client_socket.sendto(json_str.encode(), server_address)
            # 清空发送消息的文本输入框
            self.sendmsg_tc.SetValue('')
    # 重写 OnClose()方法,停止当前子线程,关闭当前窗口,并重启好友列表窗口中的子线程
    def OnClose(self, event):
        # 停止当前子线程
        self.isrunning = False
        self.t1.join()
        self.Hide()
        # 定义 resetthread()方法,用于重启子线程
        self.friendsframe.restartthread()
```

23)完善 friends_frame.py 文件

该文件中需完善的 TODO 注释为"待完成功能:重启子线程",示例代码如下:

```
# 版权所有 © 2021-2022 Python 全栈开发
# 许可信息查看 LICENSE.txt 文件
# 描述:创建好友列表窗口
# 历史版本:
# 2021-5-1:创建 夏正东
```

```python
#2021-5-1: 好友列表刷新功能——在线状态
#2021-5-1: 好友列表刷新功能——离线状态
#2021-5-1: 双击好友头像、好友用户名和好友QQ号码事件的处理
#2021-5-1: 重启子线程
import json
import threading
import wx.lib.scrolledpanel as scrolled
from com.oldxia.qq.client.chat_frame import ChatFrame
from com.oldxia.qq.client.my_frame import *
class FriendsFrame(MyFrame):
    def __init__(self, user):
        super().__init__(title=f'{user["user_name"]}的好友', size=(260, 600))
        #初始化聊天窗口,将其设置为None
        self.chatFrame = None
        #当前登录用户的信息
        self.user = user
        #当前登录用户对应的好友信息
        self.friends = user['friends']
        #好友头像列表
        self.friendicons = []
        #创建用户图标
        usericon = wx.Bitmap(f'resources/images/{user["user_icon"]}.jpg', wx.BITMAP_TYPE_JPEG)
        #顶部面板
        top_panel = wx.Panel(self.panel)
        usericon_sb = wx.StaticBitmap(top_panel, bitmap=usericon)
        username_st = wx.StaticText(top_panel, style=wx.ALIGN_CENTER_HORIZONTAL, label=user['user_name'])
        #创建垂直方向的BoxSizer布局管理器
        top_hbox = wx.BoxSizer(wx.VERTICAL)
        top_hbox.AddSpacer(15)
        top_hbox.Add(usericon_sb, 1, wx.CENTER)
        top_hbox.AddSpacer(5)
        top_hbox.Add(username_st, 1, wx.CENTER)
        top_panel.SetSizer(top_hbox)
        #创建滚动面板
        sp = scrolled.ScrolledPanel(self.panel, -1, size=(260, 1000), style=wx.DOUBLE_BORDER)
        #创建GridSizer布局管理器
        gridsizer = wx.GridSizer(cols=1, rows=20, gap=(1, 1))
        #如果好友列表人数大于20,则设置滚动条
        if len(self.friends) > 20:
            sp.SetupScrolling()
            gridsizer = wx.GridSizer(cols=1, rows=len(self.friends), gap=(1, 1))
        for index, friend in enumerate(self.friends):
            friend_panel = wx.Panel(sp, id=index)
            #好友用户名
            fdname_st = wx.StaticText(friend_panel, id=index, style=wx.ALIGN_CENTER_HORIZONTAL, label=friend['user_name'])
            #好友QQ号码
```

```python
                    fdqq_st = wx.StaticText(friend_panel, id=index, style=wx.ALIGN_CENTER_
HORIZONTAL, label=friend['user_id'])
                    fdicon_enabled = wx.Bitmap(f'resources/images/{friend["user_icon"]}.jpg', wx.
BITMAP_TYPE_JPEG)
                    if friend['online'] == '0':
                        #将头像转换为不可用
                        fdicon_disabled = fdicon_enabled.ConvertToDisabled()
                        fdicon_sb = wx.StaticBitmap(friend_panel, id=index, bitmap=fdicon_
disabled, style=wx.BORDER_RAISED)
                        #将好友头像、好友用户名和好友QQ号码设置为不可用
                        fdicon_sb.Enable(False)
                        fdname_st.Enable(False)
                        fdqq_st.Enable(False)
                        self.friendicons.append((fdname_st, fdqq_st, fdicon_sb, fdicon_enabled))
                    else:
                        fdicon_sb = wx.StaticBitmap(friend_panel, id=index, bitmap=fdicon_
enabled, style=wx.BORDER_RAISED)
                        #将好友头像、好友用户名和好友QQ号码设置为不可用
                        fdicon_sb.Enable(True)
                        fdname_st.Enable(True)
                        fdqq_st.Enable(True)
                        self.friendicons.append((fdname_st, fdqq_st, fdicon_sb, fdicon_enabled))
                    #双击好友头像、好友用户名和好友QQ号码事件的处理
                    fdicon_sb.Bind(wx.EVT_LEFT_DCLICK, self.on_dclick)
                    fdname_st.Bind(wx.EVT_LEFT_DCLICK, self.on_dclick)
                    fdqq_st.Bind(wx.EVT_LEFT_DCLICK, self.on_dclick)
                    #创建水平方向的BoxSizer布局管理器
                    friend_hbox = wx.BoxSizer(wx.HORIZONTAL)
                    friend_hbox.Add(fdicon_sb, 1, wx.CENTER)
                    friend_hbox.Add(fdname_st, 1, wx.CENTER)
                    friend_hbox.Add(fdqq_st, 1, wx.CENTER)
                    friend_panel.SetSizer(friend_hbox)
                    gridsizer.Add(friend_panel, 1, wx.ALL, border=5)
                    sp.SetSizer(gridsizer)
            #创建垂直方向的BoxSizer布局管理器
            vbox = wx.BoxSizer(wx.VERTICAL)
            vbox.Add(top_panel, -1, wx.CENTER | wx.EXPAND)
            vbox.Add(sp, -1, wx.CENTER | wx.EXPAND)
            self.panel.SetSizer(vbox)
            #好友列表刷新功能——在线状态
            #设置子线程的默认运行状态
            self.isrunning = True
            #创建子线程,用于刷新好友列表
            self.t1 = threading.Thread(target=self.thread_body)
            self.t1.start()
        def refreshfriendlist(self, onlineuserlist):
            for index, friend in enumerate(self.friends):
                frienduserid = friend['user_id']
                fdname_st, fdqq_st, fdicon_sb, fdicon = self.friendicons[index]
                if frienduserid in onlineuserlist:
```

```python
                fdname_st.Enable(True)
                fdqq_st.Enable(True)
                fdicon_sb.Enable(True)
                fdicon_sb.SetBitmap(fdicon)
        else:
                fdname_st.Enable(False)
                fdqq_st.Enable(False)
                fdicon_sb.Enable(False)
                fdicon_sb.SetBitmap(fdicon.ConvertToDisabled())
    #重绘窗口,显示更换之后的图片
    self.panel.Layout()
def thread_body(self):
    #当前线程对象
    while self.isrunning:
        try:
            #从服务器端接收数据
            json_data, _ = client_socket.recvfrom(1024)
            json_obj = json.loads(json_data.decode())
            logger.info(f'从服务器端接收数据:{json_obj}')
            cmd = json_obj['command']
            if cmd is not None and cmd == COMMAND_REFRESH:
                useridlist = json_obj['OnlineUserList']
                if useridlist is not None and len(useridlist) > 0:
                    self.refreshfriendlist(useridlist)
        except Exception:
            continue
def on_dclick(self, event):
    fid = event.GetId()
    if self.chatFrame is not None and self.chatFrame.IsShown():
        dlg = wx.MessageDialog(self, f'你与{self.friends[fid]["user_name"]}的聊天窗口已经打开...', '操作失败',
                               wx.OK | wx.ICON_ERROR)
        dlg.ShowModal()
        dlg.Destroy()
        return
    #停止当前线程
    self.isrunning = False
    self.t1.join()
    self.chatFrame = ChatFrame(self, self.user, self.friends[fid])
    self.chatFrame.Show()
    event.Skip()

#重启子线程
def restartthread(self):
    self.isrunning = True
    self.t1 = threading.Thread(target = self.thread_body)
    self.t1.start()
#好友列表刷新功能——离线状态
def OnClose(self, event):
    #TODO 待完成功能:判断聊天窗口是否关闭
    #当用户下线时,给服务器发送下线操作命令代码
```

```
            json_obj = {}
            json_obj['command'] = COMMAND_LOGOUT
            json_obj['user_id'] = self.user['user_id']
            json_str = json.dumps(json_obj)
            client_socket.sendto(json_str.encode(), server_address)
            #停止当前子线程
            self.isrunning = False
            self.t1.join()
            self.t1 = None
            #关闭窗口,并退出系统
            super().OnClose(event)
```

此时,将聊天窗口关闭后,再登录其他 QQ 号码时,关闭聊天窗口的 QQ 号码,其好友列表窗口已经可以正常显示其好友的在线和离线状态,如图 3-68 所示。

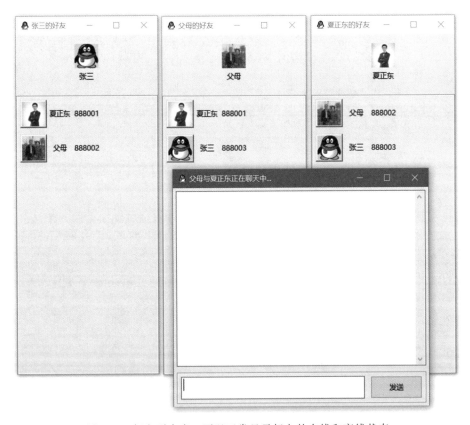

图 3-68  好友列表窗口可以正常显示好友的在线和离线状态

但是,当聊天窗口在打开的情况下,其好友列表窗口仍然可以直接关闭,所以下一步就需要完善该功能,以提示用户需要先关闭聊天窗口,才能关闭好友列表窗口。

24) 完善 friends_frame.py 文件

该文件中需完善的 TODO 注释为"待完成功能:判断聊天窗口是否关闭",示例代码如下:

```python
# 版权所有 © 2021-2022 Python 全栈开发
# 许可信息查看 LICENSE.txt 文件
# 描述:创建好友列表窗口
# 历史版本:
# 2021-5-1: 创建 夏正东
# 2021-5-1: 好友列表刷新功能——在线状态
# 2021-5-1: 好友列表刷新功能——离线状态
# 2021-5-1: 双击好友头像、好友用户名和好友 QQ 号码事件的处理
# 2021-5-1: 重启子线程
# 2021-5-1: 判断聊天窗口是否关闭
import json
import threading
import wx.lib.scrolledpanel as scrolled
from com.oldxia.qq.client.chat_frame import ChatFrame
from com.oldxia.qq.client.my_frame import *
class FriendsFrame(MyFrame):
    def __init__(self, user):
        super().__init__(title=f'{user["user_name"]}的好友', size=(260, 600))
        # 初始化聊天窗口,将其设置为 None
        self.chatFrame = None
        # 当前登录用户的信息
        self.user = user
        # 当前登录用户对应的好友信息
        self.friends = user['friends']
        # 好友头像列表
        self.friendicons = []
        # 创建用户图标
        usericon = wx.Bitmap(f'resources/images/{user["user_icon"]}.jpg', wx.BITMAP_TYPE_JPEG)
        # 顶部面板
        top_panel = wx.Panel(self.panel)
        usericon_sb = wx.StaticBitmap(top_panel, bitmap=usericon)
        username_st = wx.StaticText(top_panel, style=wx.ALIGN_CENTER_HORIZONTAL, label=user['user_name'])
        # 创建垂直方向的 BoxSizer 布局管理器
        top_hbox = wx.BoxSizer(wx.VERTICAL)
        top_hbox.AddSpacer(15)
        top_hbox.Add(usericon_sb, 1, wx.CENTER)
        top_hbox.AddSpacer(5)
        top_hbox.Add(username_st, 1, wx.CENTER)
        top_panel.SetSizer(top_hbox)
        # 创建滚动面板
        sp = scrolled.ScrolledPanel(self.panel, -1, size=(260, 1000), style=wx.DOUBLE_BORDER)
        # 创建 GridSizer 布局管理器
        gridsizer = wx.GridSizer(cols=1, rows=20, gap=(1, 1))
        # 如果好友列表人数大于 20,则设置滚动条
        if len(self.friends) > 20:
            sp.SetupScrolling()
            gridsizer = wx.GridSizer(cols=1, rows=len(self.friends), gap=(1, 1))
```

```python
            for index, friend in enumerate(self.friends):
                friend_panel = wx.Panel(sp, id=index)
                # 好友用户名
                fdname_st = wx.StaticText(friend_panel, id=index, style=wx.ALIGN_CENTER_HORIZONTAL, label=friend['user_name'])
                # 好友QQ号码
                fdqq_st = wx.StaticText(friend_panel, id=index, style=wx.ALIGN_CENTER_HORIZONTAL, label=friend['user_id'])
                fdicon_enabled = wx.Bitmap(f'resources/images/{friend["user_icon"]}.jpg', wx.BITMAP_TYPE_JPEG)
                if friend['online'] == '0':
                    # 将头像设置为不可用
                    fdicon_disabled = fdicon_enabled.ConvertToDisabled()
                    fdicon_sb = wx.StaticBitmap(friend_panel, id=index, bitmap=fdicon_disabled, style=wx.BORDER_RAISED)
                    # 将好友头像、好友用户名和好友QQ号码设置为不可用
                    fdicon_sb.Enable(False)
                    fdname_st.Enable(False)
                    fdqq_st.Enable(False)
                    self.friendicons.append((fdname_st, fdqq_st, fdicon_sb, fdicon_enabled))
                else:
                    fdicon_sb = wx.StaticBitmap(friend_panel, id=index, bitmap=fdicon_enabled, style=wx.BORDER_RAISED)
                    # 将好友头像、好友用户名和好友QQ号码设置为不可用
                    fdicon_sb.Enable(True)
                    fdname_st.Enable(True)
                    fdqq_st.Enable(True)
                    self.friendicons.append((fdname_st, fdqq_st, fdicon_sb, fdicon_enabled))
                # 双击好友头像、好友用户名和好友QQ号码事件的处理
                fdicon_sb.Bind(wx.EVT_LEFT_DCLICK, self.on_dclick)
                fdname_st.Bind(wx.EVT_LEFT_DCLICK, self.on_dclick)
                fdqq_st.Bind(wx.EVT_LEFT_DCLICK, self.on_dclick)
                # 创建水平方向的BoxSizer布局管理器
                friend_hbox = wx.BoxSizer(wx.HORIZONTAL)
                friend_hbox.Add(fdicon_sb, 1, wx.CENTER)
                friend_hbox.Add(fdname_st, 1, wx.CENTER)
                friend_hbox.Add(fdqq_st, 1, wx.CENTER)
                friend_panel.SetSizer(friend_hbox)
                gridsizer.Add(friend_panel, 1, wx.ALL, border=5)
            sp.SetSizer(gridsizer)
        # 创建垂直方向的BoxSizer布局管理器
        vbox = wx.BoxSizer(wx.VERTICAL)
        vbox.Add(top_panel, -1, wx.CENTER | wx.EXPAND)
        vbox.Add(sp, -1, wx.CENTER | wx.EXPAND)
        self.panel.SetSizer(vbox)
        # 好友列表刷新功能——在线状态
        # 设置子线程的默认运行状态
        self.isrunning = True
        # 创建子线程,用于刷新好友列表
        self.t1 = threading.Thread(target=self.thread_body)
```

```python
        self.t1.start()
    def refreshfriendlist(self, onlineuserlist):
        for index, friend in enumerate(self.friends):
            frienduserid = friend['user_id']
            fdname_st, fdqq_st, fdicon_sb, fdicon = self.friendicons[index]
            if frienduserid in onlineuserlist:
                fdname_st.Enable(True)
                fdqq_st.Enable(True)
                fdicon_sb.Enable(True)
                fdicon_sb.SetBitmap(fdicon)
            else:
                fdname_st.Enable(False)
                fdqq_st.Enable(False)
                fdicon_sb.Enable(False)
                fdicon_sb.SetBitmap(fdicon.ConvertToDisabled())
        #重绘窗口,显示更换之后的图片
        self.panel.Layout()
    def thread_body(self):
        #当前线程对象
        while self.isrunning:
            try:
                #从服务器端接收数据
                json_data, _ = client_socket.recvfrom(1024)
                json_obj = json.loads(json_data.decode())
                logger.info(f'从服务器端接收数据:{json_obj}')
                cmd = json_obj['command']
                if cmd is not None and cmd == COMMAND_REFRESH:
                    useridlist = json_obj['OnlineUserList']
                    if useridlist is not None and len(useridlist) > 0:
                        self.refreshfriendlist(useridlist)
            except Exception:
                continue
    def on_dclick(self, event):
        fid = event.GetId()
        if self.chatFrame is not None and self.chatFrame.IsShown():
            dlg = wx.MessageDialog(self, f'你与{self.friends[fid]["user_name"]}的聊天窗口已经打开...', '操作失败', wx.OK | wx.ICON_ERROR)
            dlg.ShowModal()
            dlg.Destroy()
            return
        #停止当前线程
        self.isrunning = False
        self.t1.join()
        self.chatFrame = ChatFrame(self, self.user, self.friends[fid])
        self.chatFrame.Show()
        event.Skip()
    #重启子线程
    def resettread(self):
        self.isrunning = True
        self.t1 = threading.Thread(target=self.thread_body)
```

```
            self.t1.start()
        # 好友列表刷新功能——离线状态
        def OnClose(self, event):
            # 判断聊天窗口是否关闭
            if self.chatFrame is not None and self.chatFrame.IsShown():
                dlg = wx.MessageDialog(self, '请先关闭当前聊天窗口,再关闭好友列表窗口.', '操作失败', wx.OK | wx.ICON_ERROR)
                dlg.ShowModal()
                return
            # 当用户下线时,给服务器发送下线操作命令代码
            json_obj = {}
            json_obj['command'] = COMMAND_LOGOUT
            json_obj['user_id'] = self.user['user_id']
            json_str = json.dumps(json_obj)
            client_socket.sendto(json_str.encode(), server_address)
            # 停止当前子线程
            self.isrunning = False
            self.t1.join()
            self.t1 = None
            # 关闭窗口,并退出系统
            super().OnClose(event)
```

此时,如果先关闭好友列表窗口,则会弹出消息对话框,如图 3-69 所示,以提示用户需要先关闭聊天窗口,才能关闭好友列表窗口。

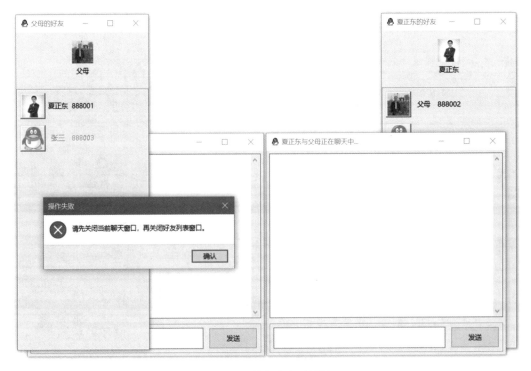

图 3-69　弹出消息对话框

# 第 4 章 游戏编程

## 4.1 游戏编程简介

Python 的应用领域非常广泛,除了前面所讲解的 GUI 编程之外,还可以进行游戏编程。

Python 能够实现 2D 游戏或 3D 游戏,并且除了可以实现 PC 游戏之外,还可以通过第三方库进而实现手机游戏或者网页游戏。

但是 Python 与 C/C++ 这种编译性语言相比,还是显得比较繁杂和冗余,因此性能相对较差。

此外,由于 Python 对内存等硬件资源的访问略显力不从心,所以笔者不建议读者使用 Python 开发中大型游戏项目,但是 Python 针对中小型游戏的开发还是完全可以胜任的。

## 4.2 游戏的开发工具包

Python 中有许多优秀的游戏开发工具包,包括 Panda3D、Ren'Py、PyGame 和 Cocos2d 等。

### 1. Panda3D

Panda3D 是由迪士尼 VR 工作室开发的一款开源且完全免费的引擎,并由卡耐基-梅隆娱乐技术中心负责维护。

Panda3D 可用于实时 3D 游戏、可视化、模拟和实验,并且支持很多先进的特性,包括法线贴图、光泽贴图、卡通渲染等,其丰富的功能支持根据特定的工作流程和开发需求进行定制,而且 Panda3D 结合了 C++ 的速度和 Python 的易用性,可以在不牺牲性能的情况下提供快速的开发速度。

### 2. Ren'Py

Ren'Py 是一款开放源代码的自由软件引擎,用来创作通过计算机叙述故事的视觉小说,并且支持 Windows、Linux 及较新版的 macOS 等系统。

Ren'Py 一词由 Ren'ai 与 Python 混合而成。Ren'ai 为日文,意思为"恋爱",而 Python 则是 Ren'Py 所使用的语言环境。

Ren'Py 几乎支持所有视觉小说所应该具有的功能,包括分支故事、存储和加载游戏、回退到之前故事的存储点、多样性的场景转换等。Ren'Py 拥有类似电影剧本的语法，并且能够允许高级用户编写 Python 代码来增加新的功能。除此之外，游戏引擎内附的出版工具能够压缩游戏素材和为脚本加密以防止盗版。

### 3．PyGame

PyGame 是一个开源工具包，如图 4-1 所示，并且是基于 SDL 库的基础之上开发的，通过 PyGame 可以创建完全界面化的游戏和多媒体程序。

PyGame 是极度轻便的，并且其开发的游戏可以运行在绝大多数的平台和操作系统上，但是 PyGame 没有提供诸如场景管理、粒子系统、物理引擎等内容，很多效果需要程序员自己实现，也没有辅助工具可以生成代码。

图 4-1　PyGame

### 4．Cocos2d

图 4-2　Cocos2D

Cocos2d 完全由 Python 编写，主要用于 2D 游戏开发的开源且跨平台的框架，如图 4-2 所示。它是在 Pyglet 的基础上进行再次封装，将晦涩难懂的 OpenGL 接口封装起来，程序员看到的则是 Cocos2d 简捷的接口。

除此之外，Cocos2d 提供了丰富的游戏引擎功能，如粒子系统、碰撞检测系统和场景管理等。更为重要的是 Cocos2d 的家族庞大，并且均是目前非常流行的游戏引擎，包括 Cocos2d-x、Cocos2d-html5、Cocos2d-XNA 和 Cocos2d-iphone 等，它们都具有相同的设计架构，类似的对象和开发流程，只不过使用不同的语言描述而已，因此如果能够熟练地掌握 Cocos2d，就能够快速掌握 Cocos2d-x 等其他的衍生引擎。

本书将为读者重点讲解 Pygame 和 Cocos2d 的使用方式。

# 第 5 章 PyGame

## 5.1 PyGame 的安装

由于 PyGame 不是 Python 官方提供的游戏开发工具包,所以在使用 PyGame 之前,首先需要安装 PyGame。

安装 PyGame 的方法很简单,打开"命令提示符",然后输入命令 pip install pygame 即可。

在完成安装之后,引入该包就可以正常使用 PyGame 进行编程了,示例代码如下:

```
#资源包\Code\chapter5\5.1\0501.py
import pygame
```

## 5.2 PyGame 的基础知识

### 5.2.1 基本概念

在一个典型的 PyGame 游戏程序中,图层、Surface 对象、Rect 对象、图像、图形、字体、事件、精灵、音效和音乐等是最基本、最常用的概念,其涉及 PyGame 中常用的 11 个模块,包括 pygame.display、pygame.image、pygame.transform、pygame.mask、pygame.draw、pygame.font、pygame.time、pygame.event、pygame.sprite、pygame.mixer 和 pygame.mixer.music,之后的学习也都是紧紧围绕这 11 大模块展开的。

### 5.2.2 坐标系

PyGame 采用的是笛卡儿直角坐标系,窗口的左上角为坐标原点,如图 5-1 所示。

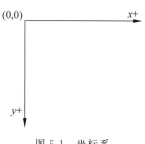

图 5-1 坐标系

### 5.2.3 基本开发流程

PyGame 的基本开发流程为程序初始化→创建窗口图层→创建图片、文本和精灵等元素→游戏循环→事件处理→将图片、文本和精灵等元素绘制到指定区域中→更新窗口图层。

示例代码如下：

```python
# 资源包\Code\chapter5\5.2\0502.py
import pygame
import sys
# 程序初始化
pygame.init()
# 创建窗口图层
screen = pygame.display.set_mode((400, 200))
# 设置标题
pygame.display.set_caption('Pygame')
# 创建图片图层
logo = pygame.image.load('pic/oldxia.png').convert_alpha()
# 游戏循环
while True:
    # 事件处理
    for event in pygame.event.get():
        if event.type == pygame.QUIT:
            pygame.quit()
            sys.exit()
    # 填充窗口颜色
    screen.fill((255, 255, 255))
    # 将图片图层绘制到指定区域中
    screen.blit(logo, (0, 0))
    # 更新窗口图层
    pygame.display.flip()
```

上面代码的运行结果如图 5-2 所示。

图 5-2　第一段 PyGame 程序

## 5.3　Surface 对象和 Rect 对象

### 5.3.1　Surface 对象

　　Surface 对象是 PyGame 中的一个非常重要的对象，其贯穿于 PyGame 编程的始终。
　　在 PyGame 中，Surface 对象除了表示一块具有固定分辨率和像素格式的窗口图层（主图层）之外，还表示用于绘制图片、图形或文本的图层，该图层可以与窗口图层并存，并且该图层必须绘制在窗口图层中,否则无法正常显示。

综上所述,在 PyGame 中,无论是窗口,还是图片、图形或者文本,都是 Surface 对象。

此外,还可以通过 pygame 模块中的 Surface 类自定义 Surface 对象,其语法格式如下:

```
Surface(size, flags, depth)
```

其中,参数 size 表示图层的尺寸;参数 flags 表示标志位;参数 depth 表示颜色位深。Surface 对象的常用方法如下:

1) fill()方法

该方法用于填充颜色,其语法格式如下:

```
fill(color, rect)
```

其中,参数 color 表示填充颜色的 RGB 值或 RGBA 值;参数 rect 表示颜色所填充的矩形区域,其值为 Rect 对象(Rect 对象将在后续为读者详细讲解),或为左上角的 $x$ 轴和 $y$ 轴坐标,以及矩形区域的宽度和高度所组成的四元组,如果未指定该参数,则默认填充整个图层。

2) blit()方法

该方法用于将一个 Surface 对象绘制到指定的区域之中,其语法格式如下:

```
blit(source, dest, area)
```

其中,参数 source 表示待绘制的 Surface 对象;参数 dest 表示指定的区域,其值可以是一个点的坐标,也可以是 Rect 对象,或者左上角的 $x$ 轴和 $y$ 轴坐标,以及矩形区域的宽度和高度所组成的四元组;参数 area 表示待绘制 Surface 对象中的部分区域,即只将待绘制 Surface 对象中的一部分区域绘制到指定的区域中,其值为 Rect 对象,如果省略该参数,则将 Surface 对象中的全部区域绘制到指定的区域中。

3) get_width()方法

该方法用于获取 Surface 对象的宽度,其语法格式如下:

```
get_width()
```

4) get_height()方法

该方法用于获取 Surface 对象的高度,其语法格式如下:

```
get_height()
```

5) get_size()方法

该方法用于获取 Surface 对象的尺寸,并返回宽度和高度所组成的二元组,其语法格式如下:

```
get_size()
```

6) get_rect()方法

该方法用于获取 Surface 对象所在的矩形区域,并返回一个 Rect 对象,其语法格式如下:

```
get_rect()
```

7) subsurface()方法

该方法用于相对父 Surface 对象创建一个新的子 Surface 对象,其语法格式如下:

```
subsurface(Rect)
```

其中,参数 Rect 表示 Rect 对象,或者左上角的 $x$ 轴和 $y$ 轴坐标,以及矩形区域的宽度和高度所组成的四元组。

示例代码如下:

```
#资源包\Code\chapter5\5.3\0503.py
import pygame
import sys
pygame.init()
#创建窗口图层,返回 Surface 对象
screen = pygame.display.set_mode((400, 200))
pygame.display.set_caption('Surface对象')
#自定义 Surface 对象 surface
surface = pygame.Surface((260, 80))
#填充颜色
surface.fill((255, 0, 0))
surface_rect = surface.get_rect()
while True:
    for event in pygame.event.get():
        if event.type == pygame.QUIT:
            pygame.quit()
            sys.exit()
    screen.fill((255, 255, 255))
    #居中显示
    surface_rect.center = (200, 100)
    screen.blit(surface, surface_rect)
    pygame.display.flip()
```

上面代码的运行结果如图 5-3 所示。

图 5-3 Surface 对象

## 5.3.2　Rect 对象

Rect 对象是 PyGame 中的一个常用对象，在 PyGame 中，Rect 对象用于表示一个矩形区域，如图 5-4 所示，可以通过 pygame 模块中的 Rect 类自定义 Rect 对象，其语法格式如下：

```
Rect(left, top, width, height)
```

其中，参数 left 表示矩形区域的左上角 $x$ 轴坐标；参数 top 表示矩形区域的左上角 $y$ 轴坐标；参数 width 表示矩形区域的宽度；参数 height 表示矩形区域的高度。

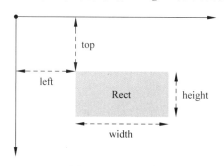

图 5-4　Rect 对象

这里有一点需要注意，虽然 Surface 对象可以绘制到 Rect 对象中，但前提是 Rect 对象所表示的矩形区域必须先位于一个 Surface 对象之中。

Rect 对象提供了诸多的属性和方法用于控制和操作矩形区域，具体如下：

1）属性 x

该属性表示矩形区域的左上角 $x$ 轴坐标。

2）属性 y

该属性表示矩形区域的左上角 $y$ 轴坐标。

3）属性 left

该属性表示矩形区域的左上角 $x$ 轴坐标，等同于属性 x。

4）属性 top

该属性表示矩形区域的左上角 $y$ 轴坐标，等同于属性 y。

5）属性 right

该属性表示矩形区域的右下角 $x$ 轴坐标。

6）属性 bottom

该属性表示矩形区域的右下角 $y$ 轴坐标。

7）属性 w

该属性表示矩形区域的宽度。

8）属性 h

该属性表示矩形区域的高度。

9）属性 width

该属性表示矩形区域的宽度，等同于属性 w。

10）属性 height

该属性表示矩形区域的高度,等同于属性 h。

11）属性 size

该属性表示矩形区域的宽度和高度所组成的二元组。

12）属性 centerx

该属性表示矩形区域中心点的 $x$ 轴坐标。

13）属性 centery

该属性表示矩形区域中心点的 $y$ 轴坐标。

14）属性 center

该属性表示矩形区域中心点坐标所组成的二元组。

15）属性 topleft

该属性表示矩形区域左上角坐标所组成的二元组。

16）属性 bottomleft

该属性表示矩形区域左下角坐标所组成的二元组。

17）属性 topright

该属性表示矩形区域右上角坐标所组成的二元组。

18）属性 bottomright

该属性表示矩形区域右下角坐标所组成的二元组。

19）属性 midtop

该属性表示矩形区域上边线中心点坐标所组成的二元组。

20）属性 midbottom

该属性表示矩形区域下边线中心点坐标所组成的二元组。

21）属性 midleft

该属性表示矩形区域左边线中心点坐标所组成的二元组。

22）属性 midright

该属性表示矩形区域右边线中心点坐标所组成的二元组。

23）move()方法

该方法用于移动矩形区域,并返回一个新的 Rect 对象,注意,该方法不修改原 Rect 对象,其语法格式如下：

```
move(x, y)
```

其中,参数 x 表示 $x$ 轴上的偏移量；参数 y 表示 $y$ 轴上的偏移量。

24）move_ip()方法

该方法用于移动矩形区域,返回值为 None,注意,该方法修改原 Rect 对象,其语法格式如下：

```
move_ip(x, y)
```

其中,参数 x 表示 $x$ 轴上的偏移量；参数 y 表示 $y$ 轴上的偏移量。

25) inflate()方法

该方法用于缩放矩形区域,并返回一个新的 Rect 对象,注意,该方法不修改原 Rect 对象,其语法格式如下:

```
inflate(x, y)
```

其中,参数 x 表示 $x$ 轴上的偏移量;参数 y 表示 $y$ 轴上的偏移量。

26) inflate_ip()方法

该方法用于缩放矩形区域,返回值为 None,注意,该方法修改原 Rect 对象,其语法格式如下:

```
inflate_ip(x, y)
```

其中,参数 x 表示 $x$ 轴上的偏移量;参数 y 表示 $y$ 轴上的偏移量。

27) contains()方法

该方法用于检测当前矩形区域是否完全包含指定的矩形区域,如果完全包含,则返回值为 True,否则返回值为 False,其语法格式如下:

```
contains(Rect)
```

其中,参数 Rect 表示 Rect 对象,或者为左上角的 $x$ 轴和 $y$ 轴坐标,以及矩形区域的宽度和高度所组成的四元组。

28) collidepoint()方法

该方法用于检测指定的点是否在当前的矩形区域内,如果在,则返回值为 True,否则返回值为 False,其语法格式如下:

```
collidepoint(x, y)
```

其中,参数 x 表示指定点的 $x$ 轴坐标;参数 y 表示指定点的 $y$ 轴坐标。

需要注意的是,Rect 对象的右边线和下边线不属于矩形区域,所以如果指定的点刚好位于右边线或下边线,则其返回值为 False。

29) colliderect()方法

该方法用于检测当前矩形区域与指定的矩形区域是否重叠,如果重叠,则返回值为 True,否则返回值为 False,其语法格式如下:

```
colliderect(Rect)
```

其中,参数 Rect 表示 Rect 对象,或者为左上角的 $x$ 轴和 $y$ 轴坐标,以及矩形区域的宽度和高度所组成的四元组。

30) collidelist()方法

该方法用于检测当前矩形区域与指定列表中的矩形区域是否重叠,如果重叠,则返回第 1 个发生重叠的 Rect 对象在列表中的索引,否则返回 $-1$,其语法格式如下:

```
collidelist(p_list)
```

其中,参数 p_list 表示 Rect 对象所组成的列表。

31) collidelistall()方法

该方法用于检测当前矩形区域与指定列表中的矩形区域是否重叠,如果重叠,则返回列表中所有重叠的 Rect 对象的索引组成的列表,否则返回空列表,其语法格式如下:

```
collidelistall(p_list)
```

其中,参数 p_list 表示 Rect 对象所组成的列表。

示例代码如下:

```
#资源包\Code\chapter5\5.3\0504.py
import pygame
import sys
pygame.init()
#创建窗口图层,返回 Surface 对象
screen = pygame.display.set_mode((400, 200))
pygame.display.set_caption('Rect 对象')
#自定义 Surface 对象 surface
surface = pygame.Surface((260, 80))
#填充颜色
surface.fill((255, 0, 0))
#自定义 Rect 对象
rect = pygame.Rect(10, 10, 130, 40)
#通过 Rect 对象,创建一个新的子 Surface 对象
surface_new = surface.subsurface(rect)
while True:
    for event in pygame.event.get():
        if event.type == pygame.QUIT:
            pygame.quit()
            sys.exit()
    screen.fill((255, 255, 255))
    screen.blit(surface_new, rect)
    pygame.display.flip()
```

上面代码的运行结果如图 5-5 所示。

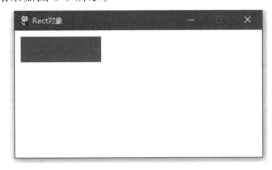

图 5-5　Rect 对象

## 5.4 窗口图层

窗口图层是 PyGame 游戏运行的载体,可以通过 pygame.display 模块中的相关函数创建窗口图层,并对窗口图层进行设置。

**1. 创建窗口图层**

通过 set_mode() 函数创建窗口图层,并返回一个 Surface 对象,其语法格式如下:

```
set_mode(size, flags, depth)
```

其中,参数 size 表示窗口图层的尺寸;参数 flags 表示创建窗口图层的模式,其值包括 pygame.FULLSCREEN(全屏窗口图层)、pygame.HWSURFACE(硬件加速窗口图层,必须在全屏模式下使用)、pygame.OPENGL(OpenGL 渲染窗口图层)、pygame.RESIZABLE(可缩放窗口图层)、pygame.DOUBLEBUF(双缓冲区窗口图层,建议在 HWSURFACE 或者 OPENGL 模式下使用)和 pygame.NOFRAME(无边框窗口图层);参数 depth 表示颜色位深。

**2. 设置窗口图层标题**

通过 set_caption() 函数设置窗口图层的标题,其语法格式如下:

```
set_caption(title, icontitle)
```

其中,参数 title 表示窗口图层的标题名称;参数 icontitle 表示窗口图层最小化时的标题名称。

**3. 设置窗口图层图标**

通过 set_icon() 函数设置窗口图层的图标,其语法格式如下:

```
set_icon(Surface)
```

其中,参数 Surface 表示图标的图片。

**4. 更新窗口图层**

在 PyGame 中,创建完窗口图层之后并不会自动显示,而是需要在更新窗口图层之后,其中的内容才可以正常显示。

可以通过 flip() 函数或 update() 函数更新窗口图层,需要注意的是,在实际的应用过程中,要根据具体情况进行选择使用。

1) flip() 函数

该函数用于在双缓冲模式下更新整个窗口图层,其语法格式如下:

```
flip()
```

2) update() 函数

该函数用于在普通模式下更新窗口图层,并可以指定需要更新的区域,其语法格式

如下:

```
update(rectangle)
```

其中,参数 rectangle 表示需要更新的区域,其值为 Rect 对象。

示例代码如下:

```
# 资源包\Code\chapter5\5.4\0505.py
import pygame
import sys
pygame.init()
screen = pygame.display.set_mode((400, 200))
pygame.display.set_caption('窗口图层')
while True:
    for event in pygame.event.get():
        if event.type == pygame.QUIT:
            pygame.quit()
            sys.exit()
    screen.fill((186, 186, 186))
    pygame.display.flip()
```

上面代码的运行结果如图 5-6 所示。

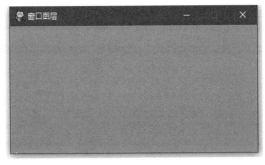

图 5-6　窗口图层

## 5.5　图片加载

图片是游戏编程中所必不可少的组成元素之一。

可以通过 pyagme.image 模块中的 load() 函数加载图片,并返回 Surface 对象,其语法格式如下:

```
load(filename)
```

其中,参数 filename 表示图片的名称。

此外,在加载完图片之后,需要使用 convert_alpha() 方法来转换被加载图片的像素格式,以达到提升 PyGame 对图片处理速度的目的。

示例代码如下：

```
#资源包\Code\chapter5\5.5\0506.py
import pygame
import sys
pygame.init()
screen = pygame.display.set_mode((400, 200))
pygame.display.set_caption('图片加载')
logo = pygame.image.load('oldxia.png').convert_alpha()
logo_rect = logo.get_rect()
while True:
    for event in pygame.event.get():
        if event.type == pygame.QUIT:
            pygame.quit()
            sys.exit()
    screen.fill((255, 255, 255))
    logo_rect.center = (200, 100)
    screen.blit(logo, logo_rect)
    pygame.display.flip()
```

上面代码的运行结果如图 5-7 所示。

图 5-7　图片加载

## 5.6　图片变形

在加载完图片之后，可以通过 pygame.transform 模块中的相关函数对图片进行操作，例如，调整图片大小、旋转图片等，其常用的函数如下：

1）scale()函数

该方法用于将图片缩放至指定的大小，并返回新的 Surface 对象，其语法格式如下：

```
scale(Surface, size)
```

其中，参数 Surface 表示 Surface 对象；参数 size 表示图片缩放的尺寸，其值为宽度和高度所组成的二元组。

2) rotate()函数

该方法用于将图片旋转至指定的角度,并返回新的Surface对象,其语法格式如下:

```
rotate(Surface, angle)
```

其中,参数Surface表示Surface对象;参数angle表示图片旋转的角度。

3) rotozoom()函数

该方法用于将图片旋转至指定的角度,同时将图片缩放至指定的倍数,并返回新的Surface对象,其语法格式如下:

```
rotozoom(Surface, angle, scale)
```

其中,参数Surface表示Surface对象;参数angle表示图片旋转的角度;参数scale表示图片缩放的倍数。

4) flip()函数

该函数用于将图片进行水平和垂直翻转,并返回新的Surface对象,其语法格式如下:

```
flip(Surface, xbool, ybool)
```

其中,参数Surface表示Surface对象;参数xbool表示是否水平翻转,其值为布尔值;参数ybool表示是否垂直翻转,其值为布尔值。

示例代码如下:

```python
#资源包\Code\chapter5\5.6\0507.py
import pygame
import sys
pygame.init()
screen = pygame.display.set_mode((400, 200))
pygame.display.set_caption('图片变形')
logo = pygame.image.load('oldxia.png').convert_alpha()
#将图片尺寸缩放至130×40
logo_new_1 = pygame.transform.scale(logo, (130, 40))
#将图片旋转45°
logo_new_2 = pygame.transform.rotate(logo_new_1, 45)
#将图片旋转45°,并放大1倍
logo_new_3 = pygame.transform.rotozoom(logo_new_2, 45, 1)
#将图片水平旋转
logo_new_4 = pygame.transform.flip(logo_new_3, True, False)
logo_rect = logo_new_4.get_rect()
while True:
    for event in pygame.event.get():
        if event.type == pygame.QUIT:
            pygame.quit()
            sys.exit()
    screen.fill((255, 255, 255))
    logo_rect.center = (200, 100)
    screen.blit(logo_new_4, logo_rect)
    pygame.display.flip()
```

上面代码的运行结果如图 5-8 所示。

图 5-8　图片变形

## 5.7　图片蒙版

在 PyGame 中,可以通过 pygame.mask 模块处理图片蒙版,其常用的函数为 from_surface()函数,用于从指定的 Surface 对象中返回一个 mask 对象,其语法格式如下:

```
from_surface(Surface)
```

其中,参数 Surface 表示 Surface 对象,示例代码如下:

```
#资源包\Code\chapter5\5.7\0508.py
import pygame
import sys
pygame.init()
screen = pygame.display.set_mode((400, 200))
pygame.display.set_caption('图片')
logo = pygame.image.load('pic/oldxia.png').convert_alpha()
logo_rect = logo.get_rect()
mask = pygame.mask.from_surface(logo)
print(mask)
while True:
    for event in pygame.event.get():
        if event.type == pygame.QUIT:
            pygame.quit()
            sys.exit()
    screen.fill((255, 255, 255))
    logo_rect.center = (200, 100)
    screen.blit(logo, logo_rect)
    pygame.display.flip()
```

## 5.8　图形绘制

在游戏中显示的图像不仅有图片,还包括直线、折线、弧线、矩形、圆形和椭圆形等图形。

可以通过 pygame.draw 模块中的相关函数进行图形绘制。

**1. 直线**

通过 line() 函数绘制直线,其语法格式如下:

```
line(Surface, color, start_pos, end_pos, width)
```

其中,参数 Surface 表示绘制的图层,其值为 Surface 对象;参数 color 表示直线颜色的 RGB 值或 RGBA 值;参数 start_pos 表示起点坐标;参数 end_pos 表示终点坐标;参数 width 表示直线的粗细。

此外,还可以通过 aaline() 函数绘制抗锯齿(抗锯齿是一种图形技术,通过给文本和图形的边缘添加一些模糊效果,以达到降低块状化的目的)直线,其语法格式如下:

```
aaline(Surface, color, startpos, endpos, blend)
```

其中,参数 Surface 表示绘制的图层,其值为 Surface 对象;参数 color 表示直线的颜色;参数 startpos 表示起点坐标;参数 endpos 表示终点坐标;参数 blend 表示是否打开直线边缘的融合效果。

**2. 折线**

通过 lines() 函数绘制折线,其语法格式如下:

```
lines(Surface, color, closed, pointlist, width)
```

其中,参数 Surface 表示绘制的图层,其值为 Surface 对象;参数 color 表示折线颜色的 RGB 值或 RGBA 值;参数 closed 表示折线是否封闭;参数 pointlist 表示构成折线的点的坐标所组成的列表;参数 width 表示折线的粗细。

此外,还可以通过 aalines() 函数绘制抗锯齿折线,其语法格式如下:

```
aalines(Surface, color, closed, pointlist, blend)
```

其中,参数 Surface 表示绘制的图层,其值为 Surface 对象;参数 color 表示折线颜色的 RGB 值或 RGBA 值;参数 closed 表示折线是否封闭;参数 pointlist 表示构成折线的点的坐标所组成的列表;参数 blend 表示是否打开直线边缘的融合效果。

**3. 矩形**

通过 rect() 函数绘制矩形,其语法格式如下:

```
rect(Surface, color, rect, width)
```

其中,参数 Surface 表示绘制的图层,其值为 Surface 对象;参数 color 表示矩形颜色的 RGB 值或 RGBA 值;参数 rect 表示要绘制的矩形区域,其值可以是 Rect 对象,或者左上角的 $x$ 轴和 $y$ 轴坐标,以及矩形区域的宽度和高度所组成的四元组;参数 width 表示矩形边框的粗细。

### 4. 多边形

通过 polygon() 函数绘制多边形,其语法格式如下:

```
polygon(Surface, color, pointlist, width)
```

其中,参数 Surface 表示绘制的图层,其值为 Surface 对象;参数 color 表示多边形颜色的 RGB 值或 RGBA 值;参数 pointlist 表示构成多边形的点的坐标所组成的列表;参数 width 表示多边形边框的粗细。

### 5. 圆形

通过 circle() 函数绘制圆形,其语法格式如下:

```
circle(Surface, color, pos, radius, width)
```

其中,参数 Surface 表示绘制的图层,其值为 Surface 对象;参数 color 表示圆形颜色的 RGB 值或 RGBA 值;参数 pos 表示圆心坐标;参数 radius 表示圆的半径;参数 width 表示圆形边框的粗细。

### 6. 椭圆形

通过 ellipse() 函数绘制椭圆形,其语法格式如下:

```
ellipse(Surface, color, rect, width)
```

其中,参数 Surface 表示绘制的图层,其值为 Surface 对象;参数 color 表示椭圆形颜色的 RGB 值或 RGBA 值;参数 rect 表示椭圆形的外接矩形,其值可以是 Rect 对象,或者左上角的 $x$ 轴和 $y$ 轴坐标,以及矩形区域的宽度和高度所组成的四元组;参数 width 表示椭圆形边框的粗细。

### 7. 弧线

通过 arc() 函数绘制弧线,其语法格式如下:

```
arc(Surface, color, rect, start_angle, stop_angle, width)
```

其中,参数 Surface 表示绘制的图层,其值为 Surface 对象;参数 color 表示弧线颜色的 RGB 值或 RGBA 值;参数 rect 表示弧线的外接矩形,其值可以是 Rect 对象,或者左上角的 $x$ 轴和 $y$ 轴坐标,以及矩形区域的宽度和高度所组成的四元组;参数 start_angle 表示弧线的初始弧度;参数 stop_angle 表示弧线的终止弧度;参数 width 表示弧线的粗细。

示例代码如下:

```
#资源包\Code\chapter5\5.8\0509.py
import pygame
import sys
import math
pygame.init()
screen = pygame.display.set_mode((580, 630))
```

```python
pygame.display.set_caption('图形绘制')
while True:
    for event in pygame.event.get():
        if event.type == pygame.QUIT:
            pygame.quit()
            sys.exit()
    screen.fill((255, 255, 255))
    # 绘制直线
    pygame.draw.line(screen, (255, 0, 0), (160, 10), (20, 80), 2)
    # 绘制抗锯齿直线
    pygame.draw.aaline(screen, (0, 255, 0), (20, 10), (160, 80))
    # 绘制折线
    pygame.draw.lines(screen, (0, 0, 0), False, ((20, 140), (50, 180), (160, 100), (220, 120)))
    # 绘制折线(闭合)
    pygame.draw.lines(screen, (255, 0, 0), True, ((20, 160), (50, 200), (160, 120), (220, 140)))
    # 绘制抗锯齿折线(闭合)
    pygame.draw.aalines(screen, (0, 255, 0), True, ((20, 180), (50, 220), (160, 140), (220, 160)))
    # 用折线绘制三角形
    pygame.draw.lines(screen, (255, 0, 0), True, ((30, 350), (110, 230), (190, 350)), 2)
    # 绘制矩形
    pygame.draw.rect(screen, (0, 0, 0), (30, 380, 160, 40), 1)
    # 绘制矩形(width=0)
    pygame.draw.rect(screen, (0, 0, 0), (30, 440, 160, 40))
    # 绘制多边形
    pygame.draw.polygon(screen, (0, 0, 255), ((100, 600), (140, 540), (180, 510), (220, 520), (260, 620)), 2)
    # 绘制多边形(width=0)
    pygame.draw.polygon(screen, (0, 0, 255), ((280, 600), (320, 540), (360, 510), (400, 520), (440, 620)))
    # 绘制圆形
    pygame.draw.circle(screen, (0, 255, 0), (360, 70), 60, 2)
    # 绘制圆形(width=0)
    pygame.draw.circle(screen, (0, 255, 0), (500, 70), 60)
    # 绘制椭圆形
    pygame.draw.ellipse(screen, (0, 255, 255), (330, 160, 60, 180), 2)
    # 绘制椭圆形(width=0)
    pygame.draw.ellipse(screen, (0, 255, 255), (470, 160, 60, 180))
    # 绘制弧线
    pygame.draw.arc(screen, (255, 0, 255), (310, 400, 120, 100), math.radians(10), math.radians(90), 2)
    # 绘制弧线
    pygame.draw.arc(screen, (255, 0, 255), (430, 400, 120, 100), math.radians(50), math.radians(130))
    pygame.display.update()
```

上面代码的运行结果如图5-9所示。

图 5-9　图形绘制

## 5.9　文本显示

文本同样是游戏编程中所必不可少的组成元素之一。

可以通过 pygame.font 模块和 pygame.freetype 模块创建字体对象,进而实现绘制文本的目的。

### 5.9.1　pygame.font 模块

#### 1. 创建字体对象

PyGame 提供了两种创建字体对象的方式,即从系统中加载字体文件创建字体对象和自定义字体对象。

1) 从系统中加载字体文件创建字体对象

通过 pygame.font 模块中 SysFont() 函数,可以从系统中加载字体文件,并创建字体对象,其语法格式如下:

```
SysFont(name, size, bold, italic)
```

其中,参数 name 表示系统字体的名称;参数 size 表示字体的尺寸;参数 bold 表示字体是否加粗;参数 italic 表示字体是否倾斜。

此外，pygame.font 模块中还提供了 get_default_font()函数和 get_fonts()函数，分别用于获取 PyGame 程序中所使用的默认字体和获取当前系统中所有可用字体的名称列表。

2）自定义字体对象

通过 pygame.font 模块中的 Font 类可以自定义字体对象，其语法格式如下：

```
Font(filename, size)
```

其中，参数 filename 表示字体文件所在的路径；参数 size 表示字体的尺寸。

### 2．字体对象的相关方法

1）set_bold()方法

该方法用于设置字体是否加粗，其语法格式如下：

```
set_bold(value)
```

其中，参数 value 为布尔值。

2）set_italic()方法

该方法用于设置字体是否倾斜，其语法格式如下：

```
set_italic(value)
```

其中，参数 value 为布尔值。

3）set_underline()方法

该方法用于设置字体是否添加下画线，其语法格式如下：

```
set_underline(value)
```

其中，参数 value 为布尔值。

### 3．绘制文本

在 pygame.font 模块中，由于没有提供直接将文本显示到窗口图层中的方法，所以首先需要使用字体对象的 render()方法将字体对象转化为 Surface 对象，然后使用 blit()方法将 Surface 对象绘制到指定的区域之中进行显示。

render()方法的语法格式如下：

```
render(text, antialias, color, background)
```

其中，参数 text 表示待绘制的文本；参数 antialias 表示是否打开抗锯齿；参数 color 表示文本颜色的 RGB 值或 RGBA 值；参数 background 表示背景颜色的 RGB 值或 RGBA 值。

示例代码如下：

```
#资源包\Code\chapter5\5.9\0510.py
import pygame
```

```
import sys
pygame.init()
screen = pygame.display.set_mode((600, 400))
pygame.display.set_caption('文本显示')
# 获取 PyGame 程序中所使用的默认字体
print(pygame.font.get_default_font())
# 获取当前系统中所有可用字体的名称列表
print(pygame.font.get_fonts())
font0 = pygame.font.SysFont('fangsong', 32)
font0.set_bold(True)
font0.set_underline(True)
font0.set_italic(True)
text0 = font0.render('系统字体', True, (0, 0, 0))
font1 = pygame.font.Font('font/pinyin.ttf', 32)
text1 = font1.render('自定义字体', True, (255, 0, 0))
while True:
    for event in pygame.event.get():
        if event.type == pygame.QUIT:
            pygame.quit()
            sys.exit()
    screen.fill((255, 255, 255))
    screen.blit(text0, (0, 0))
    screen.blit(text1, (0, 60))
    pygame.display.update()
```

上面代码的运行结果如图 5-10 所示。

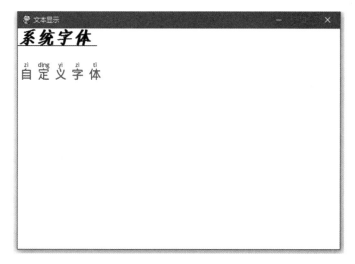

图 5-10　文本显示

## 5.9.2　pygame.freetype 模块

### 1. 创建字体对象

通过 pygame.freetype 模块中的 Font 类可以自定义字体对象，其语法格式如下：

```
Font(file, size)
```

其中，参数 file 表示字体文件所在的路径；参数 size 表示字体的尺寸。

2. 字体对象的相关方法

不同于 pygame.font 模块，在 pygame.freetype 模块中，可以通过字体对象的 render_to() 方法直接将文本绘制到指定区域之中进行显示，其语法格式如下：

```
render_to(surf, dest, text, fgcolor, bgcolor, rotation, size)
```

其中，参数 surf 表示绘制的图层，其值为 Surface 对象；参数 dest 表示文本的坐标；参数 text 表示待绘制的文本；参数 fgcolor 表示前景颜色的 RGB 值或 RGBA 值；参数 bgcolor 表示背景颜色的 RGB 值或 RGBA 值；参数 rotation 表示文本旋转的角度；参数 size 表示文本的尺寸。

示例代码如下：

```python
#资源包\Code\chapter5\5.9\0511.py
import pygame
import sys
import pygame.freetype
pygame.init()
screen = pygame.display.set_mode((600, 400))
pygame.display.set_caption('文本显示')
while True:
    for event in pygame.event.get():
        if event.type == pygame.QUIT:
            pygame.quit()
            sys.exit()
    screen.fill((255, 255, 255))
    font2 = pygame.freetype.Font("font/pinyin.ttf", 45)
    text2 = font2.render_to(screen, (20, 120), "自定义字体", fgcolor = (0, 255, 0), rotation = 45)
    pygame.display.update()
```

上面代码的运行结果如图 5-11 所示。

图 5-11　文本显示

## 5.10 时间控制

在 PyGame 中，时间控制主要包括两部分，即时间的管理和帧速率的管理。

时间在游戏开发过程中承担着非常重要的作用，例如，游戏中声音的持续时间，或者以一定的时间间隔自动产生事件等，这些都需要时间来管理，而游戏的帧速率则是评价游戏画面是否流畅的关键指标，一般情况下，计算机游戏的帧速率都能达到 60 帧/秒的速度，以保证用户的正常体验，但当游戏的帧速率小于 30 帧/秒的时候，游戏画面就会变得卡顿。

**1. 时间**

在 PyGame 中，通过 pygame.time 模块中的相关函数管理时间。

1) get_ticks() 函数

该函数表示从 PyGame 程序初始化开始到调用该函数为止的时间，单位为毫秒，其语法格式如下：

```
get_ticks()
```

2) wait() 函数

该函数用于暂停 PyGame 程序指定的时间，其语法格式如下：

```
wait(milliseconds)
```

其中，参数 milliseconds 表示暂停的时间，单位为毫秒。

3) set_timer() 函数

该函数用于创建一个定时器，即每隔一段时间执行指定的事件，其语法格式如下：

```
set_timer(event, millis)
```

其中，参数 event 表示事件，即事件对象的类型标识符；参数 millis 表示时间间隔，单位为毫秒。

示例代码如下：

```python
# 资源包\Code\chapter5\5.10\0512.py
import pygame
import sys
pygame.init()
screen = pygame.display.set_mode((400, 200))
pygame.display.set_caption('时间')
t1 = pygame.time.get_ticks()
print(t1)
t2 = pygame.time.wait(3000)
print(t2)
# 程序在暂停 3s 后加载图片
image = pygame.image.load("pic/oldxia.png")
```

```
while True:
    for event in pygame.event.get():
        if event.type == pygame.QUIT:
            pygame.quit()
            sys.exit()
    screen.fill((255, 255, 255))
    screen.blit(image, (0, 0))
    pygame.display.update()
```

**2. 帧速率**

在 PyGame 中,通过 pygame.time 模块中 Clock()函数创建 Clock 对象,并通过 Clock 对象的相关方法管理帧速率。

1) tick()方法

该方法用于设置游戏的帧速率,其语法格式如下:

```
tick(FPS)
```

其中,参数 FPS 表示帧数。

2) get_fps()方法

该方法用于获取游戏的帧速率,其语法格式如下:

```
get_fps()
```

示例代码如下:

```
# 资源包\Code\chapter5\5.10\0513.py
import pygame
import sys
pygame.init()
screen = pygame.display.set_mode((400, 200))
pygame.display.set_caption('帧速率')
image = pygame.image.load("pic/oldxia.png")
clock = pygame.time.Clock()
while True:
    clock.tick(60)
    for event in pygame.event.get():
        if event.type == pygame.QUIT:
            pygame.quit()
            sys.exit()
    screen.fill((255, 255, 255))
    screen.blit(image, (0, 0))
    print(clock.get_fps())
    pygame.display.update()
```

## 5.11 事件处理

事件是构建整个游戏程序的核心,在游戏界面中的每个动作都会触发事件,例如,移动鼠标、单击鼠标、按下键盘上的按键、调整游戏窗口大小和退出游戏等都会触发相应的事件。

### 5.11.1 事件和事件队列

#### 1. 事件

在 PyGame 中,事件被封装成为事件类,即 Event 类,可以通过系统预定义事件(窗口事件、键盘事件和鼠标事件)和自定义事件两种方式获得事件类。

事件类具有两个常用的属性,即 type 和 dict。

1) 属性 type

该属性表示事件对象的类型标识符,如表 5-1 所示。

2) 属性 dict

该属性包含了事件对象的专有属性所组成的字典。

表 5-1 事件对象的类型标识符

| type | 专有属性 | 描 述 |
| --- | --- | --- |
| pygame.ACTIVEEVENT | gain、state | 程序被激活或隐藏 |
| pygame.QUIT | 无 | 按下窗口的关闭按钮 |
| pygame.VIDEORESIZE | size、w、h | 窗口缩放 |
| pygame.VIDEOEXPOSE | 无 | 窗口部分公开 |
| pygame.KEYDOWN | unicode、key、mod、scancode | 按下键盘中按键 |
| pygame.KEYUP | key、mod、scancode | 松开键盘中按键 |
| pygame.MOUSEMOTION | pos、rel、buttons | 鼠标移动 |
| pygame.MOUSEBUTTONDOWN | pos、button | 鼠标按下 |
| pygame.MOUSEBUTTONUP | pos、button | 鼠标松开 |

#### 2. 事件队列

PyGame 还定义了一个专门用来处理事件的结构,即事件队列,该结构遵循队列的"先到先处理"原则,使事件队列可以有序地、逐一地触发事件。综上所述,事件队列是存储事件的容器,而事件则是组成事件队列的基本元素。

#### 3. 事件处理的过程

在游戏的运行过程中,PyGame 会按照事件出现的先后顺序,将其存储到事件队列之中,而接下来只需使用循环不断地从事件队列中将事件读取出来,然后将读取的事件分别做不同的处理便可以完成事件处理。

可以通过 pygame.event 模块中的 get() 函数获取事件队列中所有事件对象所组成的列表,其语法格式如下:

```
get()
```

## 5.11.2 窗口事件

窗口事件，即当窗口发生可见性变化时所触发的事件。

窗口事件包括 pygame.ACTIVEEVENT、pygame.QUIT、pygame.VIDEORESIZE 和 pygame.VIDEOEXPOSE 等。

示例代码如下：

```python
#资源包\Code\chapter5\5.11\0514.py
import pygame
import sys
pygame.init()
screen = pygame.display.set_mode((400, 200))
pygame.display.set_caption('窗口事件')
image = pygame.image.load("pic/oldxia.png")
while True:
    for event in pygame.event.get():
        if event.type == pygame.QUIT:
            pygame.quit()
            sys.exit()
        elif event.type == pygame.ACTIVEEVENT:
            print('程序被激活或隐藏')
        elif event.type == pygame.VIDEORESIZE:
            print('窗口缩放')
        elif event.type == pygame.VIDEOEXPOSE:
            print('窗口公开')
    screen.fill((255, 255, 255))
    screen.blit(image, (0, 0))
    pygame.display.update()
```

## 5.11.3 键盘事件

键盘事件，即当在键盘上进行按下按键或松开按键等操作时所触发的事件。

键盘事件包括 pygame.KEYDOWN 和 pygame.KEYUP 等。

键盘事件的事件对象具有一个专属的属性 key，用于检测和获取键盘的按键，表 5-2 列出了属性 key 所对应的部分常用按键的常量值。

表 5-2 属性 key 所对应的部分常用按键的常量值

| 属性 key | 描 述 |
| --- | --- |
| K_BACKSPACE | Backspace 键 |
| K_TAB | Tab 键 |
| K_RETURN | Enter 键 |
| K_PAUSE | Pause 键 |
| K_SPACE | Space 键 |
| K_DELETE | Delete 键 |
| K_INSERT | Insert 键 |

续表

| 属性 key | 描述 |
|---|---|
| K_HOME | Home 键 |
| K_END | End 键 |
| K_PAGEUP | Page Up 键 |
| K_PAGEDOWN | Page Down 键 |
| K_RSHIFT | 右边的 Shift 键 |
| K_LSHIFT | 左边的 Shift 键 |
| K_RCTRL | 右边的 Ctrl 键 |
| K_LCTRL | 左边的 Ctrl 键 |
| K_RALT | 右边的 Alt 键 |
| K_LALT | 左边的 Alt 键 |
| K_UP | 向上箭头 |
| K_DOWN | 向下箭头 |
| K_RIGHT | 向右箭头 |
| K_LEFT | 向左箭头 |
| K_0-K_9 | 数字 0～9 |
| K_KP0-K_KP9 | 小键盘数字 0～9 |
| K_KP_PERIOD | 小键盘. |
| K_KP_DIVIDE | 小键盘/ |
| K_KP_MULTIPLY | 小键盘* |
| K_KP_MINUS | 小键盘— |
| K_KP_PLUS | 小键盘+ |
| K_a-K_z | 字母 a～z |
| K_F1-K_F12 | F1～F12 |

示例代码如下：

```
#资源包\Code\chapter5\5.11\0515.py
import pygame
import sys
pygame.init()
screen = pygame.display.set_mode((400, 200))
pygame.display.set_caption('键盘事件')
while True:
    for event in pygame.event.get():
        if event.type == pygame.QUIT:
            pygame.quit()
            sys.exit()
        elif event.type == pygame.KEYDOWN:
            if event.key == pygame.K_RETURN:
                print('Enter 键')
            elif event.key == pygame.K_TAB:
                print('TAB 键')
            elif event.key == pygame.K_SPACE:
```

```
                print('空格键')
            elif event.key == pygame.K_KP0:
                print('小键盘数字 0')
            elif event.key == pygame.K_0:
                print('数字 0')
            else:
                print(f'KEYDOWN【{event.key}】')
        elif event.type == pygame.KEYUP:
            print(f'KEYUP【{event.key}】')
    screen.fill((255, 255, 255))
    pygame.display.update()
```

此外,除了使用 pygame.event 模块可以实现键盘事件之外,还可以使用 pygame.key 模块中的 get_pressed()函数,通过检查判断输入设备的状态来完成键盘事件的事件处理,该函数返回一个由布尔值组成的序列,表示键盘上所有按键的当前状态,该序列使用属性 key 作为索引,如果值为 True,则表示对应的按键被按下,其语法格式如下:

```
get_pressed()
```

示例代码如下:

```
# 资源包\Code\chapter5\5.11\0516.py
import pygame
import sys
pygame.init()
screen = pygame.display.set_mode((400, 200))
pygame.display.set_caption('键盘事件')
while True:
    for event in pygame.event.get():
        if event.type == pygame.QUIT:
            pygame.quit()
            sys.exit()
        pressed = pygame.key.get_pressed()
        if pressed[pygame.K_1] & pressed[pygame.K_LCTRL]:
            print('同时按下 Ctrl + 1 键')
    screen.fill((255, 255, 255))
    pygame.display.update()
```

## 5.11.4 鼠标事件

鼠标事件,即当进行单击鼠标左(右)键,或者移动鼠标等操作时所触发的事件。

鼠标事件包括 pygame.MOUSEMOTION、pygame.MOUSEBUTTONDOWN 和 pygame.MOUSEBUTTONUP 等。

鼠标事件的事件对象具有一个专属的属性 button,用于检测和获取鼠标的按键,表 5-3 列出了属性 button 所对应的鼠标按键的值。

表 5-3 属性 button 所对应的鼠标按键的值

| 属性 button | 描述 |
|---|---|
| 1 | 单击鼠标左键 |
| 2 | 单击鼠标滚轮 |
| 3 | 右击 |
| 4 | 向前滚动鼠标滚轮 |
| 5 | 向后滚动鼠标滚轮 |

示例代码如下:

```python
#资源包\Code\chapter5\5.11\0517.py
import pygame
import sys
pygame.init()
screen = pygame.display.set_mode((400, 200))
pygame.display.set_caption('鼠标事件')
while True:
    for event in pygame.event.get():
        if event.type == pygame.QUIT:
            pygame.quit()
            sys.exit()
        elif event.type == pygame.MOUSEBUTTONDOWN:
            if event.button == 1:
                print('单击鼠标左键')
            elif event.button == 2:
                print('单击鼠标滚轮')
            elif event.button == 3:
                print('右击')
            elif event.button == 4:
                print('向前滚动鼠标滚轮')
            elif event.button == 5:
                print('向后滚动鼠标滚轮')
    screen.fill((255, 255, 255))
    pygame.display.update()
```

此外,同键盘事件一样,鼠标事件除了可以使用 pygame.event 模块实现之外,还可以使用 pygame.mouse 模块中的相关函数,通过检查判断输入设备的状态来完成鼠标事件的处理,其常用的函数如下:

1) get_pressed()函数

该函数返回鼠标 3 个按键的状态值(1 表示单击,0 表示未单击)所组成的序列,该序列中包含 3 个值,分别对应鼠标左键的状态值、鼠标滚轮的状态值和鼠标右键的状态值,其语法格式如下:

```
get_pressed()
```

2）get_pos()函数

该函数返回鼠标光标所在的坐标,其语法格式如下:

```
get_pos()
```

示例代码如下：

```python
#资源包\Code\chapter5\5.11\0518.py
import pygame
import sys
pygame.init()
screen = pygame.display.set_mode((400, 200))
pygame.display.set_caption('鼠标事件')
while True:
    for event in pygame.event.get():
        if event.type == pygame.QUIT:
            pygame.quit()
            sys.exit()
        pressed = pygame.mouse.get_pressed()
        #单击鼠标左键,pressed值为(1,0,0)
        if pressed[0] == 1:
            print(f'在坐标{pygame.mouse.get_pos()}处单击鼠标左键')
        #单击鼠标滚轮,pressed值为(0,1,0)
        elif pressed[1] == 1:
            print(f'在坐标{pygame.mouse.get_pos()}处单击鼠标滚轮')
        #单击鼠标右键,pressed值为(0,0,1)
        elif pressed[2] == 1:
            print(f'在坐标{pygame.mouse.get_pos()}处单击鼠标右键')
    screen.fill((255, 255, 255))
    pygame.display.update()
```

通过之前的学习,得知pygame.event模块与pygame.key模块和pygame.mouse模块都可以实现事件处理,只不过在处理事件的方法上,各自具有优缺点。pygame.event模块能够精准捕获所有的键盘事件和鼠标事件,但不够实时,而pygame.key模块和pygame.mouse模块则能够迅速响应键盘事件和鼠标事件,并且可以判断组合按键的情况,但是不够精确,可能存在遗漏。

综上所述,pygame.event模块与pygame.key模块和pygame.mouse模块在处理事件的方式上各有利弊,所以在开发游戏程序的过程中,需要根据实际情况酌情使用。当然,也可以混合使用上述模块,以便充分发挥各模块的优势。

### 5.11.5 自定义事件

之前所学习的窗口事件、键盘事件和鼠标事件都是系统预定义的事件,它们由系统产生和发送。除此之外,还可以通过pygame.event模块中的Event类自定义事件,其语法格式如下:

```
Event(type, dict)
```

其中，参数 type 表示事件，即事件对象的类型标识符，注意，该类型标识符的值应高于或等于 pygame.USEREVENT；参数 dict 表示事件对象的专有属性。

此外，创建完自定义事件之后，还需要通过 post() 函数将事件对象放置到事件队列之中。

示例代码如下：

```python
# 资源包\Code\chapter5\5.11\0519.py
import pygame
import sys
pygame.init()
screen = pygame.display.set_mode((400, 200))
pygame.display.set_caption('窗口事件')
image = pygame.image.load("pic/oldxia.png")
# 事件对象的类型标识符
MY_EVENT_1 = pygame.USEREVENT + 1
MY_EVENT_2 = pygame.USEREVENT + 2
while True:
    for event in pygame.event.get():
        if event.type == pygame.QUIT:
            pygame.quit()
            sys.exit()
        elif event.type == pygame.KEYDOWN:
            # 按 c 键，创建事件，并放置到事件队列中
            if event.key == pygame.K_c:
                my_event = pygame.event.Event(MY_EVENT_1, attr1 = '', attr2 = '')
                pygame.event.post(my_event)
            # 按 t 键，每隔 1s 执行事件 MY_EVENT_2
            elif event.key == pygame.K_t:
                pygame.time.set_timer(MY_EVENT_2, 1000)
            # 按 s 键，暂停执行事件 MY_EVENT_2
            elif event.key == pygame.K_s:
                pygame.time.set_timer(MY_EVENT_2, 0)
        elif event.type == MY_EVENT_1:
            print(my_event)
            print('this is MY_EVENT_1')
        elif event.type == MY_EVENT_2:
            print('this is MY_EVENT_2')
    screen.fill((255, 255, 255))
    pygame.display.update()
```

## 5.12 精灵、精灵组和碰撞检测

### 5.12.1 精灵和精灵组

精灵指的是游戏中各种被赋予生命的可视化对象，其本质是一张张的图片，例如，游戏中的人物、道具和场景等。

在 PyGame 中提供了一个专门用于处理精灵的模块，即 pygame.sprite 模块，一般情况

下，通过该模块中的 Sprite 类的子类创建精灵，从而达到处理精灵的目的，其常用的属性和方法如表 5-4 所示。

表 5-4  Sprite 类的常用属性和方法

| 属　　性 | 描　　述 |
| --- | --- |
| image | 该属性表示精灵的图片 |
| rect | 该属性表示精灵所在的矩形区域 |
| mask | 该属性表示精灵的蒙版 |
| 方　　法 | 描　　述 |
| update() | 该方法用于更新精灵的状态，注意，该方法一般用于用户自定义重写 |
| add() | 该方法将精灵添加到精灵组中 |
| remove() | 从精灵组中删除指定的精灵 |
| kill() | 该方法用于将精灵从其所属的所有精灵组中删除 |
| alive() | 判断精灵是否属于任意的精灵组 |
| groups() | 该方法返回精灵所属的所有精灵组所组成的列表 |

此外，如果游戏中存在大量的精灵，则需要使用精灵组，可以通过 pygame.sprite 模块中的 Group 类创建精灵组，进而统一管理精灵，其常用的方法如表 5-5 所示。

表 5-5  Group 类的常用方法

| 方　　法 | 描　　述 |
| --- | --- |
| update() | 该方法用于更新精灵组内所有精灵的状态 |
| add() | 该方法用于将指定的精灵添加到当前的精灵组中 |
| remove() | 该方法用于将精灵从当前的精灵组删除 |
| empty() | 该方法用于清空当前的精灵组 |
| sprites() | 该方法用于返回当前精灵组中的所有精灵组成的列表 |
| has() | 该方法用于判断当前精灵组中是否包含指定的精灵 |
| draw() | 该方法用于绘制当前精灵组中的全部精灵 |

示例代码如下：

```python
#资源包\Code\chapter5\5.12\0520.py
import pygame
import sys
#创建精灵"财神"
class GodofWealth(pygame.sprite.Sprite):
    def __init__(self):
        super().__init__()
        #加载"财神"图片
        image0 = pygame.image.load('pic/godofwealth.jpg').convert_alpha()
        #将"财神"图片水平翻转
        image1 = pygame.transform.flip(image0, True, False)
        self.images = [image0, image1]
        #图片索引初始化
        self.image_idx = 1
        #图片初始化
```

```python
            self.image = image1
            # 精灵所在的矩形区域
            self.rect = self.image.get_rect()
            # 中心点的坐标
            self.rect.center = (50, 240)
            # 设置移动速度
            self.speed = 1
        def draw(self, surface):
            # 绘制到指定区域
            surface.blit(self.image, self.rect)
        # 更新精灵状态
        def update(self):
            self.rect.x += self.speed
            # 当"财神"到达窗口图层的最左边和最右边
            if self.rect.right > 500 or self.rect.left < 0:
                self.speed = - self.speed
                self.image_idx = not self.image_idx
                self.image = self.images[int(self.image_idx)]
# 创建精灵"红包"
class RedEnvelopes(pygame.sprite.Sprite):
    def __init__(self, pos):
        super().__init__()
        self.image = pygame.image.load('pic/redenvelopes.png').convert_alpha()
        self.rect = self.image.get_rect()
        self.rect.center = pos
    def update(self):
        self.rect.y += 1
        # 当"红包"到达窗口图层底部时,再次从顶部出现
        if self.rect.top >= 300:
            self.rect.bottom = 0
def main():
    pygame.init()
    clock = pygame.time.Clock()
    screen = pygame.display.set_mode((500, 300))
    pygame.display.set_caption('精灵')
    godofwealth = GodofWealth()
    # 创建精灵组
    redenvelopess = pygame.sprite.Group()
    for i in range(5):
        # 向精灵组中添加"红包"精灵
        redenvelopess.add(RedEnvelopes((50 + i * 100, 0)))
    while True:
        for event in pygame.event.get():
            if event.type == pygame.QUIT:
                pygame.quit()
                sys.exit()
        # 更新精灵状态
        godofwealth.update()
        # 更新精灵组内所有精灵的状态
        redenvelopess.update()
```

```
            screen.fill((255, 255, 255))
            #将精灵绘制到窗口图层
            godofwealth.draw(screen)
            #将精灵组内的所有精灵绘制到窗口图层
            redenvelopess.draw(screen)
            pygame.display.flip()
            clock.tick(60)
if __name__ == '__main__':
    main()
```

上面代码的运行结果如图 5-12 所示。

图 5-12　精灵

### 5.12.2　碰撞检测

精灵具有一大特点，即精灵之间允许进行交互，称为碰撞，而碰撞检测指的就是检测两个精灵之间是否发生了碰撞，例如，在五子棋游戏中的棋子是否与棋盘发生碰撞，或者飞机大战游戏中子弹是否与敌人发生碰撞等。

pygame.sprite 模块除了提供 Sprite 类和 Group 类之外，还提供了诸多用于碰撞检测的函数。

1）spritecollide()函数

该函数用于指定精灵与精灵组中精灵的碰撞检测，如果发生碰撞，则返回发生碰撞的精灵所组成的列表，其语法格式如下：

```
spritecollide(sprite, group, dokill, collided)
```

其中，参数 sprite 表示精灵；参数 group 表示精灵组；参数 dokill 表示是否将发生碰撞的精灵从精灵组中删除；参数 collided 用于设置检测模式，如表 5-6 所示。

表 5-6 检测模式

| 检 测 模 式 | 描 述 |
| --- | --- |
| collide_rect() | 两个精灵之间的矩形检测,即矩形区域是否有交汇 |
| collide_rect_ratio() | 两个精灵之间的矩形检测,即矩形区域是否有交汇,该函数可以缩放待检测精灵的矩形区域 |
| collide_circle() | 两个精灵之间的圆形检测,即圆形区域是否有交汇 |
| collide_circle_ratio() | 两个精灵之间的圆形检测,即圆形区域是否有交汇,该函数可以缩放待检测精灵的圆形区域 |
| collide_mask() | 两个精灵之间的像素蒙版检测,更为精准的一种检测方式 |

2) spritecollideany()函数

该函数用于指定精灵与精灵组中精灵的碰撞检测,如果发生碰撞,则返回精灵组中第 1 个与指定精灵发生碰撞的精灵,其语法格式如下:

```
spritecollideany(sprite, group, collided)
```

其中,参数 sprite 表示精灵;参数 group 表示精灵组;参数 collided 用于设置检测模式。

3) groupcollide()函数

该函数用于两个精灵组之间的碰撞检测,如果发生碰撞,则返回一个字典,字典的键为第 1 个精灵组中发生碰撞的精灵,字典的值为第 2 个精灵组中发生碰撞的所有精灵所组成的列表,其语法格式如下:

```
groupcollide(groupa, groupb, dokilla, dokillb, collided)
```

其中,参数 groupa 表示第 1 个精灵组;参数 groupb 表示第 2 个精灵组;参数 dokill 表示是否将发生碰撞的精灵从第 2 个精灵组中删除;参数 collided 用于设置检测模式。

示例代码如下:

```
#资源包\Code\chapter5\5.12\0521.py
import pygame
import sys
class GodofWealth(pygame.sprite.Sprite):
    def __init__(self):
        super().__init__()
        image0 = pygame.image.load('pic/godofwealth.jpg').convert_alpha()
        image1 = pygame.transform.flip(image0, True, False)
        #获取 image0 的蒙版
        mask0 = pygame.mask.from_surface(image0)
        #获取 image1 的蒙版
        mask1 = pygame.mask.from_surface(image1)
        self.images = [image0, image1]
        self.masks = [mask0, mask1]
        self.image_idx = 1
        self.image = image1
```

```python
            # 初始化 mask 对象
            self.mask = mask1
            self.rect = self.image.get_rect()
            self.rect.center = (50, 240)
            self.speed = 1
    def draw(self, surface):
        surface.blit(self.image, self.rect)
    def update(self):
        self.rect.x += self.speed
        if self.rect.right > 500 or self.rect.left < 0:
            self.speed = -self.speed
            self.image_idx = not self.image_idx
            self.image = self.images[int(self.image_idx)]
            # 设置精灵的 mask 属性.这里需要注意的是,当不设置 mask 属性时,精灵的 image 属
# 性会自动创建 mask 对象,不过基于性能的考虑,可以通过 pygame.mask 模块获取 mask 对象,并赋
# 值给 mask 属性
            self.mask = self.masks[self.image_idx]
class RedEnvelopes(pygame.sprite.Sprite):
    def __init__(self, pos):
        super().__init__()
        self.image = pygame.image.load('pic/redenvelopes.png').convert_alpha()
        # 获取 image 的蒙版
        self.mask = pygame.mask.from_surface(self.image)
        self.rect = self.image.get_rect()
        self.rect.center = pos
    def update(self):
        self.rect.y += 1
        if self.rect.top >= 300:
            self.rect.bottom = 0
def main():
    pygame.init()
    clock = pygame.time.Clock()
    screen = pygame.display.set_mode((500, 300))
    pygame.display.set_caption('精灵')
    godofwealth = GodofWealth()
    redenvelopess = pygame.sprite.Group()
    for i in range(5):
        redenvelopess.add(RedEnvelopes((50 + i * 100, 0)))
    while True:
        for event in pygame.event.get():
            if event.type == pygame.QUIT:
                pygame.quit()
                sys.exit()
        godofwealth.update()
        redenvelopess.update()
        screen.fill((255, 255, 255))
        godofwealth.draw(screen)
        redenvelopess.draw(screen)
        # 碰撞检测
```

```
            pygame.sprite.spritecollide(godofwealth, redenvelopess, True, pygame.sprite.collide
_mask)
            pygame.display.flip()
            clock.tick(60)
if __name__ == '__main__':
    main()
```

上面代码的运行结果如图 5-13 所示。

图 5-13　碰撞检测

## 5.13　音效和音乐

音效和音乐是游戏程序中非常重要的组成部分，没有音效和音乐的游戏，其可玩性将大打折扣。

在游戏中，音效指的是时长较短且需要重复播放的声音，而音乐指的是时长较长且播放次数较少的声音。

### 5.13.1　音效

可以通过 pygame.mixer 模块中的 Sound 类创建音效对象，其语法格式如下：

```
Sound(filename)
```

其中，参数 filename 表示音效文件所在的路径。

在获得音效对象后，通过其 play() 方法，即可播放音效，示例代码如下：

```
# 资源包\Code\chapter5\5.13\0522.py
import pygame
import sys
pygame.init()
```

```python
screen = pygame.display.set_mode((400, 200))
pygame.display.set_caption('音效')
logo = pygame.image.load('pic/oldxia.png').convert_alpha()
logo_rect = logo.get_rect()
sound = pygame.mixer.Sound('sound/Blip.wav')
while True:
    for event in pygame.event.get():
        if event.type == pygame.QUIT:
            pygame.quit()
            sys.exit()
        elif event.type == pygame.MOUSEBUTTONDOWN:
            # 单击图片播放音效
            if logo_rect.collidepoint(event.pos):
                sound.play()
    screen.fill((255, 255, 255))
    logo_rect.center = (200, 100)
    screen.blit(logo, logo_rect)
    pygame.display.flip()
```

上面代码的运行结果如图 5-14 所示。

图 5-14　音效

## 5.13.2　音乐

可以通过 pygame.mixer.music 模块中的相关函数完成音乐的播放、暂停和结束等操作。

1）load()函数

该函数用于加载音乐文件，其语法格式如下：

```
load(filename)
```

其中，参数 filename 表示音乐文件所在的路径。

2）play()函数

该函数用于播放音乐，其语法格式如下：

```
play(loop, start)
```

其中,参数 loop 表示播放次数,-1 为无限循环播放,0 为播放 1 次,1 为播放 2 次,以此类推;参数 start 表示音乐开始播放的位置。

3) pause()函数

该函数用于暂停播放音乐,其语法格式如下:

```
pause()
```

4) unpause()函数

该函数用于恢复被暂停播放的音乐,其语法格式如下:

```
unpause()
```

5) stop()函数

该函数用于结束播放音乐,其语法格式如下:

```
stop()
```

6) fadeout()函数

该函数用于淡出播放音乐,其语法格式如下:

```
fadeout(time)
```

其中,参数 time 表示淡出效果持续的时间,单位为毫秒。

7) set_volume()函数

该函数用于设置音乐的音量,音量的最大值为 1.0,最小值为 0.0,其语法格式如下:

```
set_volume(volume)
```

其中,参数 volume 表示音量的值。

8) get_volume()函数

该函数用于获取音乐的音量,其语法格式如下:

```
get_volume()
```

示例代码如下:

```
#资源包\Code\chapter5\5.13\0523.py
import pygame
import sys
pygame.init()
screen = pygame.display.set_mode((600, 500))
pygame.display.set_caption('音乐')
font = pygame.font.Font('font/pinyin.ttf', 32)
```

```python
text0 = font.render('开始播放音乐', True, (255, 0, 0))
text1 = font.render('暂停播放音乐', True, (255, 0, 0))
text2 = font.render('恢复播放音乐', True, (255, 0, 0))
text3 = font.render('结束播放音乐', True, (255, 0, 0))
text4 = font.render('淡出播放音乐', True, (255, 0, 0))
text5 = font.render('增加音乐音量', True, (255, 0, 0))
text6 = font.render('降低音乐音量', True, (255, 0, 0))
text0_rect = text0.get_rect()
text0_rect.topleft = (200, 20)
text1_rect = text0.get_rect()
text1_rect.topleft = (200, 80)
text2_rect = text0.get_rect()
text2_rect.topleft = (200, 140)
text3_rect = text0.get_rect()
text3_rect.topleft = (200, 200)
text4_rect = text0.get_rect()
text4_rect.topleft = (200, 260)
text5_rect = text0.get_rect()
text5_rect.topleft = (200, 320)
text6_rect = text0.get_rect()
text6_rect.topleft = (200, 380)
pygame.mixer.music.load('music/game_bg.ogg')
# 初始化音量
num = 1
while True:
    for event in pygame.event.get():
        if event.type == pygame.QUIT:
            pygame.quit()
            sys.exit()
        elif event.type == pygame.MOUSEBUTTONDOWN:
            if text0_rect.collidepoint(event.pos):
                pygame.mixer.music.play(2, 5)
            elif text1_rect.collidepoint(event.pos):
                pygame.mixer.music.pause()
            elif text2_rect.collidepoint(event.pos):
                pygame.mixer.music.unpause()
            elif text3_rect.collidepoint(event.pos):
                pygame.mixer.music.stop()
            elif text4_rect.collidepoint(event.pos):
                pygame.mixer.music.fadeout(5000)
            elif text5_rect.collidepoint(event.pos):
                if num >= 1:
                    print('已经到达最大音量')
                else:
                    num += 0.1
                    pygame.mixer.music.set_volume(num)
            elif text6_rect.collidepoint(event.pos):
                if num < 0:
                    print('已经到达最小音量')
                else:
```

```
                    num -= 0.1
                    pygame.mixer.music.set_volume(num)
    screen.fill((255, 255, 255))
    screen.blit(text0, text0_rect)
    screen.blit(text1, text1_rect)
    screen.blit(text2, text2_rect)
    screen.blit(text3, text3_rect)
    screen.blit(text4, text4_rect)
    screen.blit(text5, text5_rect)
    screen.blit(text6, text6_rect)
    pygame.display.update()
```

上面代码的运行结果如图 5-15 所示。

图 5-15　音乐

## 5.14　项目实战：五子棋

本节将学习编写五子棋，以便于更好地理解 PyGame 的相关使用方式。

### 5.14.1　程序概述

该游戏包含 3 个核心功能模块，即坐标转换模块、坐标类模块和获胜判定模块。

#### 1．坐标转换模块

该游戏中存在两类坐标，一个是相对于窗口图层的像素坐标，另一个是相对于棋盘的棋盘坐标，而棋盘坐标则需要根据像素坐标转换而来，其转换规则为棋子矩形区域内的任意像素坐标减去棋盘左上角的坐标，然后除以棋盘格子的尺寸，最后将获得的值进行四舍五入，即可获取棋盘坐标，如图 5-16 所示。

图 5-16 坐标转换模块

**2．坐标类模块**

在该游戏的开发过程中，需要频繁地对坐标进行赋值、修改或调用等操作，但是，由于 Python 中没有相关数据结构表示坐标，以至于无法便捷地对坐标进行上述操作。

此时，可以通过两种方式表示坐标，一是自定义坐标类；二是使用 collections 模块中的 namedtuple() 函数（本例推荐使用的方式）。

**3．获胜判定模块**

众所周知，五子棋的获胜条件为 5 个同颜色的棋子在同一方向相连即为获胜，所以可将此条件分为 3 步进行处理：

一是 5 个棋子必须同颜色。这里只要定义一个落子信息，用于保存棋子颜色和棋子的棋盘坐标，之后判断落子信息中的棋子颜色，即可轻松获得颜色相同的棋子。

二是 5 个棋子必须同一方向。可以获胜的方向只有 4 个，即横向、竖向、主对角线方向和副对角线方向，经过分析可得出结论，横向中的前一个棋子的棋盘坐标减去后一个棋子的棋盘坐标结果为(1,0)或(-1,0)；竖向中的前一个棋子的棋盘坐标减去后一个棋子的棋盘坐标结果为(0,1)或(0,-1)；主对角线方向中的前一个棋子的棋盘坐标减去后一个棋子的棋盘坐标结果为(1,1)或(-1,-1)；副对角线方向中的前一个棋子的棋盘坐标减去后一个棋子的棋盘坐标结果为(1,-1)或(-1,1)。

综上所述，假设棋盘中前一个棋子的棋盘 $x$ 轴和 $y$ 轴坐标分别为 ball_x 和 ball_y，棋盘中后一个棋子的棋盘 $x$ 轴和 $y$ 轴坐标分别为 last_x 和 last_y，则判断棋子为同一方向的条件有以下 4 种：一是，当 ball_y－last_y 为 0 时，则同为横向；当 ball_x－last_x 为 0 时，则同为竖向；当(ball_x－last_x)×1等于(ball_y－last_y)×1或(ball_x－last_x)×(－1)等于(ball_y－last_y)×(－1)时,则同为主对角线方向；当(ball_x－last_x)×1等于(ball_y－last_y)×(－1)或(ball_x－last_x)×(－1)等于(ball_y－last_y)×1时,则同为副对角线方向。

三是5个棋子必须相连。使用第1个棋子的棋盘坐标减去最后一个棋子的棋盘坐标,如果该差值的绝对值为4,则表示5子相连。

## 5.14.2 程序编写

```python
#资源\Gobang\gobang.py
#版权所有 © 2021－2022 Python全栈开发
#许可信息查看LICENSE.txt文件
#描述:五子棋
#历史版本:
#2021－4－22:创建 夏正东
import sys
import pygame
from collections import namedtuple
#构建坐标数据结构
Position = namedtuple('Position', ['x', 'y'])
class Gobang():
    def __init__(self):
        #棋盘的背景图
        self.background_filename = 'pic/chessboard.png'
        #白棋,尺寸为32×32
        self.white_chessball_filename = 'pic/white_chessball.png'
        #黑棋,尺寸为32×32
        self.black_chessball_filename = 'pic/black_chessball.png'
        #将棋盘的左上角坐标设置为(20,20)
        self.top, self.left = (20, 20)
        #将棋盘中每个格子的尺寸设置为36×36
        self.space = 36
        #设置棋盘由15×15条线绘制而成
        self.lines = 15
        #将棋盘中线的颜色设置为黑色
        self.line_color = (0, 0, 0)
        #默认黑棋先手
        self.black_turn = True
        #保存每颗棋子的落子信息,其包括棋子颜色和棋盘坐标
        self.ball_coord = []
        try:
            #加载棋盘图片
            self._chessboard = pygame.image.load(self.background_filename).convert_alpha()
            #加载白棋图片
            self._white_chessball = pygame.image.load(self.white_chessball_filename).convert_alpha()
            #加载黑棋图片
            self._black_chessball = pygame.image.load(self.black_chessball_filename).convert_alpha()
```

```python
            # 设置窗口图层中的字体
            self.font = pygame.font.SysFont('arial', 16)
            # 获取白棋的矩形区域
            self.ball_rect = self._white_chessball.get_rect()
            # 获取由 15 个空列表所组成的列表
            self.points = [[] for i in range(self.lines)]
            # 获取棋盘中 15 条横线和竖线交汇点的像素坐标
            for i in range(self.lines):
                for j in range(self.lines):
                    self.points[i].append(Position(self.left + i * self.space, self.top + j * self.space))
            # 绘制棋盘
            self._draw_board()
        except pygame.error as e:
            print(e)
            sys.exit()
    # 绘制棋盘
    def chessboard(self):
        return self._chessboard
    # 绘制棋盘
    def _draw_board(self):
        # 绘制棋盘中横线和竖线所对应的数字
        for i in range(1, self.lines):
            coord_text = self.font.render(str(i), True, self.line_color)
            self._chessboard.blit(coord_text, (
                self.points[i][0].x - round(coord_text.get_width() / 2), self.points[i][0].y - coord_text.get_height()))
            self._chessboard.blit(coord_text, (
                self.points[0][i].x - coord_text.get_width(), self.points[0][i].y - round(coord_text.get_height() / 2)))
        # 绘制棋盘中的横线和竖线
        for n in range(self.lines):
            pygame.draw.line(self._chessboard, self.line_color, self.points[n][0], self.points[n][self.lines - 1])
            pygame.draw.line(self._chessboard, self.line_color, self.points[0][n], self.points[self.lines - 1][n])
    # 落子
    def drop_at(self, i, j):
        # 棋子的像素坐标
        pos_x = self.points[i][j].x - int(self.ball_rect.width / 2)
        pos_y = self.points[i][j].y - int(self.ball_rect.height / 2)
        # 棋子的落子信息,type 表示棋子颜色,黑色为 0,白色为 1,coord 表示棋子的棋盘坐标
        ball_pos = {'type': 0 if self.black_turn else 1, 'coord': Position(i, j)}
        if self.black_turn:
            # 黑棋落子
            self._chessboard.blit(self._black_chessball, (pos_x, pos_y))
        else:
            # 白棋落子
            self._chessboard.blit(self._white_chessball, (pos_x, pos_y))
        # 保存已落棋子的落子信息
```

```python
            self.ball_coord.append(ball_pos)
            #切换黑白棋子
            self.black_turn = not self.black_turn
    #获胜判定
    def check_over(self):
        #只有黑棋和白棋分别落下4枚棋子以上才做判断
        if len(self.ball_coord) > 8:
            #方向
            direct = [(1, 0), (-1, 0), (0, 1), (0, -1), (1, 1), (-1, -1), (1, -1), (-1, 1)]
            for d in direct:
                if self._check_direct(d):
                    return True
        return False
    #获胜条件1:是否同一方向
    def _check_direct(self, direct):
        dt_x, dt_y = direct
        #获取最后一个棋子的落子信息
        last = self.ball_coord[-1]
        #用于存放相同方向上一条线的棋子
        line_ball = []
        #获取已经落过棋子的落子信息
        for ball in self.ball_coord:
            #获胜条件2:是否同颜色
            if ball['type'] == last['type']:
                x = ball['coord'].x - last['coord'].x
                y = ball['coord'].y - last['coord'].y
                #将相同方向上一条线的棋子添加到line_ball中
                if dt_x == 0:
                    if x == 0:
                        line_ball.append(ball['coord'])
                        continue
                if dt_y == 0:
                    if y == 0:
                        line_ball.append(ball['coord'])
                        continue
                if x * dt_y == y * dt_x:
                    line_ball.append(ball['coord'])
        #只有棋子数大于或等于5及以上才做进一步判断
        if len(line_ball) >= 5:
            sorted_line = sorted(line_ball)
            #获胜条件3:是否相连
            for i, item in enumerate(sorted_line):
                index = i + 4
                if index < len(sorted_line):
                    if dt_x == 0:
                        y1 = item.y
                        y2 = sorted_line[index].y
                        if abs(y1 - y2) == 4:
                            return True
```

```python
                    else:
                        x1 = item.x
                        x2 = sorted_line[index].x
                        if abs(x1 - x2) == 4:
                            return True
                else:
                    break
        return False
    # 检查棋盘坐标是否已被占用
    def check_at(self, i, j):
        for item in self.ball_coord:
            # 如果落子的棋盘坐标与已落子信息中的棋盘坐标相等,则表示当前位置的棋盘坐标
    # 已被占用
            if (i, j) == item['coord']:
                return False
        return True
    # 将像素坐标转换为棋盘坐标
    def get_coord(self, pos):
        x, y = pos
        i, j = (0, 0)
        oppo_x = x - self.left
        if oppo_x > 0:
            # 四舍五入取整
            i = round(oppo_x / self.space)
        oppo_y = y - self.top
        if oppo_y > 0:
            j = round(oppo_y / self.space)
        return (i, j)
def main():
    # 程序初始化
    pygame.init()
    width, height = (544, 544)
    # 窗口图层尺寸与棋盘背景图像同
    screen = pygame.display.set_mode((544, 544))
    pygame.display.set_caption('五子棋')
    font = pygame.font.Font('font/simhei.ttf', 48)
    clock = pygame.time.Clock()
    # 游戏是否结束
    game_over = False
    gobang = Gobang()
    while True:
        clock.tick(20)
        for event in pygame.event.get():
            if event.type == pygame.QUIT:
                pygame.quit()
                sys.exit()
            # 当单击且游戏没有结束时
            if event.type == pygame.MOUSEBUTTONDOWN and (not game_over):
                # 当单击时
                if event.button == 1:
```

```
                #将像素坐标转换为棋盘坐标
                i, j = gobang.get_coord(event.pos)
                #检查棋盘坐标是否已被占用
                if gobang.check_at(i, j):
                    #开始落子
                    gobang.drop_at(i, j)
                    #当产生获胜一方
                    if gobang.check_over():
                        text = ''
                        #注意,每次落子之后,黑棋与白棋均进行切换
                        if gobang.black_turn:
                            text = '恭喜白棋获胜!'
                        else:
                            text = '恭喜黑方获胜!'
                        gameover_text = font.render(text, True, (255, 0, 0))
                        gobang.chessboard().blit(gameover_text, (round(width / 2 - gameover_text.get_width() / 2), round(height / 2 - gameover_text.get_height() / 2)))
                        #游戏已结束
                        game_over = True
                    else:
                        print('此位置已占用,不能在此落子')
        screen.blit(gobang.chessboard(), (0, 0))
        pygame.display.update()
if __name__ == '__main__':
    main()
```

最终运行结果如图 5-17 所示。

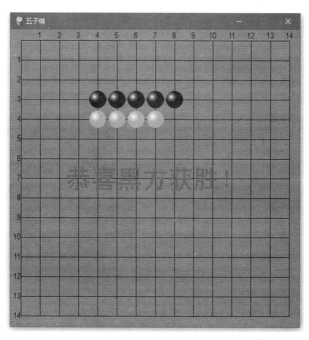

图 5-17 五子棋

# 第 6 章 Cocos2d

## 6.1 Cocos2d 的安装

由于 Cocos2d 不是 Python 官方提供的游戏开发工具包，所以在使用 Cocos2d 之前，首先需要安装 Cocos2d。

安装 Cocos2d 的方法很简单，首先打开"命令提示符"，然后输入命令 pip install cocos2d 即可。

在完成安装之后，需要引入该包才可以正常使用 Cocos2d 进行编程，需要注意的是，引入的包名是 cocos，而不是 cocos2d，示例代码如下：

```
#资源包\Code\chapter6\6.1\0601.py
import cocos
```

## 6.2 Cocos2d 的基础知识

### 6.2.1 基本元素

一个典型的 Cocos2d 游戏程序需要包括导演、场景、图层和精灵等基本元素。

导演，主要用于创建游戏窗口、运行程序、调度鼠标和键盘事件、管理场景、访问配置信息及转换坐标等。

场景，主要用于构成游戏的界面，并且各个场景之间是相互独立的，常用的场景包括展示场景、菜单场景、游戏场景、游戏通关场景和游戏结束场景等。

图层，用于定义界面显示和游戏逻辑，包括背景层、动画层和菜单层等。

精灵，是被赋予生命的可视化对象，它可以执行各种动作，如移动、跳跃、旋转和缩放等。

### 6.2.2 坐标系

Cocos2d 采用的是笛卡儿直角坐标系，窗口的左下角为坐标原点，其 $z$ 轴由屏幕里向外，如图 6-1 所示。

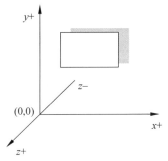

图 6-1 坐标系

## 6.2.3 基本开发流程

Cocos2d 的基本开发流程为创建导演→创建场景→创建图层→将图层添加至场景中→创建标签、精灵等元素→将标签、精灵等元素添加至图层中→运行场景。

示例代码如下：

```python
# 资源包\Code\chapter6\6.2\0602.py
import cocos
# (1)创建导演
cocos.director.director.init(width = 640, height = 480, caption = "Cocos2d")
# (2)创建场景
my_scene = cocos.scene.Scene()
# (3)创建图层
my_layer = cocos.layer.Layer()
# (4)将图层添加至场景中
my_scene.add(my_layer)
# (5)创建标签
my_label = cocos.text.Label('Hello Cocos2d!', font_name = 'Times New Roman', font_size = 32,
anchor_x = 'center', anchor_y = 'center')
width, height = cocos.director.director.get_window_size()
my_label.position = (width //2, height //2)
# (6)将标签添加至图层中
my_layer.add(my_label)
# (7)运行场景
cocos.director.director.run(my_scene)
```

上面代码的运行结果如图 6-2 所示。

图 6-2　第一段 Cocos2d 程序

## 6.3 导演(Director 类)

虽然可以通过 cocos.director 模块中的 Director 类创建导演对象,用于完成导演的创建,但是由于 Cocos2d 中已经定义了 Director 类的对象,即 cocos.director 模块中的 director 对象,所以在实际的应用过程中,需要使用该对象创建导演。这里需要注意的是,在程序中有且只能有一个 Director 类的对象。

Director 类的常用方法如下。

1) init()方法

该方法主要用于初始化 Director 类,并创建游戏主窗口,其语法格式如下:

```
init(width, height, caption, resizable, fullscreen, visible)
```

其中,参数 width 表示主窗口的宽;参数 height 表示主窗口的高;参数 caption 表示主窗口的标题;参数 resizable 表示主窗口是否可以缩放;参数 fullscreen 表示主窗口是否全屏;参数 visible 表示主窗口是否可见。

2) run()方法

该方法主要用于运行指定的场景,其语法格式如下:

```
run(scene)
```

其中,参数 scene 表示待运行的场景。

3) get_window_size()方法

该方法用于获取窗口的尺寸,并返回一个由窗口的宽和高组成的二元组,其语法格式如下:

```
get_window_size()
```

4) replace()方法

该方法用于结束当前场景,并执行指定的新场景,其语法格式如下:

```
replace(scene)
```

其中,参数 scene 表示待执行的新场景。

5) push()方法

该方法用于暂停当前场景,并将当前场景压入场景堆栈中,然后执行指定的新场景,其语法格式如下:

```
push(scene)
```

其中,参数 scene 表示待执行的新场景。

6) pop()方法

该方法用于从场景堆栈中取出一个场景,并执行该场景,如果当前场景堆栈为空,则结束整个程序,其语法格式如下:

```
pop()
```

## 6.4 节点(CocosNode 类)

通过 cocos.cocosnode 模块中的 CocosNode 类创建节点对象,用于完成节点的创建。CocosNode 类的常用属性和方法如下。

1) 属性 parent

该属性表示当前节点的父节点。

2) 属性 children

该属性表示由当前节点的所有子节点组成的列表。

3) 属性 x 和属性 y

该属性表示当前节点相对于父节点所在位置的 $x$ 轴坐标和 $y$ 轴坐标。

4) 属性 position

该属性表示由属性 x 和属性 y 组成的二元组。

5) 属性 anchor_x 和属性 anchor_y

该属性表示当前节点的锚点的 $x$ 轴坐标和 $y$ 轴坐标,其中,属性 anchor_x 的取值包括 left、center 和 right;属性 anchor_y 的取值包括 bottom、center 和 top。

需要注意的是,锚点不仅是相对距离的参考点,而且也是变换的参考点,如缩放和旋转等都是相对于锚点而言的。通过图 6-3 中所展示的锚点 A 的位置,读者可以更加清晰地了解属性 anchor_x 和属性 anchor_y。

6) 属性 anchor

该属性表示由属性 anchor_x 和属性 anchor_y 组成的二元组。

7) add()方法

该方法用于将指定的节点添加至当前节点,使其成为当前节点的子节点,其语法格式如下:

```
add(child, z)
```

其中,参数 child 表示指定的节点;参数 z 表示 z 轴方向的叠放次序。

8) remove()方法

该方法用于将指定的子节点从当前节点删除,其语法格式如下:

```
remove(node)
```

其中,参数 node 表示待删除的子节点。

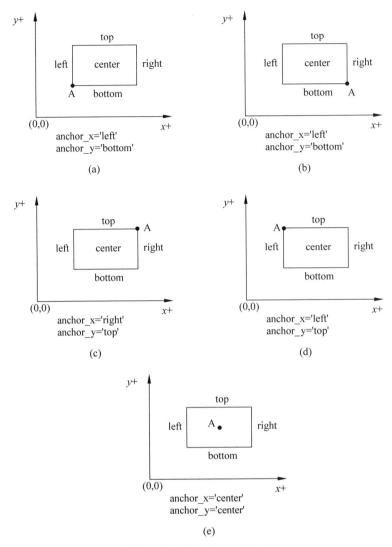

图 6-3　锚点 A 的属性 anchor_x 和属性 anchor_y

9) get() 方法

该方法用于获取指定节点的 CocosNode 对象，其语法格式如下：

```
get(name)
```

其中，参数 name 表示指定节点的名称。

10) do() 方法

该方法用于执行某个动作，其语法格式如下：

```
do(action)
```

其中，参数 action 表示待执行的动作。

11) pause()方法

该方法用于暂停执行当前节点下的所有动作,其语法格式如下:

```
pause()
```

12) resume()方法

该方法用于恢复执行当前节点下所有被暂停的动作,其语法格式如下:

```
resume()
```

13) stop()方法

该方法用于将当前节点下的动作从动作列表中删除,其语法格式如下:

```
stop()
```

14) schedule()方法

该方法表示定时器,会在每帧绘制之前都被调用一次,其时间间隔由游戏循环周期进行控制,其语法格式如下:

```
schedule(callback)
```

其中,参数 callback 表示被调用的函数。

15) schedule_interval()方法

该方法表示定时器,会在每帧绘制之前都被调用一次,其时间间隔需要自定义,其语法格式如下:

```
schedule_interval(callback, interval)
```

其中,参数 callback 表示被调用的函数;参数 interval 表示时间间隔。

16) unschedule()方法

该方法用于停止定时器,其语法格式如下:

```
unschedule(callback)
```

其中,参数 callback 表示被调用的函数。

17) pause_scheduler()方法

该方法用于暂停定时器,其语法格式如下:

```
pause_scheduler()
```

18) resume_scheduler()方法

该方法用于继续执行定时器,其语法格式如下:

```
resume_scheduler()
```

在 Cocos2d 中，CocosNode 类是一个极其重要的基类，因为在实际的应用过程中，通常使用 CocosNode 类的子类来创建游戏所需要的基本元素，如场景（Scene 类）、图层（Layer 类）、精灵（Sprite 类）、菜单（Menu 类）等。

此外，还需要注意一点，即 Cocos2d 游戏程序中均是以 CocosNode 类的对象为节点，进而构成树结构，其各节点之间都是从属关系。

### 6.4.1 场景（Scene 类）

通过 cocos.scene 模块中的 Scene 类创建场景对象，用于完成场景的创建，其语法格式如下：

```
Scene()
```

在创建完场景之后，需要使用 Director 类的 run() 方法来运行场景，示例代码如下：

```
#资源包\Code\chapter6\6.4\0603.py
import cocos
if __name__ == '__main__':
    cocos.director.director.init(width = 600, height = 600, caption = '创建场景')
    my_scene = cocos.scene.Scene()
    cocos.director.director.run(my_scene)
```

上面代码的运行结果如图 6-4 所示。

图 6-4　场景（Scene 类）

但是，一个 Cocos2d 的游戏程序中往往有很多场景，并且多个场景之间需要进行切换才能确保完成游戏程序的运行逻辑。这时候就需要配合使用 Director 类的 replace()方法、push()方法和 pop()方法控制多个场景的切换。

除此之外，在切换场景时不仅可以使用无过渡动画的切换，还可以使用有过渡动画的切换，其中切换的过渡动画使用的是 cocos.scenes 模块中的 TransitionScene 类，其语法格式如下：

```
TransitionScene(dst, duration, src)
```

其中，参数 dst 表示待切换的场景；参数 duration 表示过渡动画的持续时间；参数 src 表示当前的场景，默认值为 None。

而在实际的使用过程中，通常使用的是 TransitionScene 类的子类，其常用的子类如表 6-1 所示。

表 6-1 TransitionScene 类常用的子类

| 类 | 描 述 |
| --- | --- |
| FadeTRTransition() | 网格过渡动画 |
| JumpZoomTransition() | 跳动过渡动画 |
| MoveInLTransition() | 滑动过渡动画 |
| ShrinkGrowTransition() | 缩放过渡动画 |
| RotoZoomTransition() | 旋转过渡动画 |
| SlideInLTransition() | 轮播过渡动画 |
| SplitColsTransition() | 按列分割过渡动画 |
| SplitRowsTransition() | 按行分割过渡动画 |
| TurnOffTilesTransition() | 随机方格过渡动画 |

在下面的示例代码中，为了更好地演示场景之间的切换，所以涉及很多读者尚未学习到的知识点，如精灵、菜单等，在此阶段读者无须理解其具体语法，只需重点关注如何切换场景。

第 1 个场景的示例代码如下：

```python
#资源包\Code\chapter6\6.4\01\file1.py
import cocos
import cocos.scenes
#导入第 2 个场景文件
import file2
class Layer_One(cocos.layer.Layer):
    def __init__(self):
        super().__init__()
        s_width, s_height = cocos.director.director.get_window_size()
        background = cocos.sprite.Sprite('pic/bg1.jpg')
        background.position = (s_width //2, s_height //2)
        self.add(background, 0)
class Menu_One(cocos.menu.Menu):
```

```
    def __init__(self):
        super().__init__()
        go_item = cocos.menu.ImageMenuItem('pic/button.png', self.on_go_scene)
        self.create_menu([go_item], layout_strategy = cocos.menu.fixedPositionMenuLayout
([[(900, 700)]]))
    def on_go_scene(self):
        #无过渡动画切换场景
        #next_scene = setting_scene.create_scene()
        #director.push(next_scene)
        next_scene = file2.scene_two()
        #有过渡动画切换场景
        ts = cocos.scenes.transitions.RotoZoomTransition(next_scene, 1.5)
        #暂停场景 scene_one,并将其压入场景堆栈中,然后执行新场景 scene_two
        cocos.director.director.push(ts)
if __name__ == '__main__':
    cocos.director.director.init(width = 1000, height = 750, caption = '切换场景')
    scene_one = cocos.scene.Scene()
    layer_one = Layer_One()
    scene_one.add(layer_one)
    menu_one = Menu_One()
    scene_one.add(menu_one)
    cocos.director.director.run(scene_one)
```

第2个场景的示例代码如下:

```
#资源包\Code\chapter6\6.4\01\file2.py
import cocos
class Layer_Two(cocos.layer.Layer):
    def __init__(self):
        super().__init__()
        s_width, s_height = cocos.director.director.get_window_size()
        background = cocos.sprite.Sprite('pic/bg2.jpg')
        background.position = (s_width //2, s_height //2)
        self.add(background, 0)
class Menu_Two(cocos.menu.Menu):
    def __init__(self):
        super().__init__()
        back_item = cocos.menu.ImageMenuItem('pic/button.png', self.on_back_scene)
        self.create_menu([back_item], layout_strategy = cocos.menu.fixedPositionMenuLayout
([[(900, 700)]]))
    def on_back_scene(self):
        #从场景堆栈中取出场景 scene_one,并执行该场景
        cocos.director.director.pop()
def scene_two():
    scene_two = cocos.scene.Scene()
    layer_two = Layer_Two()
    scene_two.add(layer_two)
    menu_two = Menu_Two()
    scene_two.add(menu_two)
    return scene_two
```

上面代码的运行结果如图 6-5 所示。

图 6-5　场景切换

## 6.4.2　图层(Layer 类)

在 Cocos2d 中常用的图层包括普通图层和色彩图层。

**1. 普通图层(Layer 类)**

通过 cocos.layer 模块中的 Layer 类创建普通图层对象,用于完成普通图层的创建,其语法格式如下:

```
Layer()
```

但在实际的应用过程中,一般通过自定义 Layer 类的子类来创建普通图层对象,进而完成普通图层的创建,以便于将其他元素添加至普通图层之中。

在创建完普通图层之后,可以通过 CocosNode 类的 add() 方法将普通图层添加至场景之中。

```
#资源包\Code\chapter6\6.4\0604.py
import cocos
#普通图层
class MyLayer(cocos.layer.Layer):
    def __init__(self):
        super().__init__()
if __name__ == '__main__':
    cocos.director.director.init(width = 600, height = 600, caption = '普通图层(Layer 类)')
    my_scene = cocos.scene.Scene()
    my_layer = MyLayer()
    my_scene.add(my_layer)
    cocos.director.director.run(my_scene)
```

上面代码的运行结果如图 6-6 所示。

**2. 色彩图层(ColorLayer 类)**

通过 cocos.layer 模块中的 ColorLayer 类创建色彩图层对象,用于完成色彩图层的创建,其语法格式如下:

```
cocos.layer.ColorLayer()
```

图 6-6 普通图层(Layer 类)

与普通图层一样,在实际的应用过程中,一般通过自定义 ColorLayer 类的子类来创建色彩图层对象,进而完成色彩图层的创建,以便于将其他元素添加至色彩图层之中。

在创建完色彩图层之后,可以通过 CocosNode 类的 add()方法将色彩图层添加至场景之中。

```
# 资源包\Code\chapter6\6.4\0605.py
import cocos
# 色彩图层
class MyLayer(cocos.layer.ColorLayer):
    def __init__(self):
        super().__init__(200, 200, 200, 200)
if __name__ == '__main__':
    cocos.director.director.init(width = 600, height = 600, caption = '色彩图层(ColorLayer 类)')
    my_scene = cocos.scene.Scene()
    my_layer = MyLayer()
    my_scene.add(my_layer)
    cocos.director.director.run(my_scene)
```

上面代码的运行结果如图 6-7 所示。

图 6-7　色彩图层（ColorLayer 类）

### 6.4.3　精灵（Sprite 类）

通过 cocos.sprite 模块中的 Sprite 类创建精灵对象，用于完成精灵的创建，其语法格式如下：

```
Sprite(image, position, rotation, scale, opacity, color, anchor)
```

其中，参数 image 表示精灵的图片信息，可以是图片的字符串，也可以是通过 Pyglet 创建的图片对象；参数 position 表示精灵的锚点的位置；参数 rotation 表示精灵的旋转角度；参数 scale 表示精灵的缩放比例；参数 opacity 表示精灵的透明度，0 为完全透明，255 为完全不透明；参数 color 表示精灵的 RGB 颜色；参数 anchor 表示精灵的锚点，需要注意的是，精灵的锚点的取值为浮点数。

Sprite 类的常用属性和方法如下：

1）属性 width 和属性 height

该属性分别表示图片的宽度和高度。

2）属性 opacity

该属性表示透明度。

3）属性 color

该属性表示 RGB 颜色。

4) 属性 image

该属性表示图片信息。

5) 属性 position

该属性表示锚点的位置。

6) 属性 image_anchor_x 和属性 image_anchor_y

该属性分别表示锚点的 $x$ 轴坐标和 $y$ 轴坐标。

7) 属性 image_anchor

该属性表示由属性 image_anchor_x 和属性 image_anchor_y 所组成的二元组。

8) get_rect()方法

该方法用于获取精灵所在的矩形，返回 Rect 类的对象。

9) get_AABB()方法

该方法的作用与 get_rect()方法类似，同样用于获取精灵所在的矩形，并返回 Rect 类的对象，但是 get_rect()方法不会更新矩形区域，而 get_AABB()方法则会更新矩形区域。

示例代码如下：

```python
#资源包\Code\chapter6\6.4\0606.py
import cocos
class MyLayer(cocos.layer.Layer):
    def __init__(self):
        super().__init__()
        self.s_width, self.s_height = cocos.director.director.get_window_size()
        #创建精灵：背景
        background = cocos.sprite.Sprite('pic/background.png')
        background.position = (self.s_width //2, self.s_height //2)
        #将精灵添加到图层中
        self.add(background, 0)
        #创建精灵：山
        mountain1 = cocos.sprite.Sprite('pic/mountain1.png', position = (360, 500), scale = 0.6)
        self.add(mountain1, 1)
        #创建精灵：山
        mountain2 = cocos.sprite.Sprite('pic/mountain2.png', position = (800, 500), scale = 0.6)
        self.add(mountain2, 1)
        #创建精灵：树
        tree = cocos.sprite.Sprite('pic/tree.png', position = (360, 260), scale = 0.6)
        self.add(tree, 1)
        #创建精灵：英雄
        hero = cocos.sprite.Sprite('pic/hero.png', position = (800, 160), scale = 0.6)
        self.add(hero, 1)
if __name__ == '__main__':
    cocos.director.director.init(width = 1136, height = 640, caption = '精灵(Sprite类)')
    my_scene = cocos.scene.Scene()
    my_layer = MyLayer()
    my_scene.add(my_layer)
    cocos.director.director.run(my_scene)
```

上面代码的运行结果如图 6-8 所示。

图 6-8　精灵（Sprite 类）

## 6.4.4　菜单（Menu 类）

由于 Menu 类是一个抽象类，所以必须通过自定义 Menu 类的子类来创建菜单对象，进而完成菜单的创建。

Menu 类的常用方法为 create_menu()方法，主要用于创建菜单，其语法格式如下：

```
create_menu(items, selected_effect, unselected_effect, activated_effect, layout_strategy)
```

其中，参数 items 表示菜单项列表；参数 selected_effect 表示菜单项被选中时的特效，包括振动（shake()函数）、振动返回（shake_back()函数）、放大（zoom_in()函数）和缩小（zoom_out()函数）；参数 unselected_effect 表示菜单项未被选中时的特效，包括振动（shake()函数）、振动返回（shake_back()函数）、放大（zoom_in()函数）和缩小（zoom_out()函数）；参数 activated_effect 表示菜单项被激活时的特效，包括振动（shake()函数）、振动返回（shake_back()函数）、放大（zoom_in()函数）和缩小（zoom_out()函数）；参数 layout_strategy 表示菜单项的布局策略。

在创建完菜单之后，需要在菜单中添加菜单项，其包括以下 4 种。

1）基本菜单项

该菜单项仅可以使用基本的文本内容作为菜单的选项。

通过 cocos.menu 模块中的 MenuItem 类创建基本菜单项对象，用于完成基本菜单项的创建，其语法格式如下：

```
MenuItem(label, callback_func)
```

其中,参数 label 表示基本菜单项的文本内容;参数 callback_func 表示基本菜单项的响应函数。

2)可切换菜单项

该菜单项除了可以实现基本菜单项的功能外,还可以实现多个选项的切换。

通过 cocos.menu 模块中的 MultipleMenuItem 类创建可切换菜单项对象,用于完成可切换菜单项的创建,其语法格式如下:

```
MultipleMenuItem(label, callback_func, items, default_item)
```

其中,参数 label 表示可切换菜单项的文本内容;参数 callback_func 表示可切换菜单项的响应函数;参数 items 表示可切换菜单项的选项列表;参数 default_item 表示可切换菜单项的选项列表中默认选项的索引,默认值为 0。

3)开关菜单项

该菜单项除了可以实现基本菜单项的功能外,还可以实现两种状态的切换。

通过 cocos.menu 模块中的 ToggleMenuItem 类创建开关菜单项对象,用于完成开关菜单项的创建,其语法格式如下:

```
ToggleMenuItem(label, callback_func, value)
```

其中,参数 label 表示开关菜单项的文本内容;参数 callback_func 表示开关菜单项的响应函数;参数 value 表示开关菜单项的值,默认值为 False,其开关菜单项对应的显示内容为 OFF,否则显示内容为 ON。

4)图片菜单项

该菜单项仅可以使用图片作为菜单的选项。

通过 cocos.menu 模块中的 ImageMenuItem 类创建图片菜单项对象,用于完成图片菜单项的创建,其语法格式如下:

```
ImageMenuItem(image, callback_func)
```

其中,参数 image 表示图片菜单项的图片信息,可以是图片的字符串,也可以是通过 Pyglet 创建的图片对象;参数 callback_func 表示图片菜单项的响应函数。

示例代码如下:

```
#资源包\Code\chapter6\6.4\0607.py
import cocos
class MainMenu(cocos.menu.Menu):
    def __init__(self):
        super().__init__()
        #未被选中时的字体大小
```

```python
        self.font_item['font_size'] = 32
        # 选中时的字体大小
        self.font_item_selected['font_size'] = 40
        # 创建基本菜单项
        item1 = cocos.menu.MenuItem('开始', self.on_item1_click)
        # 创建开关菜单项
        item2 = cocos.menu.ToggleMenuItem('音效', self.on_item2_click, False)
        # 创建可切换菜单项
        item3 = cocos.menu.MultipleMenuItem('设置', self.on_item3_click, ['设置1', '设置2', '设置3', '设置4', '设置5'], 1)
        self.create_menu([item1, item2, item3], selected_effect = cocos.menu.shake(), unselected_effect = cocos.menu.shake_back())
    def on_item1_click(self):
        print('单击基本菜单项')
    def on_item2_click(self, value):
        print(f'单击开关菜单项,{value}')
    def on_item3_click(self, value):
        print(f'单击可切换菜单项,{value}')
if __name__ == "__main__":
    cocos.director.director.init(caption = "菜单(Menu类)")
    main_scene = cocos.scene.Scene()
    main_menu = MainMenu()
    main_scene.add(main_menu)
    cocos.director.director.run(main_scene)
```

上面代码的运行结果如图6-9所示。

图6-9 菜单(Menu类)

## 6.5 事件

在 Cocos2d 中,除了之前学习的菜单可以接收和响应用户事件以外,图层也可以接收和响应用户事件。

这里有两点需要注意,一是图层接收和响应用户事件必须将图层中的属性 is_event_handler 的值设置为 True,否则无法接收和响应用户的事件;二是 Cocos2d 中的事件是通过 Pyglet 的事件处理实现的。

### 6.5.1 键盘事件

图层中的键盘事件主要包括键盘中的"按键按下"和"按键释放",当这些事件触发时会调用图层中的相关方法。

1) on_key_press()方法

该方法当键盘中的按键被按下时调用,其语法格式如下:

```
on_key_press(key, modifiers)
```

其中,参数 key 表示被按下键盘按键的编号;参数 modifiers 表示用来判断特殊的按键,如 Ctrl、Alt 和 Shift 等。

2) on_key_release()方法

该方法当键盘中的按键被释放时调用,其语法格式如下:

```
on_key_release(key, modifiers)
```

其中,参数 key 表示被按下键盘按键的编号;参数 modifiers 表示用来判断特殊的按键,如 Ctrl、Alt 和 Shift 等。

示例代码如下:

```python
#资源包\Code\chapter6\6.5\0608.py
import cocos
class MainLayer(cocos.menu.Layer):
    #注意,该属性必须赋值为 True,事件才会起作用
    is_event_handler = True
    def __init__(self):
        super().__init__()
        self.label = cocos.text.Label('Hello Cocos2d', font_name = 'Times New Roman', font_size = 32, anchor_x = 'center', anchor_y = 'center')
        width, height = cocos.director.director.get_window_size()
        self.label.position = (width //2, height //2)
        self.add(self.label)
    #按键按下
    def on_key_press(self, key, modifiers):
        #当按键的编号为空格键的编号时
        if key == 32:
```

```
                self.label.element.text = '空格键按下'
        #按键释放
        def on_key_release(self, key, modifiers):
            if key == 32:
                self.label.element.text = '空格键释放'
if __name__ == "__main__":
    cocos.director.director.init(caption = "键盘事件")
    main_layer = MainLayer()
    main_scene = cocos.scene.Scene()
    main_scene.add(main_layer)
    cocos.director.director.run(main_scene)
```

上面代码的运行结果如图 6-10 所示。

图 6-10　按键事件

## 6.5.2　鼠标事件

图层中的鼠标事件主要包括"鼠标按下""鼠标释放"和"鼠标拖曳"，当这些事件触发时会调用图层中的相关方法。

1）on_mouse_press()方法

该方法当鼠标的按键被按下时调用，其语法格式如下：

```
on_mouse_press(x, y, button, modifiers)
```

其中，参数 x 表示鼠标的 $x$ 轴坐标；参数 y 表示鼠标的 $y$ 轴坐标；参数 button 表示被按下鼠标按键的编号，鼠标左键为 1，鼠标右键为 4，鼠标中键为 2；参数 modifiers 表示用来判断特殊的按键,如 Ctrl、Alt 和 Shift 等。

2) on_mouse_release()方法

该方法当鼠标的按键被释放时调用,其语法格式如下:

```
on_mouse_release(x, y, button, modifiers)
```

其中,参数 x 表示鼠标的 $x$ 轴坐标;参数 y 表示鼠标的 $y$ 轴坐标;参数 button 表示被按下鼠标按键的编号,鼠标左键为 1,鼠标右键为 4,鼠标中键为 2;参数 modifiers 表示用来判断特殊的按键,如 Ctrl、Alt 和 Shift 等。

3) on_mouse_drag()方法

当鼠标被拖曳时调用该方法,其语法格式如下:

```
on_mouse_drag(x, y, dx, dy, buttons, modifiers)
```

其中,参数 x 表示鼠标的 $x$ 轴坐标;参数 y 表示鼠标的 $y$ 轴坐标;参数 dx 表示鼠标在 $x$ 轴拖曳的差值;参数 dy 表示鼠标在 $y$ 轴拖曳的差值;参数 button 表示被按下鼠标按键的编号,鼠标左键为 1,鼠标右键为 4,鼠标中键为 2;参数 modifiers 表示用来判断特殊的按键,如 Ctrl、Alt 和 Shift 等。

示例代码如下:

```python
#资源包\Code\chapter6\6.5\0609.py
import cocos
class MainLayer(cocos.menu.Layer):
    #注意,该属性必须赋值为 True,事件才会起作用
    is_event_handler = True
    def __init__(self):
        super().__init__()
        self.label = cocos.text.Label('Hello, World!', font_name = 'Times New Roman', font_size = 32, anchor_x = 'center', anchor_y = 'center')
        width, height = cocos.director.director.get_window_size()
        self.label.position = width //2, height //2
        self.add(self.label)
    def on_mouse_press(self, x, y, button, modifiers):
        #当鼠标按键为左键时
        if button == 1:
            self.label.element.text = '鼠标左键被按下'
    def on_mouse_release(self, x, y, button, modifiers):
        if button == 1:
            self.label.element.text = '鼠标左键被释放'
    def on_mouse_drag(self, x, y, dx, dy, buttons, modifiers):
        print(buttons, modifiers)
        #当按住键盘 Ctrl 按键,并按住鼠标右键拖曳鼠标时
        if modifiers == 18 and buttons == 4:
            self.label.element.text = '鼠标拖曳中...'
if __name__ == "__main__":
```

```
cocos.director.director.init(caption = "鼠标事件")
main_layer = MainLayer()
main_scene = cocos.scene.Scene()
main_scene.add(main_layer)
cocos.director.director.run(main_scene)
```

上面代码的运行结果如图 6-11 所示。

图 6-11  鼠标事件

## 6.6  粒子系统

粒子系统是模拟自然界中一些粒子物理运动的效果，如烟雾、下雪、下雨、火焰、云层、爆炸、银河和烟花等，它由成千上万个节点构成，通过不断地产生、不断地消亡以达到要显示的效果。

可以通过 cocos.particle_systems 模块中相关的类（如表 6-2 所示）实现系统预定义的粒子系统。

表 6-2  cocos.particle_systems 模块中的类

| 类 | 描 述 |
| --- | --- |
| Explosion() | 爆炸效果 |
| Fire() | 火焰效果 |
| Fireworks() | 烟花效果 |
| Flower() | 花朵效果 |

续表

| 类 | 描 述 |
|---|---|
| Galaxy() | 星系效果 |
| Meteor() | 流星效果 |
| Spiral() | 漩涡效果 |
| Smoke() | 烟雾效果 |
| Sun() | 太阳效果 |

示例代码如下：

```python
# 资源包\Code\chapter6\6.6\0610.py
import cocos
import cocos.particle_systems
class MainLayer(cocos.layer.Layer):
    def __init__(self):
        super().__init__()
        # 创建初始的粒子系统
        sp = cocos.particle_systems.Spiral()
        sp.position = (560, 320)
        # 将粒子系统 Spiral 添加到图层中,该节点的名称为 particle
        self.add(sp, name = 'particle')
class MainMenu(cocos.menu.Menu):
    def __init__(self):
        super(MainMenu, self).__init__()
        self.font_item['font_size'] = 20
        self.font_item_selected['font_size'] = 26
        item1 = cocos.menu.MenuItem('Explosion', self.on_explosion)
        item2 = cocos.menu.MenuItem('Fire', self.on_fire)
        item3 = cocos.menu.MenuItem('Fireworks', self.on_fireworks)
        item4 = cocos.menu.MenuItem('Flower', self.on_flower)
        item5 = cocos.menu.MenuItem('Galaxy', self.on_galaxy)
        item6 = cocos.menu.MenuItem('Meteor', self.on_meteor)
        item7 = cocos.menu.MenuItem('Spiral', self.on_spiral)
        item8 = cocos.menu.MenuItem('Smoke', self.on_smoke)
        item9 = cocos.menu.MenuItem('Sun', self.on_sun)
        self.create_menu([item1, item2, item3, item4, item5, item6, item7, item8, item9],
layout_strategy = cocos.menu.fixedPositionMenuLayout([(120, 560), (120, 515), (120, 470),
(120, 425), (120, 380), (120, 335), (120, 290), (120, 245), (120, 200)]))
    def on_explosion(self):
        # 从当前图层中删除 particle 节点
        main_layer.remove('particle')
        # 创建粒子系统 explosion
        sp = cocos.particle_systems.Explosion()
        sp.position = (560, 320)
        # 将粒子系统 explosion 添加到图层中,该节点的名称为 particle
        main_layer.add(sp, name = 'particle')
    def on_fire(self):
        main_layer.remove('particle')
```

```python
            sp = cocos.particle_systems.Fire()
            sp.position = (560, 320)
            main_layer.add(sp, name = 'particle')
        def on_fireworks(self):
            main_layer.remove('particle')
            sp = cocos.particle_systems.Fireworks()
            sp.position = (560, 320)
            main_layer.add(sp, name = 'particle')
        def on_flower(self):
            main_layer.remove('particle')
            sp = cocos.particle_systems.Flower()
            sp.position = (560, 320)
            main_layer.add(sp, name = 'particle')
        def on_galaxy(self):
            main_layer.remove('particle')
            sp = cocos.particle_systems.Galaxy()
            sp.position = (560, 320)
            main_layer.add(sp, name = 'particle')
        def on_meteor(self):
            main_layer.remove('particle')
            sp = cocos.particle_systems.Meteor()
            sp.position = (560, 320)
            main_layer.add(sp, name = 'particle')
        def on_spiral(self):
            main_layer.remove('particle')
            sp = cocos.particle_systems.Spiral()
            sp.position = (560, 320)
            main_layer.add(sp, name = 'particle')
        def on_smoke(self):
            main_layer.remove('particle')
            sp = cocos.particle_systems.Smoke()
            sp.position = (560, 320)
            main_layer.add(sp, name = 'particle')
        def on_sun(self):
            main_layer.remove('particle')
            sp = cocos.particle_systems.Sun()
            sp.position = (560, 320)
            main_layer.add(sp, name = 'particle')
if __name__ == '__main__':
    cocos.director.director.init(width = 1136, height = 640, caption = '粒子系统')
    main_scene = cocos.scene.Scene()
    main_layer = MainLayer()
    main_scene.add(main_layer)
    mainmenu = MainMenu()
    main_scene.add(mainmenu)
    cocos.director.director.run(main_scene)
```

上面代码的运行结果如图 6-12 所示。

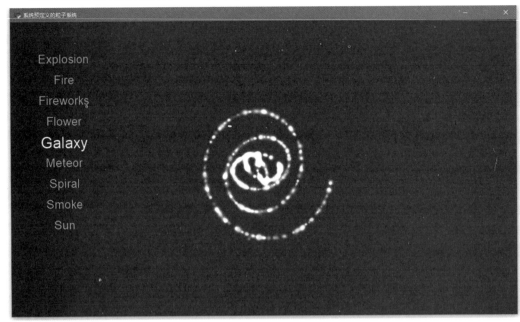

图 6-12　系统预定义的粒子系统

此外,如果系统预定义的粒子系统无法满足程序的需求,则可以通过修改 cocos.particle_systems 模块中相关的类的属性(如表 6-3 所示)来自定义粒子系统。

表 6-3　cocos.particle_systems 模块中的类的属性

| 属　　性 | 描　　述 |
| --- | --- |
| gravity | 粒子的重力 |
| radial_accel | 径向加速度 |
| radial_accel_var | 径向加速度偏差 |
| size | 粒子大小 |
| size_var | 粒子大小偏差 |
| tangential_accel | 切向加速度 |
| tangential_accel_var | 切向加速度偏差 |
| life | 粒子生命周期 |
| life_var | 粒子生命周期偏差 |
| emission_rate | 粒子发送速率 |
| duration | 粒子持续时间 |
| total_particles | 粒子总数 |
| angle | 粒子方向角度 |
| angle_var | 粒子方向角度偏差 |
| start_color | 粒子的开始颜色 |

续表

| 属 性 | 描 述 |
|---|---|
| star_color_var | 粒子开始颜色偏差 |
| end_color | 粒子的结束颜色 |
| end_color_var | 粒子的结束颜色偏差 |
| speed | 粒子的移动速度 |
| speed_var | 粒子移动速度偏差 |
| blend_additive | 开启粒子颜色混合 |

示例代码如下：

```python
#资源包\Code\chapter6\6.6\0611.py
import cocos
import cocos.particle_systems
from cocos.euclid import Point2
class MainLayer(cocos.layer.Layer):
    def __init__(self):
        super().__init__()
        s_width, s_height = cocos.director.director.get_window_size()
        background = cocos.sprite.Sprite('pic/zippo.png')
        background.position = (s_width //2, s_height //2)
        self.add(background, 0)
        fire = cocos.particle_systems.Fire()
        #Point2 表示 x 轴和 y 轴的二元向量
        fire.gravity = Point2(45, 500)
        fire.radial_accel = 60
        fire.size = 84
        fire.size_var = 50
        fire.tangential_accel = 20
        fire.tangential_accel_var = 10
        fire.life = 0.79
        fire.life_var = 0.45
        fire.emission_rate = 200
        fire.position = (270, 580)
        self.add(fire)
if __name__ == '__main__':
    cocos.director.director.init(width = 640, height = 960, resizable = True, caption = 'Zippo打火机')
    main_scene = cocos.scene.Scene()
    mainlayer = MainLayer()
    main_scene.add(mainlayer)
    cocos.director.director.run(main_scene)
```

上面代码的运行结果如图 6-13 所示。

图 6-13　自定义粒子系统

## 6.7　动作(Action 类)

在 Cocos2d 中定义了一系列的动作,包括瞬时动作和间隔动作,并且所有 CocosNode 类的对象都可以通过 do()方法执行上述动作。

### 6.7.1　瞬时动作

瞬时动作指的是瞬间可以完成的动作,可以通过 cocos.actions 模块中相关的类进行创建。

1) Hide 类

该瞬时动作用于将 CocosNode 类的对象隐藏,其语法格式如下:

```
Hide()
```

2) Show 类

该瞬时动作用于将 CocosNode 类的对象显示,其语法格式如下:

```
Show()
```

3) ToggleVisibility 类

该瞬时动作用于切换 CocosNode 类的对象隐藏和显示,其语法格式如下:

```
ToggleVisibility()
```

4) Place 类

该瞬时动作用于将 CocosNode 类的对象瞬时移动到指定的坐标,其语法格式如下:

```
Place(position)
```

其中,参数 position 表示移动到的坐标。

示例代码如下:

```python
# 资源包\Code\chapter6\6.7\0612.py
import cocos
# 定义全局变量
logo = None
class GameLayer(cocos.layer.ColorLayer):
    def __init__(self):
        # 将图层背景色设置为白色
        super().__init__(255, 255, 255, 255)
        global logo
        # 创建精灵
        logo = cocos.sprite.Sprite('pic/logo.png')
        logo.position = (560, 320)
        self.add(logo)
class MainMenu(cocos.menu.Menu):
    def __init__(self):
        super(MainMenu, self).__init__()
        # 创建菜单项
        self.font_item['font_size'] = 20
        self.font_item['color'] = (0, 0, 0, 255)
        self.font_item_selected['font_size'] = 26
        self.font_item_selected['color'] = (0, 0, 0, 255)
        item1 = cocos.menu.MenuItem('Hide', self.on_hide)
```

```
                item2 = cocos.menu.MenuItem('Show', self.on_show)
                item3 = cocos.menu.MenuItem('ToggleVisibility', self.on_togglevisibility)
                item4 = cocos.menu.MenuItem('Place', self.on_place)
                self.create_menu([item1, item2, item3, item4], layout_strategy = cocos.menu.
fixedPositionMenuLayout([(120, 560), (120, 510), (120, 460), (120, 410)]))
        def on_hide(self):
            logo.do(cocos.actions.Hide())
        def on_show(self):
            logo.do(cocos.actions.Show())
        def on_togglevisibility(self):
            logo.do(cocos.actions.ToggleVisibility())
        def on_place(self):
            logo.do(cocos.actions.Place(position = (800, 500)))
if __name__ == '__main__':
    cocos.director.director.init(width = 1136, height = 640, caption = '瞬时动作')
    main_scene = cocos.scene.Scene()
    game_layer = GameLayer()
    main_scene.add(game_layer)
    main_munu = MainMenu()
    main_scene.add(main_munu)
    cocos.director.director.run(main_scene)
```

上面代码的运行结果如图 6-14 所示。

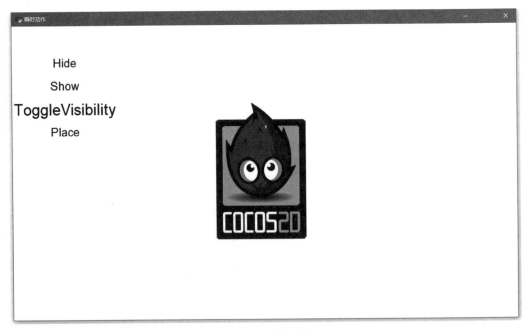

图 6-14 瞬时动作

## 6.7.2 间隔动作

间隔动作指的是需要一定时间执行的动作,可以通过 cocos.actions 模块中相关的类进行创建。

间隔动作可以分为以下 5 大类。

**1．移动**

1）MoveBy 类

该间隔动作用于将 CocosNode 类的对象从当前的坐标移动指定的距离，其语法格式如下：

```
MoveBy(delta, duration)
```

其中，参数 delta 表示移动距离的坐标；参数 duration 表示间隔动作执行的时间。

2）MoveTo 类

该间隔动作用于将 CocosNode 类的对象移动到指定的坐标，其语法格式如下：

```
MoveTo(dst_coords, duration)
```

其中，参数 dst_coords 表示移动到的坐标；参数 duration 表示间隔动作执行的时间。

**2．跳跃**

1）JumpBy 类

该间隔动作用于将 CocosNode 类的对象从当前的坐标以跳跃的方式移动指定的距离，其语法格式如下：

```
JumpBy(position, height, jumps, duration)
```

其中，参数 position 表示移动距离的坐标；参数 height 表示跳跃的高度；参数 jumps 表示跳跃的次数；参数 duration 表示间隔动作执行的时间。

2）JumpTo 类

该间隔动作用于将 CocosNode 类的对象以跳跃的方式移动到指定的坐标，其语法格式如下：

```
JumpTo(position, height, jumps, duration)
```

其中，参数 position 表示移动到的坐标；参数 height 表示跳跃的高度；参数 jumps 表示跳跃的次数；参数 duration 表示间隔动作执行的时间。

**3．缩放**

1）ScaleBy 类

该间隔动作用于将 CocosNode 类的对象以相对于当前的大小缩放至指定的比例，其语法格式如下：

```
ScaleBy(scale, duration)
```

其中，参数 scale 表示缩放的比例；参数 duration 表示间隔动作执行的时间。

2) ScaleTo 类

该间隔动作用于将 CocosNode 类的对象缩放至指定的比例,其语法格式如下:

```
ScaleTo(scale, duration)
```

其中,参数 scale 表示缩放的比例;参数 duration 表示间隔动作执行的时间。

4. 旋转

1) RotateBy 类

该间隔动作用于将 CocosNode 类的对象以相对于当前的角度旋转至指定的角度,其语法格式如下:

```
RotateBy(angle, duration)
```

其中,参数 angle 表示旋转的角度;参数 duration 表示间隔动作执行的时间。

2) RotateTo 类

该间隔动作用于将 CocosNode 类的对象旋转至指定的角度,其语法格式如下:

```
RotateTo(angle, duration)
```

其中,参数 angle 表示旋转的角度;参数 duration 表示间隔动作执行的时间。

5. 透明度

1) FadeIn 类

该间隔动作用于将 CocosNode 类的对象以淡入的方式显示,其语法格式如下:

```
FadeIn(duration)
```

其中,参数 duration 表示间隔动作执行的时间。

2) FadeOut 类

该间隔动作用于将 CocosNode 类的对象以淡出的方式隐藏,其语法格式如下:

```
FadeOut(duration)
```

其中,参数 duration 表示间隔动作执行的时间。

3) FadeTo 类

该间隔动作用于将 CocosNode 类的对象变化至指定的透明度,其语法格式如下:

```
FadeTo(alpha, duration)
```

其中,参数 alpha 表示透明度;参数 duration 表示间隔动作执行的时间。

示例代码如下:

```
# 资源包\Code\chapter6\6.7\0613.py
import cocos
```

```python
#定义全局变量
logo = None
class GameLayer(cocos.layer.ColorLayer):
    def __init__(self):
        #将图层背景色设置为白色
        super().__init__(255, 255, 255, 255)
        global logo
        #创建精灵
        logo = cocos.sprite.Sprite('pic/logo.png')
        logo.position = (560, 320)
        self.add(logo)
class MainMenu(cocos.menu.Menu):
    def __init__(self):
        super(MainMenu, self).__init__()
        #创建菜单项
        self.font_item['font_size'] = 20
        self.font_item['color'] = (0, 0, 0, 255)
        self.font_item_selected['color'] = (0, 0, 0, 255)
        self.font_item_selected['font_size'] = 26
        item1 = cocos.menu.MenuItem('MoveBy', self.on_moveby)
        item2 = cocos.menu.MenuItem('MoveTo', self.on_moveto)
        item3 = cocos.menu.MenuItem('JumpBy', self.on_jumpby)
        item4 = cocos.menu.MenuItem('JumpTo', self.on_jumpto)
        item5 = cocos.menu.MenuItem('ScaleBy', self.on_scaleby)
        item6 = cocos.menu.MenuItem('ScaleTo', self.on_scaleto)
        item7 = cocos.menu.MenuItem('RotateBy', self.on_rotateby)
        item8 = cocos.menu.MenuItem('RotateTo', self.on_rotateto)
        item9 = cocos.menu.MenuItem('FadeTo', self.on_fadeto)
        item10 = cocos.menu.MenuItem('FadeIn', self.on_fadein)
        item11 = cocos.menu.MenuItem('FadeOut', self.on_fadeout)
        self.create_menu([item1, item2, item3, item4, item5, item6, item7, item8, item9, item10, item11], layout_strategy = cocos.menu.fixedPositionMenuLayout([(120, 560), (120, 515), (120, 470), (120, 425), (120, 380), (120, 335), (120, 290), (120, 245), (120, 200), (120, 155), (120, 110)]))
    def on_moveby(self):
        logo.do(cocos.actions.MoveBy(delta = (100, 100), duration = 2))
    def on_moveto(self):
        logo.do(cocos.actions.MoveTo(dst_coords = (100, 100), duration = 2))
    def on_jumpby(self):
        action = cocos.actions.JumpBy(position = (200, 200), height = 30, jumps = 5, duration = 2)
        logo.do(action)
    def on_jumpto(self):
        action = cocos.actions.JumpTo(position = (200, 200), height = 100, jumps = 5, duration = 2)
        logo.do(action)
    def on_scaleby(self):
        action = cocos.actions.ScaleBy(scale = 0.5, duration = 2)
        logo.do(action)
    def on_scaleto(self):
```

```python
            action = cocos.actions.ScaleTo(scale = 0.5, duration = 2)
            logo.do(action)
    def on_rotateby(self):
            action = cocos.actions.RotateBy(angle = 180, duration = 2)
            logo.do(action)
    def on_rotateto(self):
            action = cocos.actions.RotateTo(angle = 180, duration = 2)
            logo.do(action)
    def on_fadeto(self):
            logo.do(cocos.actions.FadeTo(alpha = 80, duration = 2))
    def on_fadein(self):
            logo.do(cocos.actions.FadeIn(duration = 3))
    def on_fadeout(self):
            logo.do(cocos.actions.FadeOut(duration = 3))
if __name__ == '__main__':
    cocos.director.director.init(width = 1136, height = 640, caption = '间隔动作')
    main_scene = cocos.scene.Scene()
    game_layer = GameLayer()
    main_scene.add(game_layer)
    main_menu = MainMenu()
    main_scene.add(main_menu)
    cocos.director.director.run(main_scene)
```

上面代码的运行结果如图 6-15 所示。

图 6-15　间隔动作

## 6.8　音效和音乐

音效和音乐是游戏程序中非常重要的组成部分，没有音效和音乐的游戏将会变得索然无味。在游戏中，音效指的是时长较短且需要重复播放的声音，而音乐指的是时长较长且播放次数较少的声音。

在Cocos2d中,实现音效和音乐的方式主要有两种方式:一是利用Pyglet;二是利用Pygame/SDL。

## 6.8.1 Pyglet

可以通过Pyglet.resource模块中的media()方法创建音乐或音效资源,其语法格式如下:

```
media(name, streaming)
```

其中,参数name表示音乐或音效文件;参数streaming表示码流加载方式,当该值为True时,代表一边播放一边解码,适用于时长较长且播放次数较少的声音,即音乐,而当该值为False时,则代表一次性加载到内存中进行解码,适用于时长较短且需要重复播放的声音,即音效。

在创建完音乐或音效资源后,再具体学习一下如何控制音效或音乐。

**1. 音效**

可以直接通过音效资源的play()方法播放音效,其语法格式如下:

```
play()
```

示例代码如下:

```python
#资源包\Code\chapter6\6.8\0614.py
import cocos
import pyglet
class MainMenu(cocos.menu.Menu):
    def __init__(self):
        super().__init__()
        self.font_item['font_size'] = 32
        self.font_item_selected['font_size'] = 40
        sound_item = cocos.menu.ToggleMenuItem('音效', self.on_sound_item, True)
        self.create_menu([sound_item], selected_effect = cocos.menu.shake(), unselected_effect = cocos.menu.shake_back())
        #初始化音效
        self.sound = 0
    def on_sound_item(self, value):
        if value == 1:
            #播放音效
            sound = pyglet.resource.media('sound/Blip.wav', streaming = False)
            sound.play()
            self.sound = 1
        else:
            self.sound = 0
if __name__ == '__main__':
    cocos.director.director.init(width = 600, height = 400, caption = '音效', audio_backend = 'sdl')
```

```
main_scene = cocos.scene.Scene()
main_menu = MainMenu()
main_scene.add(main_menu)
cocos.director.director.run(main_scene)
```

上面代码的运行结果如图 6-16 所示。

图 6-16　音效

### 2. 音乐

可以通过 Pyglet.media 模块中 Player 类的实例对象对音乐进行控制，其相关的方法和属性如下。

1) queue()方法

该方法用于将音乐资源添加到播放列表之中，其语法格式如下：

```
queue(source)
```

其中，参数 source 表示音乐资源。

2) play()方法

该方法方法用于播放音乐，其语法格式如下：

```
play()
```

3) pause()方法

该方法用于暂停播放的音乐，其语法格式如下：

```
pause()
```

4)属性 volume

该属性用于设置音乐的音量,音量的最大值为 1.0,最小值为 0.0,其语法格式如下:

```
volume
```

5)属性 loop

该属性用于循环播放音乐,其取值为布尔值,其中,True 表示循环播放,False 表示不循环播放,其语法格式如下:

```
loop
```

示例代码如下:

```python
#资源包\Code\chapter6\6.8\0615.py
import cocos
import pyglet
class MainMenu(cocos.menu.Menu):
    def __init__(self):
        super().__init__()
        self.font_item['font_size'] = 32
        self.font_item_selected['font_size'] = 40
        music_item = cocos.menu.ToggleMenuItem('音乐', self.on_music_item, True)
        sound_item = cocos.menu.ToggleMenuItem('音效', self.on_sound_item, True)
        self.create_menu([music_item, sound_item], selected_effect = cocos.menu.shake(),
unselected_effect = cocos.menu.shake_back())
        #初始化音效
        self.sound = 0
    def on_music_item(self, value):
        if self.sound == 1:
            sound = pyglet.resource.media('sound/Blip.wav', streaming = False)
            sound.play()
        if value:
            music_player.play()
        else:
            music_player.pause()
    def on_sound_item(self, value):
        if value == 1:
            #播放音效
            sound = pyglet.resource.media('sound/Blip.wav', streaming = False)
            sound.play()
            self.sound = 1
        else:
            self.sound = 0
if __name__ == '__main__':
    cocos.director.director.init(width = 600, height = 400, caption = '音乐', audio_backend = 'sdl')
    main_scene = cocos.scene.Scene()
```

```
main_menu = MainMenu()
main_scene.add(main_menu)
music = pyglet.resource.media('sound/arena.ogg', streaming = True)
music_player = pyglet.media.Player()
music_player.queue(music)
music_player.volume = 0.9
music_player.play()
cocos.director.director.run(main_scene)
```

上面代码的运行结果如图 6-17 所示。

图 6-17　音乐

## 6.8.2　Pygame/SDL

使用 Pygame/SDL 播放音效或音乐需要安装 Pygame 模块和 PySDL2 模块，安装过程很简单，直接在"命令提示符"中输入命令 pip install pygame 和 pip install pysdl2 即可完成安装。

在安装完 Pygame 模块和 PySDL2 模块之后，再具体学习一下如何控制音效或音乐。

### 1. 音效

通过 cocos.audio.effect 模块中的 Effect 类创建音效资源，其语法格式如下：

```
Effect(filename)
```

其中，参数 filename 表示音效文件。

然后，直接通过该音效资源的 play() 方法播放音效，其语法格式如下：

```
play()
```

示例代码如下：

```python
# 资源包\Code\chapter6\6.8\0616.py
import cocos
import cocos.audio.effect
class MainMenu(cocos.menu.Menu):
    def __init__(self):
        super().__init__()
        self.font_item['font_size'] = 32
        self.font_item_selected['font_size'] = 40
        effect_item = cocos.menu.ToggleMenuItem('音效', self.on_effect_item, False)
        self.create_menu([effect_item], selected_effect = cocos.menu.shake(), unselected_effect = cocos.menu.shake_back())
        # 初始化音效
        self.effect = 0
    def on_effect_item(self, value):
        if value == 1:
            # 加载音效
            effect = cocos.audio.effect.Effect('sound/Blip.wav')
            # 播放音效
            effect.play()
            self.effect = 1
        else:
            self.effect = 0
if __name__ == '__main__':
    cocos.director.director.init(width = 600, height = 400, caption = '音效', audio_backend = 'sdl')
    main_scene = cocos.scene.Scene()
    main_menu = MainMenu()
    main_scene.add(main_menu)
    cocos.director.director.run(main_scene)
```

上面代码的运行结果如图 6-18 所示。

### 2. 音乐

通过 cocos.audio.pygame.mixer 模块中的 music 类对音乐进行控制，其常用方法如下。

1) load()方法

该方法用于加载音乐文件，其语法格式如下：

```
load(filename)
```

其中，参数 filename 表示音乐文件，需要注意的是，音乐文件必须进行编码。

2) play()方法

该方法用于播放音乐，其语法格式如下：

```
play(loops, start)
```

图 6-18 音效

其中,参数 loops 表示循环播放的次数,当值为 -1 时,表示循环播放;参数 start 表示开始播放音乐的时间点。

3) stop() 方法

该方法用于停止播放音乐,其语法格式如下:

```
stop()
```

4) pause() 方法

该方法用于暂停播放音乐,其语法格式如下:

```
pause()
```

5) unpause() 方法

该方法用于继续播放音乐,该方法与 pause() 方法搭配使用,其语法格式如下:

```
unpause()
```

6) rewind() 方法

该方法用于重新开始播放音乐,其语法格式如下:

```
rewind()
```

7) set_volume() 方法

该方法用于设置音乐的音量,音量的最大值为 1.0,最小值为 0.0,其语法格式如下:

```
set_volume(volume)
```

其中,参数 volume 表示音量的值。

示例代码如下:

```python
#资源包\Code\chapter6\6.8\0617.py
import cocos
import cocos.audio.effect
class MainMenu(cocos.menu.Menu):
    def __init__(self):
        super().__init__()
        self.font_item['font_size'] = 32
        self.font_item_selected['font_size'] = 40
        music_item1 = cocos.menu.ToggleMenuItem('音乐开始', self.on_music_item1, True)
        music_item2 = cocos.menu.ToggleMenuItem('音乐暂停', self.on_music_item2, False)
        effect_item = cocos.menu.ToggleMenuItem('音效', self.on_effect_item, False)
        self.create_menu([music_item1, music_item2, effect_item], selected_effect = cocos.menu.shake(), unselected_effect = cocos.menu.shake_back())
        #初始化音效
        self.effect = 0
    def on_music_item1(self, value):
        if self.effect == 1:
            #加载音效
            effect = cocos.audio.effect.Effect('sound/Blip.wav')
            #播放音效
            effect.play()
        if cocos.audio.pygame.mixer.music.get_busy():
            cocos.audio.pygame.mixer.music.stop()
        else:
            cocos.audio.pygame.mixer.music.play()
    def on_music_item2(self, value):
        if self.effect == 1:
            #加载音效
            effect = cocos.audio.effect.Effect('sound/Blip.wav')
            #播放音效
            effect.play()
        if value:
            cocos.audio.pygame.mixer.music.pause()
        else:
            cocos.audio.pygame.mixer.music.unpause()
    def on_effect_item(self, value):
        if value == 1:
            #加载音效
            effect = cocos.audio.effect.Effect('sound/Blip.wav')
            #播放音效
            effect.play()
            self.effect = 1
        else:
            self.effect = 0
if __name__ == '__main__':
```

```
        cocos.director.director.init(width = 600, height = 400, caption = '音乐', audio_backend =
    'sdl')
        main_scene = cocos.scene.Scene()
        main_menu = MainMenu()
        main_scene.add(main_menu)
        #加载音乐
        cocos.audio.pygame.mixer.music.load('sound/music_logo.ogg'.encode())
        #循环播放音乐
        cocos.audio.pygame.mixer.music.play(loops = -1)
        #设置音量最大
        cocos.audio.pygame.mixer.music.set_volume(1.0)
        cocos.director.director.run(main_scene)
```

上面代码的运行结果如图 6-19 所示。

图 6-19 音乐

## 6.9 项目实战：飞机大战

本节将学习编写人机互动游戏——飞机大战，以便于更好地理解 Cocos2d 的相关使用方式。

### 6.9.1 程序概述

**1．游戏加载场景**

游戏加载场景是游戏开发的通用过程，主要用于将图片、声音等资源加载到内存之中，这样在游戏的运行过程中，就可以不需要读取这些资源，以达到减少 I/O 操作的目的，从而提高游戏运行的速度。另外，有些游戏加载的资源较多，或者加载的是 3D 模型，这就势必导致加载时间过长，所以加载场景一般需要一个动画，以达到消除玩家心里等待时间的目的，其界面如图 6-20 所示。

**2．游戏主场景**

游戏主场景主要用于游戏功能的导航，本游戏包括开始游戏、游戏设置和帮助，其界面如图 6-21 所示。

图 6-20　游戏加载场景

图 6-21　游戏主场景

**3．游戏设置场景**

游戏设置场景主要用于设置游戏音效和音乐的开启和关闭，其界面如图 6-22 所示。

**4．游戏帮助场景**

游戏帮助场景主要用于声明游戏的制作人员、游戏的版权及致谢等内容，其界面如图 6-23 所示。

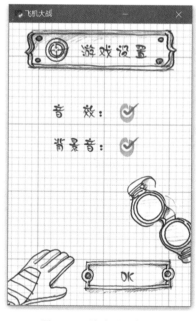

图 6-22　游戏设置场景

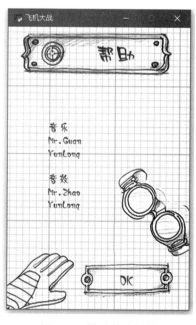

图 6-23　游戏帮助场景

### 5. 开始游戏场景

开始游戏场景主要用于生成玩家精灵和敌人精灵等元素,并实现用户进行游戏的目的,其界面如图 6-24 所示。

### 6. 游戏结束场景

游戏结束场景主要用于游戏失败之后的得分显示等功能,其界面如图 6-25 所示。

图 6-24　开始游戏场景　　　　　　　图 6-25　游戏结束场景

## 6.9.2　程序目录结构

在正式开始编写程序前,首先需要创建程序的目录结构,如图 6-26 所示。

图 6-26　目录结构

其中,目录 PlaneFight 为整个程序的根目录;目录 resources 用于存放程序所需的图片、音效和音乐等资源;目录 sound 用于存放游戏的音效和音乐;目录 image 用于存放游戏所需的相关图片;目录 com 为程序的包,用于存放程序中其他的包;目录 particle 为程序的包,用于存放游戏中粒子系统的模块文件;目录 scene 为程序的包,用于存放游戏中各个场景的模块文件;目录 sprite 为程序的包,用于存放游戏中精灵的模块文件;目录 utility 为程序的包,用于存放游戏中音乐和音效的配置文件。

## 6.9.3　程序编写

1) 创建 config.ini 文件

该文件用于设置音效和音乐的初始状态,示例代码如下:

```ini
;PlaneFight/config.ini
[setting]
;音效状态,1表示打开,0表示关闭
sound_status = 1
;音乐状态,1表示打开,0表示关闭
music_status = 1
```

2) 创建 tools.py 文件

该文件用于播放音效和音乐,示例代码如下:

```python
# 资源\PlaneFight\com\oldxia\utility\tools.py
# 版权所有 © 2021-2022 Python 全栈开发
# 许可信息查看 LICENSE.txt 文件
# 描述:播放音乐和音效
# 历史版本:
# 2021-5-2: 创建 夏正东
import configparser
from cocos.audio.effect import Effect
from cocos.audio.pygame.mixer import music
config = configparser.ConfigParser()
# 音乐和音效的路径
RES_PATH = 'resources/sound/'
def playmusic(soundfile, musicstatus = None):
    '''播放音乐'''
    if musicstatus is None:
        config.read('config.ini', encoding = 'utf-8')
        # 读取音乐的打开和关闭状态
        musicstatus = config.getint('setting', 'music_status')
    # 播放音乐
    if musicstatus == 1:
        # 加载音乐
        music.load((RES_PATH + soundfile).encode())
        # 音乐正在播放
        if music.get_busy():
            return
        # 循环播放音乐
        music.play(loops = -1)
        # 设置音量最大
        music.set_volume(1.0)
    # 停止播放音乐
    else:
        music.stop()
def playeffect(soundfile):
    '''播放音效'''
    config.read('config.ini', encoding = 'utf-8')
    # 读取音效的打开和关闭状态
    soundstatus = config.getint('setting', 'sound_status')
    # 播放音效
    if soundstatus == 1:
        effect = Effect(RES_PATH + soundfile)
        effect.play()
```

3）创建 big_explosion.py 文件

该文件用于实现爆炸粒子系统，示例代码如下：

```python
#资源\PlaneFight\com\oldxia\particle\big_explosion.py
#版权所有 © 2021-2022 Python全栈开发
#许可信息查看 LICENSE.txt 文件
#描述:实现爆炸粒子系统
#历史版本:
#2021-5-2:创建 夏正东
import cocos.particle_systems
from cocos.euclid import Point2
from cocos.particle import Color
class BigExplosion(cocos.particle_systems.Explosion):
    '''玩家精灵或敌人精灵的爆炸粒子系统'''
    #粒子的移动速度
    speed = 100.0
    #粒子的生命周期
    life = 0.5
    #粒子的生命周期偏差
    life_var = 0.2
    #粒子大小
    size = 5.0
    #粒子大小偏差
    size_var = 1.0
    #粒子的重力, Point2(0, 0)表示不受重力影响
    gravity = Point2(0, 0)
    #粒子的开始颜色
    start_color = Color(0.7, 0.2, 0.5, 1.0)
    #粒子的开始颜色偏差
    start_color_var = Color(0.5, 0.5, 0.7, 0.0)
    #粒子的结束颜色
    end_color = Color(0.5, 0.5, 0.5, 0.3)
    #粒子的结束颜色偏差
    end_color_var = Color(0.5, 0.5, 0.5, 0.0)
```

4）创建 fighter_fire.py 文件

该文件用于实现火焰粒子系统，示例代码如下：

```python
#资源\PlaneFight\com\oldxia\particle\fighter_fire.py
#版权所有 © 2021-2022 Python全栈开发
#许可信息查看 LICENSE.txt 文件
#描述:实现火焰粒子系统
#历史版本:
#2021-5-2:创建 夏正东
import cocos.particle_systems
from cocos.particle import Color
class FighterFire(cocos.particle_systems.Smoke):
    '''玩家飞机精灵的喷射火焰粒子系统'''
    #粒子方向角度
```

```
angle = 270.0
#粒子移动速度
speed = 50.0
#粒子生命周期
life = 1.0
#粒子大小
size = 20.0
#粒子大小偏差
size_var = 5.0
#粒子的开始颜色
start_color = Color(0.1, 0.25, 1.0, 1.0)
#粒子开始颜色偏差
start_color_var = Color(0.0, 0.0, 0.0, 0.0)
#粒子的结束颜色
end_color = Color(0.0, 0.0, 0.0, 0.0)
#粒子的结束颜色偏差
end_color_var = Color(0.0, 0.0, 0.0, 0.0)
```

5）创建 game_main.py 文件

该文件用于启动游戏，示例代码如下：

```
#资源\PlaneFight\game_main.py
#版权所有 © 2021-2022 Python 全栈开发
#许可信息查看 LICENSE.txt 文件
#描述:启动游戏
#历史版本:
#2021-5-2:创建 夏正东
import logging
import cocos
logging.basicConfig(level = logging.DEBUG, format = '%(asctime)s - %(threadName)s - %(name)s - %(funcName)s - %(levelname)s - %(message)s')
logger = logging.getLogger(__name__)
if __name__ == '__main__':
    #创建导演
    cocos.director.director.init(width = 320, height = 480, caption = '飞机大战', audio_backend = 'sdl')
    #创建主场景
    main_scene = cocos.scene.Scene()
    #TODO 待完成功能:添加游戏加载场景
    logger.info("启动 main_scene 场景")
    #启动 main_scene 场景
    cocos.director.director.run(main_scene)
```

6）创建 loading_scene.py 文件

该文件用于创建游戏加载场景，示例代码如下：

```
#资源\PlaneFight\com\oldxia\scene\loading_scene.py
#版权所有 © 2021-2022 Python 全栈开发
```

```python
# 许可信息查看 LICENSE.txt 文件
# 描述:创建游戏加载场景
# 历史版本:
# 2021 - 5 - 2: 创建 夏正东
import logging
import cocos
import pyglet
import threading
import time
# 游戏加载场景的图片路径
RES_PATH = 'resources/image/loding/'
logger = logging.getLogger(__name__)
class LoadingLayer(cocos.layer.Layer):
    def __init__(self):
        super().__init__()
        logger.info("启动 Loading 场景")
        # 获得窗口的宽度和高度
        s_width, s_height = cocos.director.director.get_window_size()
        # 创建背景精灵
        background = cocos.sprite.Sprite(RES_PATH + 'bg.png')
        background.position = s_width //2, s_height //2
        # 添加背景精灵
        self.add(background, 0)
        # 游戏加载动画实现
        # 创建动画帧序列
        frames = [pyglet.resource.image(RES_PATH + 'loding1.png'), pyglet.resource.image(RES_PATH + 'loding2.png'), pyglet.resource.image(RES_PATH + 'loding3.png'), pyglet.resource.image(RES_PATH + 'loding4.png')]
        # 创建动画图片对象
        animimage = pyglet.image.Animation.from_image_sequence(frames, duration = 0.3, loop = True)
        # 创建动画精灵对象
        loding = cocos.sprite.Sprite(animimage)
        # 设置窗口居中位置
        loding.position = s_width //2, s_height //2 - 60
        self.add(loding, 0)
        # 创建一个子线程,用于加载资源
        lodingthread = threading.Thread(target = self.thread_body)
        # 启动线程
        lodingthread.start()
    def thread_body(self):
        # 模拟游戏资源加载
        logger.info("游戏资源加载中...")
        time.sleep(3)
        logger.info("游戏资源已加载完毕!")
        # TODO 待完成功能:切换至游戏主场景
def loading_scene():
    '''创建游戏加载场景'''
    loading_scene = cocos.scene.Scene()
    # 创建游戏加载图层
```

```
        loading_layer = LoadingLayer()
        # 添加游戏加载图层
        loading_scene.add(loading_layer)
        return loading_scene
```

7）完善 game_main.py 文件

该文件中需完善的 TODO 注释为"待完成功能：添加游戏加载场景"，示例代码如下：

```
# 版权所有 © 2021-2022 Python 全栈开发
# 许可信息查看 LICENSE.txt 文件
# 描述：启动游戏
# 历史版本：
# 2021-5-2：创建 夏正东
# 2021-5-2：添加游戏加载场景
import logging
import cocos
from com.oldxia.scene.loading_scene import loading_scene
logging.basicConfig(level = logging.DEBUG, format = '%(asctime)s - %(threadName)s - %(name)s - %(funcName)s - %(levelname)s - %(message)s')
logger = logging.getLogger(__name__)
if __name__ == '__main__':
    # 创建导演
    cocos.director.director.init(width = 320, height = 480, caption = '飞机大战', audio_backend = 'sdl')
    # 创建主场景
    main_scene = cocos.scene.Scene()
    # 创建游戏加载场景
    loading_scene = loading_scene()
    # 添加游戏加载场景
    main_scene.add(loading_scene)
    logger.info("启动 main_scene 场景")
    # 启动 main_scene 场景
    cocos.director.director.run(main_scene)
```

运行 game_main.py 文件，其运行结果如图 6-27 所示。

8）创建 home_scene.py 文件

该文件用于创建游戏主场景。

在图层的运行过程中，拥有一些与生命周期相关的方法，而 on_enter()方法就是其中一种。on_enter()方法是在进入图层时所调用的方法，相对于 __init__()方法只会在图层的初始化时调用一次，该方法会在每次进入图层的时候，或者从其他场景切换到本场景时都会被调用，并且 on_enter()方法可以被多次调用，需要注意的是，在图层的第一次初始化调用 __init__()方法之后，同样会调用 on_enter()方法，而在本项目中游戏背景图层和主菜单图层的 __init__()方法都是在子线程中调用的，但是更新 UI 的相关操作只能在主线程中运行，例如将精灵添加到图层、将图层添加到场景等，如果在子线程中运行，则会产生异常，所以，只能将更新 UI 的相关操作放在 on_enter()方法中，因为 on_enter()方法是在主线程中调用的方法。

图 6-27　游戏加载场景

示例代码如下：

```
# 资源\PlaneFight\com\oldxia\scene\home_scene.py
# 版权所有 © 2021 - 2022 Python 全栈开发
# 许可信息查看 LICENSE.txt 文件
# 描述:创建游戏的主场景
# 历史版本:
# 2021 - 5 - 2: 创建 夏正东
import logging
import cocos
from com.oldxia.utility import tools
# 主菜单的图片路径
RES_PATH = 'resources/image/home/'
logger = logging.getLogger(__name__)
class HomeLayer(cocos.layer.Layer):
    def __init__(self):
        super().__init__()
        logger.info('初始化背景图层')
    def on_enter(self):
        super().on_enter()
        logger.info('进入背景图层')
        # 判断该背景图层是否已经初始化
        if len(self.get_children()) != 0:
            return
        # 获得窗口的宽度和高度
        s_width, s_height = cocos.director.director.get_window_size()
```

```python
            # 播放音乐
            tools.playmusic('home_bg.ogg')
            # 创建背景精灵
            background = cocos.sprite.Sprite(RES_PATH + 'bg.png')
            background.position = s_width //2, s_height //2
            # 添加背景精灵
            self.add(background, 0)
class MainMenu(cocos.menu.Menu):
    def __init__(self):
        super().__init__()
        logger.info('初始化主菜单')
        # 菜单项的初始化设置
        self.font_item['font_size'] = 50
        self.font_item['color'] = (180, 200, 255, 255)
        self.font_item_selected['color'] = (255, 255, 255, 255)
        self.font_item_selected['font_size'] = 50
    def on_enter(self):
        super().on_enter()
        logger.info('进入主菜单')
        # 判断主菜单是否已经初始化
        if len(self.get_children()) != 0:
            return
        start_item = cocos.menu.ImageMenuItem(RES_PATH + 'button-start.png',self.on_start_item_callback)
        setting_item = cocos.menu.ImageMenuItem(RES_PATH + 'button-setting.png',self.on_setting_item_callback)
        help_item = cocos.menu.ImageMenuItem(RES_PATH + 'button-help.png',self.on_help_item_callback)
        s_width, s_height = cocos.director.director.get_window_size()
        x = s_width //2
        y = s_height //2 + 50
        step = 55
        self.create_menu([start_item, setting_item, help_item], layout_strategy = cocos.menu.fixedPositionMenuLayout([(x, y), (x, y - step), (x, y - 2 * step)]))
    def on_start_item_callback(self):
        logger.info('单击开始游戏菜单项')
        # TODO 待完成功能:单击开始游戏菜单项
    def on_setting_item_callback(self):
        logger.info('单击游戏设置菜单项')
        # TODO 待完成功能:单击游戏设置菜单项
    def on_help_item_callback(self):
        logger.info('单击游戏帮助菜单项')
        # TODO 待完成功能:单击游戏帮助菜单项
def create_scene():
    '''创建游戏主场景'''
    home_scene = cocos.scene.Scene()
    home_layer = HomeLayer()
    # 添加游戏主场景的背景图层
    home_scene.add(home_layer)
    main_menu = MainMenu()
```

```python
# 添加游戏主场景的主菜单
home_scene.add(main_menu)
return home_scene
```

9)完善 loading_scene.py 文件

该文件中需完善的 TODO 注释为"待完成功能:切换至游戏主场景",示例代码如下:

```python
# 版权所有 © 2021 - 2022 Python 全栈开发
# 许可信息查看 LICENSE.txt 文件
# 描述:用于实现游戏的加载场景
# 历史版本:
# 2021 - 5 - 2: 创建 夏正东
import logging
import cocos
import pyglet
import threading
import time
import cocos.scenes
from com.oldxia.scene import home_scene
# 游戏加载场景的图片路径
RES_PATH = 'resources/image/loding/'
logger = logging.getLogger(__name__)
class LoadingLayer(cocos.layer.Layer):
    def __init__(self):
        super().__init__()
        logger.info("启动 Loading 场景")
        # 获得窗口的宽度和高度
        s_width, s_height = cocos.director.director.get_window_size()
        # 创建背景精灵
        background = cocos.sprite.Sprite(RES_PATH + 'bg.png')
        background.position = s_width //2, s_height //2
        # 添加背景精灵
        self.add(background, 0)
        # 游戏加载动画实现
        # 创建动画帧序列
        frames = [pyglet.resource.image(RES_PATH + 'loding1.png'), pyglet.resource.image(RES_PATH + 'loding2.png'), pyglet.resource.image(RES_PATH + 'loding3.png'), pyglet.resource.image(RES_PATH + 'loding4.png')]
        # 创建动画图片对象
        animimage = pyglet.image.Animation.from_image_sequence(frames, duration = 0.3, loop = True)
        # 创建动画精灵对象
        loding = cocos.sprite.Sprite(animimage)
        # 设置窗口居中位置
        loding.position = s_width //2, s_height //2 - 60
        self.add(loding, 0)
        # 创建一个子线程,用于加载资源
        lodingthread = threading.Thread(target = self.thread_body)
```

```
            # 启动线程
            lodingthread.start()
    def thread_body(self):
        # 模拟游戏资源加载
        logger.info("游戏资源加载中...")
        time.sleep(3)
        logger.info("游戏资源加载完毕!")
        # 切换至游戏主场景
        next_scene = home_scene.create_scene()
        ts = cocos.scenes.FadeTransition(next_scene, 1.0)
        cocos.director.director.push(ts)
def loading_scene():
    '''创建游戏加载场景'''
    loading_scene = cocos.scene.Scene()
    # 创建游戏加载图层
    loading_layer = LoadingLayer()
    # 添加游戏加载图层
    loading_scene.add(loading_layer)
    return loading_scene
```

运行 game_main.py 文件，在运行游戏加载场景之后，显示游戏主场景，其运行结果如图 6-28 所示。

图 6-28　游戏主场景

10）创建 setting_scene.py 文件

该文件用于创建游戏设置场景，示例代码如下：

```python
# 资源\PlaneFight\com\oldxia\scene\setting_scene.py
# 版权所有 © 2021 - 2022 Python 全栈开发
# 许可信息查看 LICENSE.txt 文件
# 描述:创建游戏设置场景
# 历史版本:
# 2021 - 5 - 2: 创建 夏正东
import configparser
import logging
import cocos
import pyglet
from com.oldxia.utility import tools
# 游戏设置场景的图片路径
RES_PATH = 'resources/image/setting/'
logger = logging.getLogger(__name__)
class SettingLayer(cocos.layer.Layer):
    # 开启鼠标事件
    is_event_handler = True
    def __init__(self):
        super().__init__()
        logger.info('初始化游戏设置图层')
        s_width, s_height = cocos.director.director.get_window_size()
        # 创建背景精灵
        background = cocos.sprite.Sprite(RES_PATH + 'bg.png')
        background.position = s_width //2, s_height //2
        # 添加背景精灵
        self.add(background, 0)
        # 读取配置信息
        self.config = configparser.ConfigParser()
        self.config.read('config.ini', encoding = 'utf-8')
        # 读取音效状态
        self.soundstatus = self.config.getint('setting', 'sound_status')
        # 读取音乐状态
        self.musicstatus = self.config.getint('setting', 'music_status')
        self.check_on_image = pyglet.resource.image(RES_PATH + 'check-on.png')
        self.check_off_image = pyglet.resource.image(RES_PATH + 'check-off.png')
        if self.soundstatus == 0:
            # 创建音效未开启的精灵,此处参数使用的是 image 对象,也可以直接使用图片地址
            self.soundchk = cocos.sprite.Sprite(self.check_off_image)
        else:
            # 创建音效开启的精灵,此处参数使用的是图片地址
            self.soundchk = cocos.sprite.Sprite(RES_PATH + 'check-on.png')
        self.soundchk.position = 210, 328
        self.add(self.soundchk, 0)
        if self.musicstatus == 0:
            # 创建音乐未开启的精灵
            self.musicchk = cocos.sprite.Sprite(self.check_off_image)
        else:
            # 创建音乐开启的精灵
            self.musicchk = cocos.sprite.Sprite(self.check_on_image)
        self.musicchk.position = 210, 270
```

```python
            self.add(self.musicchk, 0)
        # 当鼠标释放时调用该方法
        def on_mouse_release(self, x, y, button, modifiers):
            # 当鼠标左键释放
            if button == pyglet.window.mouse.LEFT:
                # 获取音效精灵的矩形轮廓
                soundchkrect = self.soundchk.get_rect()
                # 获取音乐精灵的矩形轮廓
                musicchkrect = self.musicchk.get_rect()
                # 判断鼠标左键的坐标是否包含在音效精灵的矩形轮廓内
                if soundchkrect.contains(x, y):
                    logger.deBug('单击音效精灵')
                    tools.playeffect('Blip.wav')
                    # 音效打开
                    if self.soundstatus == 0:
                        self.soundchk.image = self.check_on_image
                        self.soundstatus = 1
                    # 音效未打开
                    else:
                        self.soundchk.image = self.check_off_image
                        self.soundstatus = 0
                    # 将当前音效状态写入配置文件中
                    self.config['setting']['sound_status'] = str(self.soundstatus)
                    with open('config.ini', 'w') as fw:
                        self.config.write(fw)
                # 判断鼠标左键的坐标是否包含在音乐精灵的矩形轮廓内
                if musicchkrect.contains(x, y):
                    logger.deBug('单击音乐精灵')
                    tools.playeffect('Blip.wav')
                    # 音乐打开
                    if self.musicstatus == 0:
                        self.musicchk.image = self.check_on_image
                        self.musicstatus = 1
                    # 音乐未打开
                    else:
                        self.musicchk.image = self.check_off_image
                        self.musicstatus = 0
                    # 播放音乐
                    tools.playmusic('home_bg.ogg', self.musicstatus)
                    # 将当前音乐状态写入配置文件中
                    self.config['setting']['music_status'] = str(self.musicstatus)
                    with open('config.ini', 'w') as fw:
                        self.config.write(fw)
class MainMenu(cocos.menu.Menu):
    def __init__(self):
        super().__init__()
        logger.info('初始化菜单')
        self.font_item['font_size'] = 60
        self.font_item['color'] = (180, 200, 255, 255)
        self.font_item_selected['color'] = (255, 255, 255, 255)
```

```python
            self.font_item_selected['font_size'] = 60
            ok_item = cocos.menu.ImageMenuItem(RES_PATH + 'button-ok.png', self.on_item_callback)
            self.create_menu([ok_item], layout_strategy = cocos.menu.fixedPositionMenuLayout([[(210, 50)]]))
    def on_item_callback(self):
        cocos.director.director.pop()
        # 播放音效
        tools.playeffect('Blip.wav')
def create_scene():
    '''创建游戏设置场景'''
    setting_scene = cocos.scene.Scene()
    setting_layer = SettingLayer()
    setting_scene.add(setting_layer)
    main_menu = MainMenu()
    setting_scene.add(main_menu)
    return setting_scene
```

11）完善 home_scene.py 文件

该文件中需完善的 TODO 注释为"待完成功能：单击游戏设置菜单项"，示例代码如下：

```python
# 版权所有 © 2021-2022 Python全栈开发
# 许可信息查看 LICENSE.txt 文件
# 描述:创建游戏主场景
# 历史版本:
# 2021-5-2: 创建 夏正东
# 2021-5-2: 单击游戏设置菜单项
import logging
import cocos
import cocos.scenes
from com.oldxia.scene import setting_scene
from com.oldxia.utility import tools
# 主菜单的图片路径
RES_PATH = 'resources/image/home/'
logger = logging.getLogger(__name__)
class HomeLayer(cocos.layer.Layer):
    def __init__(self):
        super().__init__()
        logger.info('初始化背景图层')
    def on_enter(self):
        super().on_enter()
        logger.info('进入背景图层')
        # 判断该背景图层是否已经初始化
        if len(self.get_children()) != 0:
            return
        # 获得窗口的宽度和高度
        s_width, s_height = cocos.director.director.get_window_size()
        # 播放音乐
```

```python
            tools.playmusic('home_bg.ogg')
            #创建背景精灵
            background = cocos.sprite.Sprite(RES_PATH + 'bg.png')
            background.position = s_width //2, s_height //2
            #添加背景精灵
            self.add(background, 0)
class MainMenu(cocos.menu.Menu):
    def __init__(self):
        super().__init__()
        logger.info('初始化主菜单')
        #菜单项的初始化设置
        self.font_item['font_size'] = 50
        self.font_item['color'] = (180, 200, 255, 255)
        self.font_item_selected['color'] = (255, 255, 255, 255)
        self.font_item_selected['font_size'] = 50
    def on_enter(self):
        super().on_enter()
        logger.info('进入主菜单')
        #判断主菜单是否已经初始化
        if len(self.get_children()) != 0:
            return
        start_item = cocos.menu.ImageMenuItem(RES_PATH + 'button-start.png',self.on_start_item_callback)
        setting_item = cocos.menu.ImageMenuItem(RES_PATH + 'button-setting.png',self.on_setting_item_callback)
        help_item = cocos.menu.ImageMenuItem(RES_PATH + 'button-help.png',self.on_help_item_callback)
        s_width, s_height = cocos.director.director.get_window_size()
        x = s_width //2
        y = s_height //2 + 50
        step = 55
        self.create_menu([start_item, setting_item, help_item], layout_strategy = cocos.menu.fixedPositionMenuLayout([(x, y), (x, y - step), (x, y - 2 * step), (x, y - 3 * step)]))
    def on_start_item_callback(self):
        logger.info('单击开始游戏菜单项')
        #TODO 待完成功能:单击开始游戏菜单项
    def on_setting_item_callback(self):
        logger.info('单击游戏设置菜单项')
        #单击游戏设置菜单项
        next_scene = setting_scene.create_scene()
        ts = cocos.scenes.FadeTransition(next_scene, 1.0)
        cocos.director.director.push(ts)
        #播放音效
        tools.playeffect('Blip.wav')
    def on_help_item_callback(self):
        logger.info('单击游戏帮助菜单项')
        #TODO 待完成功能:单击游戏帮助菜单项
def create_scene():
    '''创建游戏主场景'''
```

```
    home_scene = cocos.scene.Scene()
    home_layer = HomeLayer()
    #添加游戏主场景的背景图层
    home_scene.add(home_layer)
    main_menu = MainMenu()
    #添加游戏主场景的主菜单
    home_scene.add(main_menu)
    return home_scene
```

运行 game_main.py 文件,然后单击"游戏设置"按钮,其运行结果如图 6-29 所示。

图 6-29　游戏设置场景

12）创建 help_scene.py 文件

该文件用于创建游戏帮助场景,示例代码如下:

```
#资源\PlaneFight\com\oldxia\scene\help_scene.py
#版权所有 © 2021 - 2022 Python全栈开发
#许可信息查看 LICENSE.txt 文件
#描述:创建游戏帮助场景
#历史版本:
#2021 - 5 - 2: 创建 夏正东
import logging
import cocos
from com.oldxia.utility import tools
#游戏帮助场景的图片路径
RES_PATH = 'resources/image/help/'
logger = logging.getLogger(__name__)
```

```python
class HelpLayer(cocos.layer.Layer):
    def __init__(self):
        super(HelpLayer, self).__init__()
        logger.info('初始化游戏帮助图层')
        s_width, s_height = cocos.director.director.get_window_size()
        background = cocos.sprite.Sprite(RES_PATH + 'bg.png')
        background.position = s_width //2, s_height //2
        self.add(background, 0)
class MainMenu(cocos.menu.Menu):
    def __init__(self):
        super(MainMenu, self).__init__()
        logger.info('初始化菜单')
        self.font_item['font_size'] = 60
        self.font_item['color'] = (180, 200, 255, 255)
        self.font_item_selected['color'] = (255, 255, 255, 255)
        self.font_item_selected['font_size'] = 60
        start_item = cocos.menu.ImageMenuItem(RES_PATH + 'button-ok.png', self.on_item_callback)
        self.create_menu([start_item], layout_strategy=cocos.menu.fixedPositionMenuLayout([[(210, 50)]]))
    def on_item_callback(self):
        cocos.director.director.pop()
        tools.playeffect('Blip.wav')
def create_scene():
    '''游戏帮助场景'''
    help_scene = cocos.scene.Scene()
    help_layer = HelpLayer()
    help_scene.add(help_layer)
    main_menu = MainMenu()
    help_scene.add(main_menu)
    return help_scene
```

13）完善 home_scene.py 文件

该文件中需完善的 TODO 注释为"待完成功能：单击游戏帮助菜单项"，示例代码如下：

```python
# 版权所有 © 2021-2022 Python 全栈开发
# 许可信息查看 LICENSE.txt 文件
# 描述:创建游戏主场景
# 历史版本:
# 2021-5-2:创建 夏正东
# 2021-5-2:单击游戏设置菜单项
# 2021-5-2:单击游戏帮助菜单项
import logging
import cocos
import cocos.scenes
from com.oldxia.scene import setting_scene, help_scene
from com.oldxia.utility import tools
# 主菜单的图片路径
```

```python
RES_PATH = 'resources/image/home/'
logger = logging.getLogger(__name__)
class HomeLayer(cocos.layer.Layer):
    def __init__(self):
        super().__init__()
        logger.info('初始化背景图层')
    def on_enter(self):
        super().on_enter()
        logger.info('进入背景图层')
        # 判断该背景图层是否已经初始化
        if len(self.get_children()) != 0:
            return
        # 获得窗口的宽度和高度
        s_width, s_height = cocos.director.director.get_window_size()
        # 播放音乐
        tools.playmusic('home_bg.ogg')
        # 创建背景精灵
        background = cocos.sprite.Sprite(RES_PATH + 'bg.png')
        background.position = s_width //2, s_height //2
        # 添加背景精灵
        self.add(background, 0)
class MainMenu(cocos.menu.Menu):
    def __init__(self):
        super().__init__()
        logger.info('初始化主菜单')
        # 菜单项的初始化设置
        self.font_item['font_size'] = 50
        self.font_item['color'] = (180, 200, 255, 255)
        self.font_item_selected['color'] = (255, 255, 255, 255)
        self.font_item_selected['font_size'] = 50
    def on_enter(self):
        super().on_enter()
        logger.info('进入主菜单')
        # 判断主菜单是否已经初始化
        if len(self.get_children()) != 0:
            return
        start_item = cocos.menu.ImageMenuItem(RES_PATH + 'button-start.png',self.on_start_item_callback)
        setting_item = cocos.menu.ImageMenuItem(RES_PATH + 'button-setting.png',self.on_setting_item_callback)
        help_item = cocos.menu.ImageMenuItem(RES_PATH + 'button-help.png',self.on_help_item_callback)
        s_width, s_height = cocos.director.director.get_window_size()
        x = s_width //2
        y = s_height //2 + 50
        step = 55
        self.create_menu([start_item, setting_item, help_item], layout_strategy = cocos.menu.fixedPositionMenuLayout([(x, y), (x, y - step), (x, y - 2 * step), (x, y - 3 * step)]))
    def on_start_item_callback(self):
```

```
            logger.info('单击开始游戏菜单项')
            #TODO 待完成功能:单击开始游戏菜单项
        def on_setting_item_callback(self):
            logger.info('单击游戏设置菜单项')
            #单击游戏设置菜单项
            next_scene = setting_scene.create_scene()
            ts = cocos.scenes.FadeTransition(next_scene, 1.0)
            cocos.director.director.push(ts)
            #播放音效
            tools.playeffect('Blip.wav')
        def on_help_item_callback(self):
            logger.info('单击游戏帮助菜单项')
            #单击游戏帮助菜单项
            next_scene = help_scene.create_scene()
            ts = cocos.scenes.FadeTransition(next_scene, 1.0)
            cocos.director.director.push(ts)
            #播放音效
            tools.playeffect('Blip.wav')
def create_scene():
    '''创建游戏主场景'''
    home_scene = cocos.scene.Scene()
    home_layer = HomeLayer()
    #添加游戏主场景的背景图层
    home_scene.add(home_layer)
    main_menu = MainMenu()
    #添加游戏主场景的主菜单
    home_scene.add(main_menu)
    return home_scene
```

运行 game_main.py 文件,然后单击"帮助"按钮,其运行结果如图 6-30 所示。

图 6-30　游戏帮助场景

14）创建 enemy_sprite.py 文件

该文件用于创建敌人精灵，示例代码如下：

```python
# 资源\PlaneFight\com\oldxia\sprite\enemy_sprite.py
# 版权所有 © 2021-2022 Python 全栈开发
# 许可信息查看 LICENSE.txt 文件
# 描述：创建敌人精灵
# 历史版本：
# 2021-5-2：创建 夏正东
import cocos
import enum
import random
import pyglet
RES_PATH = 'resources/image/gameplay/'
# 敌人精灵的类型
class EnemyType(enum.Enum):
    # 陨石
    Stone = 1
    # 敌机 1
    Fighter1 = 2
    # 敌机 2
    Fighter2 = 3
    # 行星
    Planet = 4
# 敌人精灵的生命值,陨石生命为 3,敌机 1 生命为 8,敌机 2 生命为 10,行星生命为 15
EnemyHitPoint = {EnemyType.Stone: 3, EnemyType.Fighter1: 8, EnemyType.Fighter2: 10,
EnemyType.Planet: 15}
# 击毁敌人精灵获得的分数,陨石得分为 5,敌机 1 得分为 10,敌机 2 得分为 15,行星得分为 20
EnemyScore = {EnemyType.Stone: 5, EnemyType.Fighter1: 10, EnemyType.Fighter2: 15, EnemyType.
Planet: 20}
# 敌人精灵的移动速度,陨石移动速度为 -95,敌机 1 移动速度为 -70,敌机 2 移动速度为 -90,行星
# 移动速度为 -40
EnemyVelocity = {EnemyType.Stone: -95, EnemyType.Fighter1: -70, EnemyType.Fighter2: -90,
EnemyType.Planet: -40}
# 敌人精灵
class Enemy(cocos.sprite.Sprite):
    # 默认类型为敌机 1
    def __init__(self, type = EnemyType.Fighter1):
        super().__init__(RES_PATH + 'fighter1.png')
        # 敌人精灵的类型
        self.type = type
        # 敌人精灵的移动速度
        self.velocity = EnemyVelocity[EnemyType.Fighter1]
        # 敌人精灵的初始生命值
        self.initial_hit_points = EnemyHitPoint[EnemyType.Fighter1]
        # 敌人精灵的当前生命值
        self.hit_points = self.initial_hit_points
        if type == EnemyType.Stone:
            self.image = pyglet.resource.image(RES_PATH + 'stone.png')
```

```python
            self.initial_hit_points = EnemyHitPoint[EnemyType.Stone]
            self.velocity = EnemyVelocity[EnemyType.Stone]
        elif type == EnemyType.Planet:
            self.image = pyglet.resource.image(RES_PATH + 'planet.png')
            self.initial_hit_points = EnemyHitPoint[EnemyType.Planet]
            self.velocity = EnemyVelocity[EnemyType.Planet]
        elif type == EnemyType.Fighter2:
            self.image = pyglet.resource.image(RES_PATH + 'fighter2.png')
            self.initial_hit_points = EnemyHitPoint[EnemyType.Fighter2]
            self.velocity = EnemyVelocity[EnemyType.Fighter2]
        #默认情况下,敌人精灵隐藏
        self.visible = False
        #自定义 spawn()方法产生敌人精灵。需要注意的是,产生敌人精灵并不是创建敌人精灵对
        #象,而是重新调整它的位置坐标
        #spawn()方法会在发生以下 4 种情况时被调用:
        #(1) 创建敌人精灵时,即在构造方法中调用
        #(2) 玩家击毁敌人精灵时
        #(3) 玩家未击毁敌人精灵,但敌人精灵超出屏幕时
        #(4) 玩家与敌人精灵碰撞爆炸时
        self.spawn()
        #定时器
        self.schedule(self.update)
    #参数 dt 为默认时间间隔
    def update(self, dt):
        if self.type == EnemyType.Planet:
            #设置行星旋转
            self.rotation += 1
        posx, posy = self.position
        posy = posy + self.velocity * dt
        self.do(cocos.actions.Place((posx, posy)))
        if posy + self.height //2 < 0:
            self.spawn()
    def pause_enemy(self):
        #暂停定时器
        self.pause_scheduler()
    def resume_enemy(self):
        #继续执行定时器
        self.resume_scheduler()
    def spawn(self):
        #获得窗口的宽度和高度
        s_width, s_height = cocos.director.director.get_window_size()
        #获取敌人精灵宽度一半
        e_width_half = self.width //2
        #获取敌人精灵高度一半
        e_height_half = self.height //2
        #产生敌人精灵的 y 轴初始位置为游戏窗口的上方
        posy = s_height + e_height_half
        #产生敌人精灵的 x 轴初始位置为游戏窗口的水平随机位置
        posx = random.randint(e_width_half, s_width - e_width_half)
        #改变位置
```

```python
            self.do(cocos.actions.Place((posx, posy)))
            self.hit_points = self.initial_hit_points
            # 敌人精灵显示
            self.visible = True
```

15）创建 fighter_sprite.py 文件

该文件用于创建玩家飞机精灵,示例代码如下：

```python
# 资源\PlaneFight\com\oldxia\sprite\fighter_sprite.py
# 版权所有 © 2021 - 2022 Python 全栈开发
# 许可信息查看 LICENSE.txt 文件
# 描述:创建玩家飞机精灵
# 历史版本:
# 2021 - 5 - 2: 创建 夏正东
import cocos
from com.oldxia.particle.fighter_fire import FighterFire
class Fighter(cocos.sprite.Sprite):
    def __init__(self):
        super().__init__(image = 'resources/image/gameplay/hero.png')
        # 玩家飞机精灵的喷射火焰粒子系统
        ps = FighterFire()
        # 火焰粒子系统位于玩家飞机精灵的下方
        ps.position = 0, - self.height //2
        self.add(ps)
        # 玩家飞机精灵的当前生命值
        self.hit_points = 5
    def move(self, delta):
        # 玩家飞机精灵的当前位置
        fx, fy = self.position
        # 获取玩家飞机精灵的新位置
        dx, dy = delta
        fx += dx
        fy += dy
        width_half = self.width //2
        height_half = self.height //2
        # 获得窗口的宽度和高度
        s_width, s_height = cocos.director.director.get_window_size()
        # 设置玩家飞机精灵的位置不得超出屏幕
        if fx < width_half:
            fx = width_half
        elif fx > (s_width - width_half):
            fx = s_width - width_half
        if fy < height_half:
            fy = height_half
        elif fy > (s_height - height_half):
            fy = s_height - height_half
        self.position = fx, fy
```

16) 创建 bullet_sprite.py 文件

该文件用于创建子弹精灵,示例代码如下:

```python
# 资源\PlaneFight\com\oldxia\sprite\bullet_sprite.py
# 版权所有 © 2021-2022 Python 全栈开发
# 许可信息查看 LICENSE.txt 文件
# 描述:创建子弹精灵
# 历史版本:
# 2021-5-2: 创建 夏正东
import cocos
class Bullet(cocos.sprite.Sprite):
    def __init__(self):
        super().__init__(image = 'resources/image/gameplay/bullet.png')
        # 子弹精灵的移动速度
        self.velocity = 360
    def shoot_bullet(self, node):
        """发射子弹"""
        # 获取玩家飞机精灵的位置
        x, y = node.position
        # 发射子弹精灵的位置位于玩家飞机精灵的上方
        self.position = x, y + node.height //2
        self.visible = True
        self.schedule(self.update)
    def update(self, dt):
        # 当子弹精灵不可见时,停止定时器
        if not self.visible:
            self.unschedule(self.update)
            return
        # 获得窗口的宽度和高度
        s_width, s_height = cocos.director.director.get_window_size()
        # 获取子弹精灵的位置
        posx, posy = self.position
        posy += self.velocity * dt
        # 设置子弹精灵的新位置
        self.position = posx, posy
        # 当子弹精灵超出窗口时,隐藏子弹精灵并停止定时器
        if posy > s_height:
            self.visible = False
            self.unschedule(self.update)
```

17) 创建 gameplay_scene.py 文件

该文件用于创建开始游戏场景,示例代码如下:

```python
# 资源\PlaneFight\com\oldxia\scene\gameplay_scene.py
# 版权所有 © 2021-2022 Python 全栈开发
# 许可信息查看 LICENSE.txt 文件
# 描述:创建开始游戏场景
# 历史版本:
# 2021-5-2: 创建 夏正东
```

```python
import logging
import cocos.scenes
from com.oldxia.sprite.enemy_sprite import *
from com.oldxia.sprite.fighter_sprite import *
from com.oldxia.utility import tools
RES_PATH = 'resources/image/gameplay/'
logger = logging.getLogger(__name__)
class GamePlayLayer(cocos.layer.Layer):
    is_event_handler = True
    def __init__(self):
        super().__init__()
        logger.info("初始化开始游戏场景")
        tools.playmusic('game_bg.ogg')
        # 获得窗口的宽度和高度
        self.s_width, self.s_height = cocos.director.director.get_window_size()
        # 初始化游戏的背景
        self.init_bg()
        # 初始化游戏的状态栏
        self.init_statusbar()
        # 初始化游戏的精灵
        self.init_gamesprite()
    def init_bg(self):
        # 创建背景精灵
        background = cocos.sprite.Sprite(RES_PATH + 'bg.png')
        background.position = self.s_width //2, self.s_height //2
        # 添加背景精灵
        self.add(background, 0)
        # 添加背景精灵1
        sprite1 = cocos.sprite.Sprite(RES_PATH + 'bgsprite1.png')
        self.add(sprite1, 0)
        sprite1.position = 5, 5
        ac1 = cocos.actions.MoveTo((340, 500), 20)
        ac2 = cocos.actions.MoveTo((5, 5), 20)
        ac3 = ac1 + ac2
        action = cocos.actions.Repeat(ac3)
        sprite1.do(action)
        # 添加背景精灵2
        sprite2 = cocos.sprite.Sprite(RES_PATH + 'bgsprite2.png')
        self.add(sprite2, 0)
        sprite2.position = 340, 5
        ac1 = cocos.actions.MoveTo((0, 500), 20)
        ac2 = cocos.actions.MoveTo((340, 5), 20)
        ac3 = ac1 + ac2
        action = cocos.actions.Repeat(ac3)
        sprite2.do(action)
    def init_statusbar(self):
        # 暂停游戏按钮
        self.pausebutton = cocos.sprite.Sprite(RES_PATH + 'button.pause.png')
        self.add(self.pausebutton, 2)
        self.pausebutton.position = 30, self.s_height - 28
```

```python
        #返回主菜单按钮
        self.backbutton = cocos.sprite.Sprite(RES_PATH + 'button.back.png')
        self.add(self.backbutton, 2)
        self.backbutton.position = self.s_width //2, self.s_height //2 - 28
        self.backbutton.visible = False
        #继续游戏按钮
        self.resumebutton = cocos.sprite.Sprite(RES_PATH + 'button.resume.png')
        self.add(self.resumebutton, 2)
        self.resumebutton.position = self.s_width //2, self.s_height //2 + 28
        self.resumebutton.visible = False
        #玩家飞机精灵的生命值图标
        fg = cocos.sprite.Sprite(RES_PATH + 'life.png')
        fg.position = self.s_width - 60, self.s_height - 28
        self.add(fg, 0)
        self.lifelabel = cocos.text.Label(font_name = 'Harlow Solid Italic', font_size = 18,
anchor_x = 'center', anchor_y = 'center')
        self.lifelabel.position = fg.position[0] + 30, fg.position[1]
        self.add(self.lifelabel, 0)
        #在状态栏中设置游戏得分
        self.scorelabel = cocos.text.Label(font_name = 'Harlow Solid Italic', font_size =
18, anchor_x = 'center', anchor_y = 'center')
        self.scorelabel.position = self.s_width //2, self.s_height - 28
        self.add(self.scorelabel, 0)
        #游戏累计得分
        self.score = 0
        #当该变量大于或等于1000分时,玩家飞机精灵生命值加1,并将scoreplaceholder的值
        #恢复为0
        self.scoreplaceholder = 0
        #1表示游戏正在运行,0表示游戏暂停
        self.pause_status = 1
    def init_gamesprite(self):
        #初始化陨石
        self.stone = Enemy(EnemyType.Stone)
        self.add(self.stone, 1, 'enemy1')
        #初始化行星
        self.planet = Enemy(EnemyType.Planet)
        self.add(self.planet, 1, 'enemy2')
        #初始化敌机1
        self.enemyfighter1 = Enemy(EnemyType.Fighter1)
        self.add(self.enemyfighter1, 1, 'enemy3')
        #初始化敌机2
        self.enemyfighter2 = Enemy(EnemyType.Fighter2)
        self.add(self.enemyfighter2, 1, 'enemy4')
        #初始化玩家飞机精灵
        self.player = Fighter()
        self.player.position = (self.s_width //2, 50)
        self.add(self.player, 1)
        #初始化玩家飞机精灵
        self.player.hit_points = 5
        self.player.visible = True
```

```python
            self.player.position = (self.s_width //2, 50)
        # 产生敌人精灵
        for i in range(1, 5):
            name = f'enemy{i}'
            # 通过get()方法查找name的子节点
            enemy = self.get(name)
            enemy.spawn()
        # TODO 待完成功能:通过鼠标拖曳玩家飞机精灵
        # TODO 待完成功能:暂停游戏,以及返回游戏主菜单和继续游戏的实现
        # TODO 待完成功能:设置定时器,包括发射子弹精灵、碰撞检测和更新状态栏
def create_scene():
    scene = cocos.scene.Scene()
    gameplay_layer = GamePlayLayer()
    scene.add(gameplay_layer)
    return scene
```

18)完善home_scene.py文件

该文件中需完善的TODO注释为"待完成功能:单击开始游戏菜单项",示例代码如下:

```python
# 版权所有 © 2021 - 2022 Python全栈开发
# 许可信息查看LICENSE.txt文件
# 描述:创建游戏主场景
# 历史版本:
# 2021 - 5 - 2: 创建 夏正东
# 2021 - 5 - 2: 单击游戏设置菜单项
# 2021 - 5 - 2: 单击游戏帮助菜单项
# 2021 - 5 - 2: 单击开始游戏菜单项
import logging
import cocos
import cocos.scenes
from com.oldxia.scene import setting_scene, help_scene, gameplay_scene
from com.oldxia.utility import tools
# 主菜单的图片路径
RES_PATH = 'resources/image/home/'
logger = logging.getLogger(__name__)
class HomeLayer(cocos.layer.Layer):
    def __init__(self):
        super().__init__()
        logger.info('初始化背景图层')
    def on_enter(self):
        super().on_enter()
        logger.info('进入背景图层')
        # 判断该背景图层是否已经初始化
        if len(self.get_children()) != 0:
            return
        # 获得窗口的宽度和高度
        s_width, s_height = cocos.director.director.get_window_size()
```

```python
            # 播放音乐
            tools.playmusic('home_bg.ogg')
            # 创建背景精灵
            background = cocos.sprite.Sprite(RES_PATH + 'bg.png')
            background.position = s_width //2, s_height //2
            # 添加背景精灵
            self.add(background, 0)
class MainMenu(cocos.menu.Menu):
    def __init__(self):
        super().__init__()
        logger.info('初始化主菜单')
        # 菜单项的初始化设置
        self.font_item['font_size'] = 50
        self.font_item['color'] = (180, 200, 255, 255)
        self.font_item_selected['color'] = (255, 255, 255, 255)
        self.font_item_selected['font_size'] = 50
    def on_enter(self):
        super().on_enter()
        logger.info('进入主菜单')
        # 判断主菜单是否已经初始化
        if len(self.get_children()) != 0:
            return
        start_item = cocos.menu.ImageMenuItem(RES_PATH + 'button-start.png',self.on_start_item_callback)
        setting_item = cocos.menu.ImageMenuItem(RES_PATH + 'button-setting.png',self.on_setting_item_callback)
        help_item = cocos.menu.ImageMenuItem(RES_PATH + 'button-help.png',self.on_help_item_callback)
        s_width, s_height = cocos.director.director.get_window_size()
        x = s_width //2
        y = s_height //2 + 50
        step = 55
        self.create_menu([start_item, setting_item, help_item], layout_strategy = cocos.menu.fixedPositionMenuLayout([(x, y), (x, y - step), (x, y - 2 * step), (x, y - 3 * step)]))
    def on_start_item_callback(self):
        logger.info('单击开始游戏菜单项')
        # 单击开始游戏菜单项
        next_scene = gameplay_scene.create_scene()
        ts = cocos.scenes.FadeTransition(next_scene, 1.0)
        cocos.director.director.push(ts)
        # 播放音效
        tools.playeffect('Blip.wav')
    def on_setting_item_callback(self):
        logger.info('单击游戏设置菜单项')
        # 单击游戏设置菜单项
        next_scene = setting_scene.create_scene()
        ts = cocos.scenes.FadeTransition(next_scene, 1.0)
        cocos.director.director.push(ts)
        # 播放音效
```

```
            tools.playeffect('Blip.wav')
    def on_help_item_callback(self):
        logger.info('单击游戏帮助菜单项')
        #单击游戏帮助菜单项
        next_scene = help_scene.create_scene()
        ts = cocos.scenes.FadeTransition(next_scene, 1.0)
        cocos.director.director.push(ts)
        #播放音效
        tools.playeffect('Blip.wav')
def create_scene():
    '''创建游戏主场景'''
    home_scene = cocos.scene.Scene()
    home_layer = HomeLayer()
    #添加游戏主场景的背景图层
    home_scene.add(home_layer)
    main_menu = MainMenu()
    #添加游戏主场景的主菜单
    home_scene.add(main_menu)
    return home_scene
```

运行 game_main.py 文件,然后单击"开始游戏"按钮,其运行结果如图 6-31 所示。

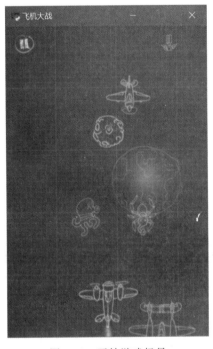

图 6-31 开始游戏场景

此时,虽然可以正常显示开始游戏场景,但是还有很多功能没有实现,例如玩家飞机精灵无法拖曳、玩家飞机精灵与敌人精灵的碰撞、玩家的游戏得分等。下面就逐一实现游戏过程中所需要的功能。

19）完善 gameplay_scene.py 文件

该文件中需完善的 TODO 注释为"待完成功能：通过鼠标拖曳玩家飞机精灵"，示例代码如下：

```python
# 版权所有 © 2021－2022 Python 全栈开发
# 许可信息查看 LICENSE.txt 文件
# 描述:创建开始游戏场景
# 历史版本：
# 2021－5－2：创建 夏正东
# 2021－5－2:通过鼠标拖曳玩家飞机精灵
import logging
import cocos.scenes
from com.oldxia.sprite.enemy_sprite import *
from com.oldxia.sprite.fighter_sprite import *
from com.oldxia.utility import tools
RES_PATH = 'resources/image/gameplay/'
logger = logging.getLogger(__name__)
class GamePlayLayer(cocos.layer.Layer):
    is_event_handler = True
    def __init__(self):
        super().__init__()
        logger.info("初始化开始游戏场景")
        tools.playmusic('game_bg.ogg')
        # 获得窗口的宽度和高度
        self.s_width, self.s_height = cocos.director.director.get_window_size()
        # 初始化游戏的背景
        self.init_bg()
        # 初始化游戏的状态栏
        self.init_statusbar()
        # 初始化游戏的精灵
        self.init_gamesprite()
    def init_bg(self):
        # 创建背景精灵
        background = cocos.sprite.Sprite(RES_PATH + 'bg.png')
        background.position = self.s_width //2, self.s_height //2
        # 添加背景精灵
        self.add(background, 0)
        # 添加背景精灵1
        sprite1 = cocos.sprite.Sprite(RES_PATH + 'bgsprite1.png')
        self.add(sprite1, 0)
        sprite1.position = 5, 5
        ac1 = cocos.actions.MoveTo((340, 500), 20)
        ac2 = cocos.actions.MoveTo((5, 5), 20)
        ac3 = ac1 + ac2
        action = cocos.actions.Repeat(ac3)
        sprite1.do(action)
        # 添加背景精灵2
        sprite2 = cocos.sprite.Sprite(RES_PATH + 'bgsprite2.png')
        self.add(sprite2, 0)
```

```python
            sprite2.position = 340, 5
            ac1 = cocos.actions.MoveTo((0, 500), 20)
            ac2 = cocos.actions.MoveTo((340, 5), 20)
            ac3 = ac1 + ac2
            action = cocos.actions.Repeat(ac3)
            sprite2.do(action)
    def init_statusbar(self):
        #暂停游戏按钮
        self.pausebutton = cocos.sprite.Sprite(RES_PATH + 'button.pause.png')
        self.add(self.pausebutton, 2)
        self.pausebutton.position = 30, self.s_height - 28
        #返回主菜单按钮
        self.backbutton = cocos.sprite.Sprite(RES_PATH + 'button.back.png')
        self.add(self.backbutton, 2)
        self.backbutton.position = self.s_width //2, self.s_height //2 - 28
        self.backbutton.visible = False
        #继续游戏按钮
        self.resumebutton = cocos.sprite.Sprite(RES_PATH + 'button.resume.png')
        self.add(self.resumebutton, 2)
        self.resumebutton.position = self.s_width //2, self.s_height //2 + 28
        self.resumebutton.visible = False
        #玩家飞机的生命值图标
        fg = cocos.sprite.Sprite(RES_PATH + 'life.png')
        fg.position = self.s_width - 60, self.s_height - 28
        self.add(fg, 0)
        self.lifelabel = cocos.text.Label(font_name = 'Harlow Solid Italic', font_size = 18, anchor_x = 'center', anchor_y = 'center')
        self.lifelabel.position = fg.position[0] + 30, fg.position[1]
        self.add(self.lifelabel, 0)
        #在状态栏中设置游戏得分
        self.scorelabel = cocos.text.Label(font_name = 'Harlow Solid Italic', font_size = 18, anchor_x = 'center', anchor_y = 'center')
        self.scorelabel.position = self.s_width //2, self.s_height - 28
        self.add(self.scorelabel, 0)
        #游戏累计得分
        self.score = 0
        #当该变量大于或等于1000分时,玩家飞机精灵生命值加1,并将 scoreplaceholder 的值
        #恢复为0
        self.scoreplaceholder = 0
        #1表示游戏正在运行,0表示游戏暂停
        self.pause_status = 1
    def init_gamesprite(self):
        #初始化陨石
        self.stone = Enemy(EnemyType.Stone)
        self.add(self.stone, 1, 'enemy1')
        #初始化行星
        self.planet = Enemy(EnemyType.Planet)
        self.add(self.planet, 1, 'enemy2')
        #初始化敌机1
        self.enemyfighter1 = Enemy(EnemyType.Fighter1)
```

```
        self.add(self.enemyfighter1, 1, 'enemy3')
        #初始化敌机 2
        self.enemyfighter2 = Enemy(EnemyType.Fighter2)
        self.add(self.enemyfighter2, 1, 'enemy4')
        #初始化玩家飞机精灵
        self.player = Fighter()
        self.player.position = (self.s_width //2, 50)
        self.add(self.player, 1)
        #初始化玩家飞机精灵
        self.player.hit_points = 5
        self.player.visible = True
        self.player.position = (self.s_width //2, 50)
    #通过鼠标拖曳玩家飞机精灵
    def on_mouse_drag(self, x, y, dx, dy, buttons, modifiers):
        #开始游戏场景处于运行状态时,玩家飞机精灵可以进行拖曳
        if self.pause_status == 1:
            self.player.move((dx, dy))
    #TODO 待完成功能:暂停游戏,以及返回游戏主菜单和继续游戏的实现
    #TODO 待完成功能:设置定时器,包括发射子弹精灵、碰撞检测和更新状态栏
def create_scene():
    scene = cocos.scene.Scene()
    gameplay_layer = GamePlayLayer()
    scene.add(gameplay_layer)
    return scene
```

运行 game_main.py 文件,然后单击"开始游戏"按钮,其运行结果如图 6-32 所示。

图 6-32 拖曳玩家飞机精灵

此时，可以正常拖曳玩家飞机精灵，并且玩家飞机精灵不会超出当前的游戏窗口。

20）完善 gameplay_scene.py 文件

该文件中需完善的 TODO 注释为"待完成功能：暂停游戏，以及返回游戏主菜单和继续游戏的实现"，示例代码如下：

```python
# 版权所有 © 2021 - 2022 Python 全栈开发
# 许可信息查看 LICENSE.txt 文件
# 描述：创建开始游戏场景
# 历史版本：
# 2021 - 5 - 2：创建 夏正东
# 2021 - 5 - 2：通过鼠标拖曳玩家飞机精灵
# 2021 - 5 - 2：游戏暂停，以及返回游戏主菜单和继续游戏的实现
import logging
import cocos.scenes
from com.oldxia.scene import home_scene
from com.oldxia.sprite.enemy_sprite import *
from com.oldxia.sprite.fighter_sprite import *
from com.oldxia.utility import tools
RES_PATH = 'resources/image/gameplay/'
logger = logging.getLogger(__name__)
class GamePlayLayer(cocos.layer.Layer):
    is_event_handler = True
    def __init__(self):
        super().__init__()
        logger.info("初始化开始游戏场景")
        tools.playmusic('game_bg.ogg')
        # 获得窗口的宽度和高度
        self.s_width, self.s_height = cocos.director.director.get_window_size()
        # 初始化游戏的背景
        self.init_bg()
        # 初始化游戏的状态栏
        self.init_statusbar()
        # 初始化游戏的精灵
        self.init_gamesprite()
    def init_bg(self):
        # 创建背景精灵
        background = cocos.sprite.Sprite(RES_PATH + 'bg.png')
        background.position = self.s_width //2, self.s_height //2
        # 添加背景精灵
        self.add(background, 0)
        # 添加背景精灵1
        sprite1 = cocos.sprite.Sprite(RES_PATH + 'bgsprite1.png')
        self.add(sprite1, 0)
        sprite1.position = 5, 5
        ac1 = cocos.actions.MoveTo((340, 500), 20)
        ac2 = cocos.actions.MoveTo((5, 5), 20)
        ac3 = ac1 + ac2
        action = cocos.actions.Repeat(ac3)
        sprite1.do(action)
```

```python
        #添加背景精灵2
        sprite2 = cocos.sprite.Sprite(RES_PATH + 'bgsprite2.png')
        self.add(sprite2, 0)
        sprite2.position = 340, 5
        ac1 = cocos.actions.MoveTo((0, 500), 20)
        ac2 = cocos.actions.MoveTo((340, 5), 20)
        ac3 = ac1 + ac2
        action = cocos.actions.Repeat(ac3)
        sprite2.do(action)
    def init_statusbar(self):
        #暂停游戏按钮
        self.pausebutton = cocos.sprite.Sprite(RES_PATH + 'button.pause.png')
        self.add(self.pausebutton, 2)
        self.pausebutton.position = 30, self.s_height - 28
        #返回主菜单按钮
        self.backbutton = cocos.sprite.Sprite(RES_PATH + 'button.back.png')
        self.add(self.backbutton, 2)
        self.backbutton.position = self.s_width //2, self.s_height //2 - 28
        self.backbutton.visible = False
        #继续游戏按钮
        self.resumebutton = cocos.sprite.Sprite(RES_PATH + 'button.resume.png')
        self.add(self.resumebutton, 2)
        self.resumebutton.position = self.s_width //2, self.s_height //2 + 28
        self.resumebutton.visible = False
        #玩家飞机的生命值图标
        fg = cocos.sprite.Sprite(RES_PATH + 'life.png')
        fg.position = self.s_width - 60, self.s_height - 28
        self.add(fg, 0)
        self.lifelabel = cocos.text.Label(font_name = 'Harlow Solid Italic', font_size = 18, anchor_x = 'center', anchor_y = 'center')
        self.lifelabel.position = fg.position[0] + 30, fg.position[1]
        self.add(self.lifelabel, 0)
        #在状态栏中设置游戏得分
        self.scorelabel = cocos.text.Label(font_name = 'Harlow Solid Italic', font_size = 18, anchor_x = 'center', anchor_y = 'center')
        self.scorelabel.position = self.s_width //2, self.s_height - 28
        self.add(self.scorelabel, 0)
        #游戏累计得分
        self.score = 0
        #当该变量大于或等于1000分时,玩家飞机精灵生命值加1,并将scoreplaceholder的值
        #恢复为0
        self.scoreplaceholder = 0
        #1表示游戏正在运行,0表示游戏暂停
        self.pause_status = 1
    def init_gamesprite(self):
        #初始化陨石
        self.stone = Enemy(EnemyType.Stone)
        self.add(self.stone, 1, 'enemy1')
        #初始化行星
        self.planet = Enemy(EnemyType.Planet)
        self.add(self.planet, 1, 'enemy2')
        #初始化敌机1
        self.enemyfighter1 = Enemy(EnemyType.Fighter1)
```

```python
        self.add(self.enemyfighter1, 1, 'enemy3')
        # 初始化敌机2
        self.enemyfighter2 = Enemy(EnemyType.Fighter2)
        self.add(self.enemyfighter2, 1, 'enemy4')
        # 初始化玩家飞机精灵
        self.player = Fighter()
        self.player.position = (self.s_width //2, 50)
        self.add(self.player, 1)
        # 初始化玩家飞机精灵
        self.player.hit_points = 5
        self.player.visible = True
        self.player.position = (self.s_width //2, 50)
        # 产生敌人精灵
        for i in range(1, 5):
            name = f'enemy{i}'
            # 通过get()方法查找name的子节点
            enemy = self.get(name)
            enemy.spawn()
    # 通过鼠标拖曳玩家飞机精灵
    def on_mouse_drag(self, x, y, dx, dy, buttons, modifiers):
        # 开始游戏场景处于运行状态时,玩家飞机精灵可以进行拖曳
        if self.pause_status == 1:
            self.player.move((dx, dy))
    # 游戏暂停,以及返回游戏主菜单和继续游戏的实现
    def on_mouse_release(self, x, y, button, modifiers):
        if button == pyglet.window.mouse.LEFT:
            # 获取游戏暂停按钮所在的矩形
            pausebuttonrect = self.pausebutton.get_rect()
            # 当鼠标左键单击的位置在游戏暂停按钮的矩形内,并且当前的游戏场景处于运行状
            # 态时
            if pausebuttonrect.contains(x, y) and self.pause_status == 1:
                logger.deBug('单击暂停游戏按钮')
                self.resumebutton.visible = True
                self.backbutton.visible = True
                self.pausebutton.visible = False
                # 播放音效
                tools.playeffect('Blip.wav')
                self.pause_status = 0
                for i in range(1, 5):
                    name = 'enemy{0}'.format(i)
                    enemy = self.get(name)
                    enemy.pause_enemy()
            # 获取游戏继续按钮所在的矩形
            resumebuttonrect = self.resumebutton.get_rect()
            # 当鼠标左键单击的位置在游戏继续按钮的矩形内,并且当前的游戏场景处于停止状
            # 态时
            if resumebuttonrect.contains(x, y) and self.pause_status == 0:
                logger.deBug('单击游戏继续按钮')
                self.resumebutton.visible = False
                self.backbutton.visible = False
                self.pausebutton.visible = True
                # 播放音效
                tools.playeffect('Blip.wav')
```

```python
            self.pause_status = 1
            for i in range(1, 5):
                name = 'enemy{0}'.format(i)
                enemy = self.get(name)
                enemy.resume_enemy()
        # 获取返回游戏主菜单按钮所在的矩形
        backbuttonrect = self.backbutton.get_rect()
        # 当鼠标左键单击的位置在返回游戏主菜单按钮的矩形内,并且当前的游戏场景处于
        # 停止状态时
        if backbuttonrect.contains(x, y) and self.pause_status == 0:
            logger.deBug('单击返回游戏主菜单按钮')
            next_scene = home_scene.create_scene()
            cocos.director.director.push(next_scene)
            # 播放音效
            tools.playeffect('Blip.wav')
            # 更换播放音乐
            tools.playmusic('home_bg.ogg')
# TODO 待完成功能:设置定时器,包括发射子弹精灵、碰撞检测和更新状态栏
def create_scene():
    scene = cocos.scene.Scene()
    gameplay_layer = GamePlayLayer()
    scene.add(gameplay_layer)
    return scene
```

运行 game_main.py 文件,然后单击"开始游戏"按钮,再单击开始游戏场景左上角的"暂停"按钮,其运行结果如图 6-33 所示。

图 6-33 暂停游戏

此时，单击"继续游戏"按钮可以重新回到开始游戏场景，单击"返回主页"按钮则直接返回游戏主场景。

21）完善 gameplay_scene.py 文件

该文件中需完善的 TODO 注释为"待完成功能：设置定时器，包括发射子弹精灵、碰撞检测和更新状态栏"，示例代码如下：

```python
# 版权所有 © 2021-2022 Python全栈开发
# 许可信息查看 LICENSE.txt 文件
# 描述：创建开始游戏场景
# 历史版本：
# 2021-5-2：创建 夏正东
# 2021-5-2：通过鼠标拖曳玩家飞机精灵
# 2021-5-2：游戏暂停，以及返回游戏主菜单和继续游戏的实现
# 2021-5-2：设置定时器，包括发射子弹精灵、碰撞检测和更新状态栏
import logging
import cocos.scenes
from com.oldxia.sprite.bullet_sprite import Bullet
from com.oldxia.scene import home_scene
from com.oldxia.sprite.enemy_sprite import *
from com.oldxia.sprite.fighter_sprite import *
from com.oldxia.utility import tools
RES_PATH = 'resources/image/gameplay/'
logger = logging.getLogger(__name__)
class GamePlayLayer(cocos.layer.Layer):
    is_event_handler = True
    def __init__(self):
        super().__init__()
        logger.info("初始化开始游戏场景")
        tools.playmusic('game_bg.ogg')
        # 获得窗口的宽度和高度
        self.s_width, self.s_height = cocos.director.director.get_window_size()
        # 初始化游戏的背景
        self.init_bg()
        # 初始化游戏的状态栏
        self.init_statusbar()
        # 初始化游戏的精灵
        self.init_gamesprite()
    def init_bg(self):
        # 创建背景精灵
        background = cocos.sprite.Sprite(RES_PATH + 'bg.png')
        background.position = self.s_width //2, self.s_height //2
        # 添加背景精灵
        self.add(background, 0)
        # 添加背景精灵1
        sprite1 = cocos.sprite.Sprite(RES_PATH + 'bgsprite1.png')
        self.add(sprite1, 0)
        sprite1.position = 5, 5
        ac1 = cocos.actions.MoveTo((340, 500), 20)
```

```
            ac2 = cocos.actions.MoveTo((5, 5), 20)
            ac3 = ac1 + ac2
            action = cocos.actions.Repeat(ac3)
            sprite1.do(action)
            #添加背景精灵2
            sprite2 = cocos.sprite.Sprite(RES_PATH + 'bgsprite2.png')
            self.add(sprite2, 0)
            sprite2.position = 340, 5
            ac1 = cocos.actions.MoveTo((0, 500), 20)
            ac2 = cocos.actions.MoveTo((340, 5), 20)
            ac3 = ac1 + ac2
            action = cocos.actions.Repeat(ac3)
            sprite2.do(action)
     def init_statusbar(self):
            #暂停游戏按钮
            self.pausebutton = cocos.sprite.Sprite(RES_PATH + 'button.pause.png')
            self.add(self.pausebutton, 2)
            self.pausebutton.position = 30, self.s_height - 28
            #返回主菜单按钮
            self.backbutton = cocos.sprite.Sprite(RES_PATH + 'button.back.png')
            self.add(self.backbutton, 2)
            self.backbutton.position = self.s_width //2, self.s_height //2 - 28
            self.backbutton.visible = False
            #继续游戏按钮
            self.resumebutton = cocos.sprite.Sprite(RES_PATH + 'button.resume.png')
            self.add(self.resumebutton, 2)
            self.resumebutton.position = self.s_width //2, self.s_height //2 + 28
            self.resumebutton.visible = False
            #玩家飞机的生命值图标
            fg = cocos.sprite.Sprite(RES_PATH + 'life.png')
            fg.position = self.s_width - 60, self.s_height - 28
            self.add(fg, 0)
            self.lifelabel = cocos.text.Label(font_name = 'Harlow Solid Italic', font_size = 18, anchor_x = 'center', anchor_y = 'center')
            self.lifelabel.position = fg.position[0] + 30, fg.position[1]
            self.add(self.lifelabel, 0)
            #在状态栏中设置游戏得分
            self.scorelabel = cocos.text.Label(font_name = 'Harlow Solid Italic', font_size = 18, anchor_x = 'center', anchor_y = 'center')
            self.scorelabel.position = self.s_width //2, self.s_height - 28
            self.add(self.scorelabel, 0)
            #游戏累计得分
            self.score = 0
            #当该变量大于或等于1000分时,玩家飞机精灵生命值加1,并将scoreplaceholder的值
            #恢复为0
            self.scoreplaceholder = 0
            #1表示游戏正在运行,0表示游戏暂停
            self.pause_status = 1
            #时间间隔
            self.elapsedtime = 0
```

```python
        # 设置定时器, 包括发射子弹精灵、碰撞检测和更新状态栏
        self.schedule(self.update)
    def init_gamesprite(self):
        # 初始化陨石
        self.stone = Enemy(EnemyType.Stone)
        self.add(self.stone, 1, 'enemy1')
        # 初始化行星
        self.planet = Enemy(EnemyType.Planet)
        self.add(self.planet, 1, 'enemy2')
        # 初始化敌机 1
        self.enemyfighter1 = Enemy(EnemyType.Fighter1)
        self.add(self.enemyfighter1, 1, 'enemy3')
        # 初始化敌机 2
        self.enemyfighter2 = Enemy(EnemyType.Fighter2)
        self.add(self.enemyfighter2, 1, 'enemy4')
        # 初始化玩家飞机精灵
        self.player = Fighter()
        self.player.position = (self.s_width //2, 50)
        self.add(self.player, 1)
        # 初始化玩家飞机精灵
        self.player.hit_points = 5
        self.player.visible = True
        self.player.position = (self.s_width //2, 50)
        # 产生敌人精灵
        for i in range(1, 5):
            name = f'enemy{i}'
            # 通过 get()方法查找 name 的子节点
            enemy = self.get(name)
            enemy.spawn()
    # 通过鼠标拖曳玩家飞机精灵
    def on_mouse_drag(self, x, y, dx, dy, buttons, modifiers):
        # 开始游戏场景处于运行状态时, 玩家飞机精灵可以进行拖曳
        if self.pause_status == 1:
            self.player.move((dx, dy))
    # 游戏暂停, 以及返回游戏主菜单和继续游戏的实现
    def on_mouse_release(self, x, y, button, modifiers):
        if button == pyglet.window.mouse.LEFT:
            # 获取游戏暂停按钮所在的矩形
            pausebuttonrect = self.pausebutton.get_rect()
            # 当鼠标左键单击的位置在游戏暂停按钮的矩形内, 并且当前的游戏场景处于运行状
    # 态时
            if pausebuttonrect.contains(x, y) and self.pause_status == 1:
                logger.deBug('单击暂停游戏按钮')
                self.resumebutton.visible = True
                self.backbutton.visible = True
                self.pausebutton.visible = False
                # 播放音效
                tools.playeffect('Blip.wav')
                self.pause_status = 0
                for i in range(1, 5):
```

```python
                    name = 'enemy{0}'.format(i)
                    enemy = self.get(name)
                    enemy.pause_enemy()
            # 获取游戏继续按钮所在的矩形
            resumebuttonrect = self.resumebutton.get_rect()
            # 当鼠标左键单击的位置在游戏继续按钮的矩形内,并且当前的游戏场景处于停止状
            # 态时
            if resumebuttonrect.contains(x, y) and self.pause_status == 0:
                logger.deBug('单击游戏继续按钮')
                self.resumebutton.visible = False
                self.backbutton.visible = False
                self.pausebutton.visible = True
                # 播放音效
                tools.playeffect('Blip.wav')
                self.pause_status = 1
                for i in range(1, 5):
                    name = 'enemy{0}'.format(i)
                    enemy = self.get(name)
                    enemy.resume_enemy()
            # 获取返回游戏主菜单按钮所在的矩形
            backbuttonrect = self.backbutton.get_rect()
            # 当鼠标左键单击的位置在返回游戏主菜单按钮的矩形内,并且当前的游戏场景处于
            # 停止状态时
            if backbuttonrect.contains(x, y) and self.pause_status == 0:
                logger.deBug('单击返回游戏主菜单按钮')
                next_scene = home_scene.create_scene()
                cocos.director.director.push(next_scene)
                # 播放音效
                tools.playeffect('Blip.wav')
                # 更换播放音乐
                tools.playmusic('home_bg.ogg')
    def update(self, dt):
        logger.deBug(dt)
        self.elapsedtime += dt
        # 如果时间间隔大于0.2s,则发射子弹,即每0.2s发射1发子弹
        if self.elapsedtime > 0.2:
            self.elapsedtime = 0
            # 如果玩家飞机精灵可见,则表示玩家飞机精灵没有被击毁
            if self.player.visible:
                bullet = Bullet()
                self.add(bullet, 2)
                bullet.shoot_bullet(self.player)
        for node in self.get_children():
            # 移除不可见的子弹精灵,释放内存
            if not node.visible and isinstance(node, Bullet):
                self.remove(node)
        # TODO 待完成功能:碰撞检测
        # TODO 待完成功能:更新状态栏
def create_scene():
    scene = cocos.scene.Scene()
```

```
        gameplay_layer = GamePlayLayer()
        scene.add(gameplay_layer)
        return scene
```

运行 game_main.py 文件,然后单击"开始游戏"按钮,其运行结果如图 6-34 所示。

图 6-34　发射子弹精灵

此时,玩家飞机精灵可以正常发射子弹。

22) 完善 gameplay_scene.py 文件

该文件中需完善的 TODO 注释为"待完成功能:碰撞检测"。

一般情况下,碰撞检测需要使用物理引擎,但是 Cocos2d 本身并没有提供物理引擎,仅提供了碰撞检测的 API,但在本项目中并没有使用该 API,因为该 API 无论是原理还是应用均异常烦琐,所以在本项目中采用将子弹精灵、玩家飞机精灵和敌人精灵抽象成矩形的方式进行碰撞检测,即只需判断各矩形之间是否有重叠,如果有重叠就认为其发生了碰撞,虽然该种方式的精确度较低,但是其运行速度较快,对于刚刚接触游戏编程的初学者来讲已经足以满足开发的需要。

示例代码如下:

```
# 版权所有 © 2021－2022 Python全栈开发
# 许可信息查看 LICENSE.txt 文件
# 描述:创建开始游戏场景
# 历史版本:
# 2021－5－2: 创建 夏正东
# 2021－5－2: 通过鼠标拖曳玩家飞机精灵
# 2021－5－2: 游戏暂停,以及返回游戏主菜单和继续游戏的实现
```

```python
#2021-5-2: 设置定时器,包括发射子弹精灵、碰撞检测和更新状态栏
#2021-5-2: 碰撞检测
import logging
import cocos.scenes
from com.oldxia.particle.big_explosion import BigExplosion
from com.oldxia.sprite.bullet_sprite import Bullet
from com.oldxia.scene import home_scene
from com.oldxia.sprite.enemy_sprite import *
from com.oldxia.sprite.fighter_sprite import *
from com.oldxia.utility import tools
RES_PATH = 'resources/image/gameplay/'
logger = logging.getLogger(__name__)
class GamePlayLayer(cocos.layer.Layer):
    is_event_handler = True
    def __init__(self):
        super().__init__()
        logger.info("初始化开始游戏场景")
        tools.playmusic('game_bg.ogg')
        #获得窗口的宽度和高度
        self.s_width, self.s_height = cocos.director.director.get_window_size()
        #初始化游戏的背景
        self.init_bg()
        #初始化游戏的状态栏
        self.init_statusbar()
        #初始化游戏的精灵
        self.init_gamesprite()
    def init_bg(self):
        #创建背景精灵
        background = cocos.sprite.Sprite(RES_PATH + 'bg.png')
        background.position = self.s_width //2, self.s_height //2
        #添加背景精灵
        self.add(background, 0)
        #添加背景精灵1
        sprite1 = cocos.sprite.Sprite(RES_PATH + 'bgsprite1.png')
        self.add(sprite1, 0)
        sprite1.position = 5, 5
        ac1 = cocos.actions.MoveTo((340, 500), 20)
        ac2 = cocos.actions.MoveTo((5, 5), 20)
        ac3 = ac1 + ac2
        action = cocos.actions.Repeat(ac3)
        sprite1.do(action)
        #添加背景精灵2
        sprite2 = cocos.sprite.Sprite(RES_PATH + 'bgsprite2.png')
        self.add(sprite2, 0)
        sprite2.position = 340, 5
        ac1 = cocos.actions.MoveTo((0, 500), 20)
        ac2 = cocos.actions.MoveTo((340, 5), 20)
        ac3 = ac1 + ac2
        action = cocos.actions.Repeat(ac3)
        sprite2.do(action)
```

```python
    def init_statusbar(self):
        #暂停游戏按钮
        self.pausebutton = cocos.sprite.Sprite(RES_PATH + 'button.pause.png')
        self.add(self.pausebutton, 2)
        self.pausebutton.position = 30, self.s_height - 28
        #返回主菜单按钮
        self.backbutton = cocos.sprite.Sprite(RES_PATH + 'button.back.png')
        self.add(self.backbutton, 2)
        self.backbutton.position = self.s_width //2, self.s_height //2 - 28
        self.backbutton.visible = False
        #继续游戏按钮
        self.resumebutton = cocos.sprite.Sprite(RES_PATH + 'button.resume.png')
        self.add(self.resumebutton, 2)
        self.resumebutton.position = self.s_width //2, self.s_height //2 + 28
        self.resumebutton.visible = False
        #玩家飞机的生命值图标
        fg = cocos.sprite.Sprite(RES_PATH + 'life.png')
        fg.position = self.s_width - 60, self.s_height - 28
        self.add(fg, 0)
        self.lifelabel = cocos.text.Label(font_name = 'Harlow Solid Italic', font_size = 18, anchor_x = 'center', anchor_y = 'center')
        self.lifelabel.position = fg.position[0] + 30, fg.position[1]
        self.add(self.lifelabel, 0)
        #在状态栏中设置游戏得分
        self.scorelabel = cocos.text.Label(font_name = 'Harlow Solid Italic', font_size = 18, anchor_x = 'center', anchor_y = 'center')
        self.scorelabel.position = self.s_width //2, self.s_height - 28
        self.add(self.scorelabel, 0)
        #游戏累计得分
        self.score = 0
        #当该变量大于或等于1000分时,玩家飞机精灵生命值加1,并将scoreplaceholder的值
        #恢复为0
        self.scoreplaceholder = 0
        #1表示游戏正在运行,0表示游戏暂停
        self.pause_status = 1
        #时间间隔
        self.elapsedtime = 0
        #设置定时器,包括发射子弹精灵、碰撞检测和更新状态栏
        self.schedule(self.update)
    def init_gamesprite(self):
        #初始化陨石
        self.stone = Enemy(EnemyType.Stone)
        self.add(self.stone, 1, 'enemy1')
        #初始化行星
        self.planet = Enemy(EnemyType.Planet)
        self.add(self.planet, 1, 'enemy2')
        #初始化敌机1
        self.enemyfighter1 = Enemy(EnemyType.Fighter1)
        self.add(self.enemyfighter1, 1, 'enemy3')
        #初始化敌机2
```

```python
        self.enemyfighter2 = Enemy(EnemyType.Fighter2)
        self.add(self.enemyfighter2, 1, 'enemy4')
        #初始化玩家飞机精灵
        self.player = Fighter()
        self.player.position = (self.s_width //2, 50)
        self.add(self.player, 1)
        #初始化玩家飞机精灵
        self.player.hit_points = 5
        self.player.visible = True
        self.player.position = (self.s_width //2, 50)
        #产生敌人精灵
        for i in range(1, 5):
            name = f'enemy{i}'
            #通过 get()方法查找 name 的子节点
            enemy = self.get(name)
            enemy.spawn()
    #通过鼠标拖曳玩家飞机精灵
    def on_mouse_drag(self, x, y, dx, dy, buttons, modifiers):
        #开始游戏场景处于运行状态时,玩家飞机精灵可以进行拖曳
        if self.pause_status == 1:
            self.player.move((dx, dy))
    #游戏暂停,以及返回游戏主菜单和继续游戏的实现
    def on_mouse_release(self, x, y, button, modifiers):
        if button == pyglet.window.mouse.LEFT:
            #获取游戏暂停按钮所在的矩形
            pausebuttonrect = self.pausebutton.get_rect()
            #当鼠标左键单击的位置在游戏暂停按钮的矩形内,并且当前的游戏场景处于运行状
            #态时
            if pausebuttonrect.contains(x, y) and self.pause_status == 1:
                logger.deBug('单击暂停游戏按钮')
                self.resumebutton.visible = True
                self.backbutton.visible = True
                self.pausebutton.visible = False
                #播放音效
                tools.playeffect('Blip.wav')
                self.pause_status = 0
                for i in range(1, 5):
                    name = 'enemy{0}'.format(i)
                    enemy = self.get(name)
                    enemy.pause_enemy()
                self.unschedule(self.update)
            #获取游戏继续按钮所在的矩形
            resumebuttonrect = self.resumebutton.get_rect()
            #当鼠标左键单击的位置在游戏继续按钮的矩形内,并且当前的游戏场景处于停止状
            #态时
            if resumebuttonrect.contains(x, y) and self.pause_status == 0:
                logger.deBug('单击游戏继续按钮')
                self.resumebutton.visible = False
                self.backbutton.visible = False
                self.pausebutton.visible = True
```

```python
                    #播放音效
                    tools.playeffect('Blip.wav')
                    self.pause_status = 1
                    for i in range(1, 5):
                        name = 'enemy{0}'.format(i)
                        enemy = self.get(name)
                        enemy.resume_enemy()
                    self.schedule(self.update)
                #获取返回游戏主菜单按钮所在的矩形
                backbuttonrect = self.backbutton.get_rect()
                #当鼠标左键单击的位置在返回游戏主菜单按钮的矩形内,并且当前的游戏场景处于
        #停止状态时
                if backbuttonrect.contains(x, y) and self.pause_status == 0:
                    logger.deBug('单击返回游戏主菜单按钮')
                    next_scene = home_scene.create_scene()
                    cocos.director.director.push(next_scene)
                    #播放音效
                    tools.playeffect('Blip.wav')
                    #更换播放音乐
                    tools.playmusic('home_bg.ogg')
    def update(self, dt):
        logger.deBug(dt)
        self.elapsedtime += dt
        #如果时间间隔大于0.2s,则发射子弹,即每0.2s发射1发子弹
        if self.elapsedtime > 0.2:
            self.elapsedtime = 0
            #如果玩家飞机精灵可见,则表示玩家飞机精灵没有被击毁
            if self.player.visible:
                bullet = Bullet()
                self.add(bullet, 2)
                bullet.shoot_bullet(self.player)
        for node in self.get_children():
            #移除不可见的子弹精灵,释放内存
            if not node.visible and isinstance(node, Bullet):
                self.remove(node)
        #碰撞检测
        self.test_collision()
        #TODO 待完成功能:更新状态栏
    def test_collision(self):
        """检测碰撞"""
        for node in self.get_children():
            #子弹精灵与敌人精灵的碰撞检测
            if isinstance(node, Bullet) and node.visible:
                bulletrect = node.get_rect()
                #子弹精灵与陨石的碰撞检测
                if bulletrect.intersect(self.stone.get_rect()):
                    self.handle_bullet_enemy_collision(self.stone)
                    node.visible = False
                    continue
                #子弹精灵与敌机1的碰撞检测
```

```python
            if bulletrect.intersect(self.enemyfighter1.get_rect()):
                self.handle_bullet_enemy_collision(self.enemyfighter1)
                node.visible = False
                continue
            # 子弹精灵与敌机 2 的碰撞检测
            if bulletrect.intersect(self.enemyfighter2.get_rect()):
                self.handle_bullet_enemy_collision(self.enemyfighter2)
                node.visible = False
                continue
            # 子弹精灵与行星的碰撞检测
            if bulletrect.intersect(self.planet.get_rect()):
                self.handle_bullet_enemy_collision(self.planet)
                node.visible = False
                continue
        # 检测玩家飞机精灵与敌人精灵的碰撞
        if self.player.visible:
            playerrect = self.player.get_rect()
            # 玩家飞机精灵与陨石的碰撞检测
            if playerrect.intersect(self.stone.get_rect()):
                self.handle_player_enemy_collision(self.stone)
                return
            # 玩家飞机精灵与敌机 1 的碰撞检测
            if playerrect.intersect(self.enemyfighter1.get_rect()):
                self.handle_player_enemy_collision(self.enemyfighter1)
                return
            # 玩家飞机精灵与敌机 2 的碰撞检测
            if playerrect.intersect(self.enemyfighter2.get_rect()):
                self.handle_player_enemy_collision(self.enemyfighter2)
                return
            # 玩家飞机精灵与行星的碰撞检测
            if playerrect.intersect(self.planet.get_rect()):
                self.handle_player_enemy_collision(self.planet)
                return
def handle_bullet_enemy_collision(self, enemy):
    """子弹精灵与敌人精灵碰撞后的处理"""
    # 敌人精灵生命减 1
    enemy.hit_points -= 1
    # 当敌人精灵生命小于或等于 0 时
    if enemy.hit_points <= 0:
        # 爆炸
        self.doexplosion(enemy.position)
        # 敌人精灵消失
        enemy.visible = False
        enemy.spawn()
        # 消灭敌人精灵后的计分
        if enemy.type == EnemyType.Stone:
            self.score += EnemyScore[EnemyType.Stone]
            self.scoreplaceholder += EnemyScore[EnemyType.Stone]
        elif enemy.type == EnemyType.Fighter1:
            self.score += EnemyScore[EnemyType.Fighter1]
```

```python
                    self.scoreplaceholder += EnemyScore[EnemyType.Fighter1]
                elif enemy.type == EnemyType.Fighter2:
                    self.score += EnemyScore[EnemyType.Fighter2]
                    self.scoreplaceholder += EnemyScore[EnemyType.Fighter2]
                elif enemy.type == EnemyType.Planet:
                    self.score += EnemyScore[EnemyType.Planet]
                    self.scoreplaceholder += EnemyScore[EnemyType.Planet]
                # 当该变量大于或等于 1000 分时,玩家飞机精灵生命值加 1,并将 scoreplaceholder
# 的值恢复为 0
                if self.scoreplaceholder >= 1000:
                    self.player.hit_points += 1
                    self.scoreplaceholder -= 1000
    def handle_player_enemy_collision(self, enemy):
        """玩家飞机精灵与敌人精灵碰撞后的处理"""
        # 敌人精灵消失
        enemy.visible = False
        enemy.spawn()
        # 爆炸
        self.doexplosion(enemy.position)
        # 玩家飞机精灵消失
        self.player.visible = False
        # 玩家飞机精灵生命值减 1
        self.player.hit_points -= 1
        # 当玩家飞机精灵生命值小于或等于 0 时
        if self.player.hit_points <= 0:
            logger.info('GameOver')
            # TODO 待完成功能:游戏结束场景
        else:
            ac1 = cocos.actions.Place((self.s_width //2, 70))
            ac2 = cocos.actions.Show()
            ac3 = cocos.actions.FadeIn(0.8)
            action = ac1 + ac2 + ac3
            self.player.do(action)
    def doexplosion(self, p):
        """爆炸"""
        for node in self.get_children():
            if isinstance(node, BigExplosion):
                self.remove(node)
                break
        sp = BigExplosion()
        sp.position = p
        self.add(sp, 2)
        # 播放音效
        tools.playeffect('Explosion.wav')
def create_scene():
    scene = cocos.scene.Scene()
    gameplay_layer = GamePlayLayer()
    scene.add(gameplay_layer)
    return scene
```

运行 game_main.py 文件,然后单击"开始游戏"按钮,其运行结果如图 6-35 所示。

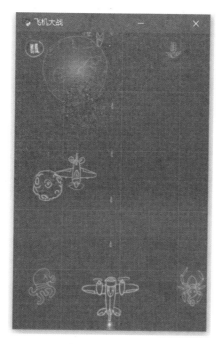

图 6-35　碰撞检测

此时,操作玩家飞机精灵,子弹精灵可以正常与敌人精灵发生碰撞,并且玩家飞机精灵也可以正常与敌人精灵发生碰撞。

23) 完善 gameplay_scene.py 文件

该文件中需完善的 TODO 注释为"待完成功能:更新状态栏",示例代码如下:

```
# 版权所有 © 2021-2022 Python 全栈开发
# 许可信息查看 LICENSE.txt 文件
# 描述:创建开始游戏场景
# 历史版本:
# 2021-5-2: 创建 夏正东
# 2021-5-2: 通过鼠标拖曳玩家飞机精灵
# 2021-5-2: 游戏暂停,以及返回游戏主菜单和继续游戏的实现
# 2021-5-2: 设置定时器,包括发射子弹精灵、碰撞检测和更新状态栏
# 2021-5-2: 碰撞检测
# 2021-5-2: 更新状态栏
import logging
import cocos.scenes
from com.oldxia.particle.big_explosion import BigExplosion
from com.oldxia.sprite.bullet_sprite import Bullet
from com.oldxia.scene import home_scene
from com.oldxia.sprite.enemy_sprite import *
from com.oldxia.sprite.fighter_sprite import *
from com.oldxia.utility import tools
RES_PATH = 'resources/image/gameplay/'
```

```python
logger = logging.getLogger(__name__)
class GamePlayLayer(cocos.layer.Layer):
    is_event_handler = True
    def __init__(self):
        super().__init__()
        logger.info("初始化开始游戏场景")
        tools.playmusic('game_bg.ogg')
        # 获得窗口的宽度和高度
        self.s_width, self.s_height = cocos.director.director.get_window_size()
        # 初始化游戏的背景
        self.init_bg()
        # 初始化游戏的状态栏
        self.init_statusbar()
        # 初始化游戏的精灵
        self.init_gamesprite()
    def init_bg(self):
        # 创建背景精灵
        background = cocos.sprite.Sprite(RES_PATH + 'bg.png')
        background.position = self.s_width //2, self.s_height //2
        # 添加背景精灵
        self.add(background, 0)
        # 添加背景精灵1
        sprite1 = cocos.sprite.Sprite(RES_PATH + 'bgsprite1.png')
        self.add(sprite1, 0)
        sprite1.position = 5, 5
        ac1 = cocos.actions.MoveTo((340, 500), 20)
        ac2 = cocos.actions.MoveTo((5, 5), 20)
        ac3 = ac1 + ac2
        action = cocos.actions.Repeat(ac3)
        sprite1.do(action)
        # 添加背景精灵2
        sprite2 = cocos.sprite.Sprite(RES_PATH + 'bgsprite2.png')
        self.add(sprite2, 0)
        sprite2.position = 340, 5
        ac1 = cocos.actions.MoveTo((0, 500), 20)
        ac2 = cocos.actions.MoveTo((340, 5), 20)
        ac3 = ac1 + ac2
        action = cocos.actions.Repeat(ac3)
        sprite2.do(action)
    def init_statusbar(self):
        # 暂停游戏按钮
        self.pausebutton = cocos.sprite.Sprite(RES_PATH + 'button.pause.png')
        self.add(self.pausebutton, 2)
        self.pausebutton.position = 30, self.s_height - 28
        # 返回主菜单按钮
        self.backbutton = cocos.sprite.Sprite(RES_PATH + 'button.back.png')
        self.add(self.backbutton, 2)
        self.backbutton.position = self.s_width //2, self.s_height //2 - 28
        self.backbutton.visible = False
        # 继续游戏按钮
```

```python
        self.resumebutton = cocos.sprite.Sprite(RES_PATH + 'button.resume.png')
        self.add(self.resumebutton, 2)
        self.resumebutton.position = self.s_width //2, self.s_height //2 + 28
        self.resumebutton.visible = False
        #玩家飞机的生命值图标
        fg = cocos.sprite.Sprite(RES_PATH + 'life.png')
        fg.position = self.s_width - 60, self.s_height - 28
        self.add(fg, 0)
        self.lifelabel = cocos.text.Label(font_name = 'Harlow Solid Italic', font_size = 18, anchor_x = 'center', anchor_y = 'center')
        self.lifelabel.position = fg.position[0] + 30, fg.position[1]
        self.add(self.lifelabel, 0)
        #在状态栏中设置游戏得分
        self.scorelabel = cocos.text.Label(font_name = 'Harlow Solid Italic', font_size = 18, anchor_x = 'center', anchor_y = 'center')
        self.scorelabel.position = self.s_width //2, self.s_height - 28
        self.add(self.scorelabel, 0)
        #游戏累计得分
        self.score = 0
        #当该变量大于或等于1000分时,玩家飞机精灵生命值加1,并将scoreplaceholder的值
        #恢复为0
        self.scoreplaceholder = 0
        #1表示游戏正在运行,0表示游戏暂停
        self.pause_status = 1
        #时间间隔
        self.elapsedtime = 0
        #设置定时器,包括发射子弹精灵、碰撞检测和更新状态栏
        self.schedule(self.update)
    def init_gamesprite(self):
        #初始化陨石
        self.stone = Enemy(EnemyType.Stone)
        self.add(self.stone, 1, 'enemy1')
        #初始化行星
        self.planet = Enemy(EnemyType.Planet)
        self.add(self.planet, 1, 'enemy2')
        #初始化敌机1
        self.enemyfighter1 = Enemy(EnemyType.Fighter1)
        self.add(self.enemyfighter1, 1, 'enemy3')
        #初始化敌机2
        self.enemyfighter2 = Enemy(EnemyType.Fighter2)
        self.add(self.enemyfighter2, 1, 'enemy4')
        #初始化玩家飞机精灵
        self.player = Fighter()
        self.player.position = (self.s_width //2, 50)
        self.add(self.player, 1)
        #初始化玩家飞机精灵
        self.player.hit_points = 5
        self.player.visible = True
        self.player.position = (self.s_width //2, 50)
        #产生敌人精灵
```

```python
        for i in range(1, 5):
            name = f'enemy{i}'
            # 通过 get()方法查找 name 的子节点
            enemy = self.get(name)
            enemy.spawn()
    # 通过鼠标拖曳玩家飞机精灵
    def on_mouse_drag(self, x, y, dx, dy, buttons, modifiers):
        # 开始游戏场景处于运行状态时,玩家飞机精灵可以进行拖曳
        if self.pause_status == 1:
            self.player.move((dx, dy))
    # 游戏暂停,以及返回游戏主菜单和继续游戏的实现
    def on_mouse_release(self, x, y, button, modifiers):
        if button == pyglet.window.mouse.LEFT:
            # 获取游戏暂停按钮所在的矩形
            pausebuttonrect = self.pausebutton.get_rect()
            # 当鼠标左键单击的位置在游戏暂停按钮的矩形内,并且当前的游戏场景处于运行状
            # 态时
            if pausebuttonrect.contains(x, y) and self.pause_status == 1:
                logger.deBug('单击暂停游戏按钮')
                self.resumebutton.visible = True
                self.backbutton.visible = True
                self.pausebutton.visible = False
                # 播放音效
                tools.playeffect('Blip.wav')
                self.pause_status = 0
                for i in range(1, 5):
                    name = 'enemy{0}'.format(i)
                    enemy = self.get(name)
                    enemy.pause_enemy()
                self.unschedule(self.update)
            # 获取游戏继续按钮所在的矩形
            resumebuttonrect = self.resumebutton.get_rect()
            # 当鼠标左键单击的位置在游戏继续按钮的矩形内,并且当前的游戏场景处于停止状
            # 态时
            if resumebuttonrect.contains(x, y) and self.pause_status == 0:
                logger.deBug('单击游戏继续按钮')
                self.resumebutton.visible = False
                self.backbutton.visible = False
                self.pausebutton.visible = True
                # 播放音效
                tools.playeffect('Blip.wav')
                self.pause_status = 1
                for i in range(1, 5):
                    name = 'enemy{0}'.format(i)
                    enemy = self.get(name)
                    enemy.resume_enemy()
                self.schedule(self.update)
            # 获取返回游戏主菜单按钮所在的矩形
            backbuttonrect = self.backbutton.get_rect()
```

```python
                    # 当鼠标左键单击的位置在返回游戏主菜单按钮的矩形内,并且当前的游戏场景处于
                    # 停止状态时
                    if backbuttonrect.contains(x, y) and self.pause_status == 0:
                        logger.deBug('单击返回游戏主菜单按钮')
                        next_scene = home_scene.create_scene()
                        cocos.director.director.push(next_scene)
                        # 播放音效
                        tools.playeffect('Blip.wav')
                        # 更换播放音乐
                        tools.playmusic('home_bg.ogg')
    def update(self, dt):
        logger.deBug(dt)
        self.elapsedtime += dt
        # 如果时间间隔大于0.2s,则发射子弹,即每0.2s发射1发子弹
        if self.elapsedtime > 0.2:
            self.elapsedtime = 0
            # 如果玩家飞机精灵可见,则表示玩家飞机精灵没有被击毁
            if self.player.visible:
                bullet = Bullet()
                self.add(bullet, 2)
                bullet.shoot_bullet(self.player)
            for node in self.get_children():
                # 移除不可见的子弹精灵,释放内存
                if not node.visible and isinstance(node, Bullet):
                    self.remove(node)
        # 碰撞检测
        self.test_collision()
        # 更新状态栏
        self.updatestatusbar()
    def updatestatusbar(self):
        # 添加玩家飞机精灵生命值
        self.lifelabel.element.text = 'x' + str(self.player.hit_points)
        self.scorelabel.element.text = str(self.score)
    def test_collision(self):
        """检测碰撞"""
        for node in self.get_children():
            # 子弹精灵与敌人精灵的碰撞检测
            if isinstance(node, Bullet) and node.visible:
                bulletrect = node.get_rect()
                # 子弹精灵与陨石的碰撞检测
                if bulletrect.intersect(self.stone.get_rect()):
                    self.handle_bullet_enemy_collision(self.stone)
                    node.visible = False
                    continue
                # 子弹精灵与敌机1的碰撞检测
                if bulletrect.intersect(self.enemyfighter1.get_rect()):
                    self.handle_bullet_enemy_collision(self.enemyfighter1)
                    node.visible = False
                    continue
                # 子弹精灵与敌机2的碰撞检测
```

```python
            if bulletrect.intersect(self.enemyfighter2.get_rect()):
                self.handle_bullet_enemy_collision(self.enemyfighter2)
                node.visible = False
                continue
            # 子弹精灵与行星的碰撞检测
            if bulletrect.intersect(self.planet.get_rect()):
                self.handle_bullet_enemy_collision(self.planet)
                node.visible = False
                continue
        # 检测玩家飞机精灵与敌人精灵的碰撞
        if self.player.visible:
            playerrect = self.player.get_rect()
            # 玩家飞机精灵与陨石的碰撞检测
            if playerrect.intersect(self.stone.get_rect()):
                self.handle_player_enemy_collision(self.stone)
                return
            # 玩家飞机精灵与敌机 1 的碰撞检测
            if playerrect.intersect(self.enemyfighter1.get_rect()):
                self.handle_player_enemy_collision(self.enemyfighter1)
                return
            # 玩家飞机精灵与敌机 2 的碰撞检测
            if playerrect.intersect(self.enemyfighter2.get_rect()):
                self.handle_player_enemy_collision(self.enemyfighter2)
                return
            # 玩家飞机精灵与行星的碰撞检测
            if playerrect.intersect(self.planet.get_rect()):
                self.handle_player_enemy_collision(self.planet)
                return
    def handle_bullet_enemy_collision(self, enemy):
        """子弹精灵与敌人精灵的碰撞后的处理"""
        # 敌人精灵生命减 1
        enemy.hit_points -= 1
        # 当敌人精灵生命小于或等于 0 时
        if enemy.hit_points <= 0:
            # 爆炸
            self.doexplosion(enemy.position)
            # 敌人精灵消失
            enemy.visible = False
            enemy.spawn()
            # 消灭敌人精灵后的计分
            if enemy.type == EnemyType.Stone:
                self.score += EnemyScore[EnemyType.Stone]
                self.scoreplaceholder += EnemyScore[EnemyType.Stone]
            elif enemy.type == EnemyType.Fighter1:
                self.score += EnemyScore[EnemyType.Fighter1]
                self.scoreplaceholder += EnemyScore[EnemyType.Fighter1]
            elif enemy.type == EnemyType.Fighter2:
                self.score += EnemyScore[EnemyType.Fighter2]
                self.scoreplaceholder += EnemyScore[EnemyType.Fighter2]
            elif enemy.type == EnemyType.Planet:
```

```python
            self.score += EnemyScore[EnemyType.Planet]
            self.scoreplaceholder += EnemyScore[EnemyType.Planet]
            #当该变量大于或等于1000分时,玩家飞机精灵生命值加1,并将scoreplaceholder
#的值恢复为0
            if self.scoreplaceholder >= 1000:
                self.player.hit_points += 1
                self.scoreplaceholder -= 1000
    def handle_player_enemy_collision(self, enemy):
        """玩家飞机精灵与敌人精灵碰撞后的处理"""
        #敌人精灵消失
        enemy.visible = False
        enemy.spawn()
        #爆炸
        self.doexplosion(enemy.position)
        #玩家飞机精灵消失
        self.player.visible = False
        #玩家飞机精灵生命值减1
        self.player.hit_points -= 1
        #当玩家飞机精灵生命值小于或等于0时
        if self.player.hit_points <= 0:
            logger.info('GameOver')
            #TODO 待完成功能:游戏结束场景
        else:
            ac1 = cocos.actions.Place((self.s_width //2, 70))
            ac2 = cocos.actions.Show()
            ac3 = cocos.actions.FadeIn(0.8)
            action = ac1 + ac2 + ac3
            self.player.do(action)
    def doexplosion(self, p):
        """爆炸"""
        for node in self.get_children():
            if isinstance(node, BigExplosion):
                self.remove(node)
                break
        sp = BigExplosion()
        sp.position = p
        self.add(sp, 2)
        #播放音效
        tools.playeffect('Explosion.wav')
def create_scene():
    scene = cocos.scene.Scene()
    gameplay_layer = GamePlayLayer()
    scene.add(gameplay_layer)
    return scene
```

运行game_main.py,然后单击"开始游戏"按钮,其运行结果如图6-36所示。
此时,开始游戏场景中的得分和玩家飞机精灵生命值均可以正常显示。

24)创建gameover_scene.py文件

该文件用于创建游戏结束场景,示例代码如下:

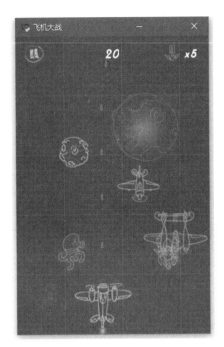

图 6-36　更新状态栏

```
#PlaneFight/com/oldxia/scene/gameover_scene.py
#版权所有 © 2021-2022 Python全栈开发
#许可信息查看 LICENSE.txt 文件
#描述:创建游戏结束场景
#历史版本:
#2021-5-2:创建 夏正东
import logging
import os
import cocos
import cocos.scenes
from com.oldxia.scene import gameplay_scene
from com.oldxia.utility import tools
RES_PATH = 'resources/image/gameover/'
logger = logging.getLogger(__name__)
class GameOverLayer(cocos.layer.Layer):
    is_event_handler = True
    def __init__(self, score):
        super(GameOverLayer, self).__init__()
        self.score = score
        #获得窗口的宽度和高度
        s_width, s_height = cocos.director.director.get_window_size()
        #创建目录用于存储最高分的文件
        if not os.path.exists('score'):
            os.mkdir('score')
            f = open('score/highscore.txt', 'w+')
            #初始化最高分
```

```python
                    f.write('0')
            else:
                f = open('score/highscore.txt', 'r+')
        f.seek(0)
        highscore = f.readline()
        logger.info(highscore)
        #如果当前游戏的得分大于文件中存储的最高分,则进行替换
        if int(highscore) < self.score:
            highscore = str(self.score)
            f.seek(0)
            #清空文件内容
            f.truncate()
            f.write(highscore)
        self.scorelabel = cocos.text.Label(highscore, font_name = 'Harlow Solid Italic',
font_size = 17, anchor_x = 'center', anchor_y = 'center')
        self.scorelabel.position = s_width //2 + 40, 136
        self.add(self.scorelabel, 1)
        #创建背景精灵
        background = cocos.sprite.Sprite(RES_PATH + 'bg.png')
        background.position = s_width //2, s_height //2
        #添加背景精灵
        self.add(background, 0)
class MainMenu(cocos.menu.Menu):
    def __init__(self):
        super(MainMenu, self).__init__()
        #获得窗口的宽度和高度
        s_width, s_height = cocos.director.director.get_window_size()
        #菜单项初始化设置
        self.font_item['font_name'] = 'Century Gothic'
        self.font_item['font_size'] = 17
        self.font_item['color'] = (255, 255, 255, 255)
        self.font_item_selected['font_name'] = 'Century Gothic'
        self.font_item_selected['color'] = (255, 255, 255, 255)
        self.font_item_selected['font_size'] = 17
        start_item = cocos.menu.MenuItem('Tap the Screen to Play', self.on_item_callback)
        self.create_menu([start_item], layout_strategy = cocos.menu.fixedPositionMenuLayout
([(s_width //2, 70)]))
    def on_item_callback(self):
        next_scene = gameplay_scene.create_scene()
        ts = cocos.scenes.FadeTransition(next_scene, 1.0)
        cocos.director.director.push(ts)
        #播放音效
        tools.playeffect('Blip.wav')
def create_scene(score):
    scene = cocos.scene.Scene()
    gameover_layer = GameOverLayer(score)
    scene.add(gameover_layer)
    mainmenu = MainMenu()
    scene.add(mainmenu)
    return scene
```

25）完善 gameplay_scene.py 文件

该文件中需完善的 TODO 注释为"待完成功能：游戏结束场景"，示例代码如下：

```python
# 版权所有 © 2021-2022 Python全栈开发
# 许可信息查看 LICENSE.txt 文件
# 描述：创建开始游戏场景
# 历史版本：
# 2021-5-2：创建 夏正东
# 2021-5-2：通过鼠标拖曳玩家飞机精灵
# 2021-5-2：游戏暂停，以及返回游戏主菜单和继续游戏的实现
# 2021-5-2：设置定时器，包括发射子弹精灵、碰撞检测和更新状态栏
# 2021-5-2：碰撞检测
# 2021-5-2：更新状态栏
# 2021-5-2：游戏结束场景
import logging
import cocos.scenes
from com.oldxia.particle.big_explosion import BigExplosion
from com.oldxia.scene import home_scene, gameover_scene
from com.oldxia.sprite.bullet_sprite import Bullet
from com.oldxia.sprite.enemy_sprite import *
from com.oldxia.sprite.fighter_sprite import *
from com.oldxia.utility import tools
RES_PATH = 'resources/image/gameplay/'
logger = logging.getLogger(__name__)
class GamePlayLayer(cocos.layer.Layer):
    is_event_handler = True
    def __init__(self):
        super().__init__()
        logger.info("初始化开始游戏场景")
        tools.playmusic('game_bg.ogg')
        # 获得窗口的宽度和高度
        self.s_width, self.s_height = cocos.director.director.get_window_size()
        # 初始化游戏的背景
        self.init_bg()
        # 初始化游戏的状态栏
        self.init_statusbar()
        # 初始化游戏的精灵
        self.init_gamesprite()
    def init_bg(self):
        # 创建背景精灵
        background = cocos.sprite.Sprite(RES_PATH + 'bg.png')
        background.position = self.s_width //2, self.s_height //2
        # 添加背景精灵
        self.add(background, 0)
        # 添加背景精灵1
        sprite1 = cocos.sprite.Sprite(RES_PATH + 'bgsprite1.png')
        self.add(sprite1, 0)
        sprite1.position = 5, 5
        ac1 = cocos.actions.MoveTo((340, 500), 20)
```

```python
            ac2 = cocos.actions.MoveTo((5, 5), 20)
            ac3 = ac1 + ac2
            action = cocos.actions.Repeat(ac3)
            sprite1.do(action)
            #添加背景精灵2
            sprite2 = cocos.sprite.Sprite(RES_PATH + 'bgsprite2.png')
            self.add(sprite2, 0)
            sprite2.position = 340, 5
            ac1 = cocos.actions.MoveTo((0, 500), 20)
            ac2 = cocos.actions.MoveTo((340, 5), 20)
            ac3 = ac1 + ac2
            action = cocos.actions.Repeat(ac3)
            sprite2.do(action)
        def init_statusbar(self):
            #暂停游戏按钮
            self.pausebutton = cocos.sprite.Sprite(RES_PATH + 'button.pause.png')
            self.add(self.pausebutton, 2)
            self.pausebutton.position = 30, self.s_height - 28
            #返回主菜单按钮
            self.backbutton = cocos.sprite.Sprite(RES_PATH + 'button.back.png')
            self.add(self.backbutton, 2)
            self.backbutton.position = self.s_width //2, self.s_height //2 - 28
            self.backbutton.visible = False
            #继续游戏按钮
            self.resumebutton = cocos.sprite.Sprite(RES_PATH + 'button.resume.png')
            self.add(self.resumebutton, 2)
            self.resumebutton.position = self.s_width //2, self.s_height //2 + 28
            self.resumebutton.visible = False
            #玩家飞机的生命值图标
            fg = cocos.sprite.Sprite(RES_PATH + 'life.png')
            fg.position = self.s_width - 60, self.s_height - 28
            self.add(fg, 0)
            self.lifelabel = cocos.text.Label(font_name = 'Harlow Solid Italic', font_size = 18,
anchor_x = 'center', anchor_y = 'center')
            self.lifelabel.position = fg.position[0] + 30, fg.position[1]
            self.add(self.lifelabel, 0)
            #在状态栏中设置游戏得分
            self.scorelabel = cocos.text.Label(font_name = 'Harlow Solid Italic', font_size =
18, anchor_x = 'center', anchor_y = 'center')
            self.scorelabel.position = self.s_width //2, self.s_height - 28
            self.add(self.scorelabel, 0)
            #游戏累计得分
            self.score = 0
            #当该变量大于或等于1000分时,玩家飞机精灵生命值加1,并将scoreplaceholder的值
        #恢复为0
            self.scoreplaceholder = 0
            #1表示游戏正在运行,0表示游戏暂停
            self.pause_status = 1
            #时间间隔
            self.elapsedtime = 0
```

```python
            # 设置定时器,包括发射子弹精灵、碰撞检测和更新状态栏
            self.schedule(self.update)
    def init_gamesprite(self):
        # 初始化陨石
        self.stone = Enemy(EnemyType.Stone)
        self.add(self.stone, 1, 'enemy1')
        # 初始化行星
        self.planet = Enemy(EnemyType.Planet)
        self.add(self.planet, 1, 'enemy2')
        # 初始化敌机1
        self.enemyfighter1 = Enemy(EnemyType.Fighter1)
        self.add(self.enemyfighter1, 1, 'enemy3')
        # 初始化敌机2
        self.enemyfighter2 = Enemy(EnemyType.Fighter2)
        self.add(self.enemyfighter2, 1, 'enemy4')
        # 初始化玩家飞机精灵
        self.player = Fighter()
        self.player.position = (self.s_width //2, 50)
        self.add(self.player, 1)
        # 初始化玩家飞机精灵
        self.player.hit_points = 5
        self.player.visible = True
        self.player.position = (self.s_width //2, 50)
        # 产生敌人精灵
        for i in range(1, 5):
            name = f'enemy{i}'
            # 通过get()方法查找 name 的子节点
            enemy = self.get(name)
            enemy.spawn()
    # 通过鼠标拖曳玩家飞机精灵
    def on_mouse_drag(self, x, y, dx, dy, buttons, modifiers):
        # 开始游戏场景处于运行状态时,玩家飞机精灵可以进行拖曳
        if self.pause_status == 1:
            self.player.move((dx, dy))
    # 游戏暂停,以及返回游戏主菜单和继续游戏的实现
    def on_mouse_release(self, x, y, button, modifiers):
        if button == pyglet.window.mouse.LEFT:
            # 获取游戏暂停按钮所在的矩形
            pausebuttonrect = self.pausebutton.get_rect()
            # 当鼠标左键单击的位置在游戏暂停按钮的矩形内,并且当前的游戏场景处于运行状
# 态时
            if pausebuttonrect.contains(x, y) and self.pause_status == 1:
                logger.deBug('单击暂停游戏按钮')
                self.resumebutton.visible = True
                self.backbutton.visible = True
                self.pausebutton.visible = False
                # 播放音效
                tools.playeffect('Blip.wav')
                self.pause_status = 0
                for i in range(1, 5):
```

```python
                name = 'enemy{0}'.format(i)
                enemy = self.get(name)
                enemy.pause_enemy()
            self.unschedule(self.update)
        # 获取游戏继续按钮所在的矩形
        resumebuttonrect = self.resumebutton.get_rect()
        # 当鼠标左键单击的位置在游戏继续按钮的矩形内,并且当前的游戏场景处于停止状
        # 态时
        if resumebuttonrect.contains(x, y) and self.pause_status == 0:
            logger.deBug('单击游戏继续按钮')
            self.resumebutton.visible = False
            self.backbutton.visible = False
            self.pausebutton.visible = True
            # 播放音效
            tools.playeffect('Blip.wav')
            self.pause_status = 1
            for i in range(1, 5):
                name = 'enemy{0}'.format(i)
                enemy = self.get(name)
                enemy.resume_enemy()
            self.schedule(self.update)
        # 获取返回游戏主菜单按钮所在的矩形
        backbuttonrect = self.backbutton.get_rect()
        # 当鼠标左键单击的位置在返回游戏主菜单按钮的矩形内,并且当前的游戏场景处于
        # 停止状态时
        if backbuttonrect.contains(x, y) and self.pause_status == 0:
            logger.deBug('单击返回游戏主菜单按钮')
            next_scene = home_scene.create_scene()
            cocos.director.director.push(next_scene)
            # 播放音效
            tools.playeffect('Blip.wav')
            # 更换播放音乐
            tools.playmusic('home_bg.ogg')
    def update(self, dt):
        logger.deBug(dt)
        self.elapsedtime += dt
        # 如果时间间隔大于 0.2s,则发射子弹,即每 0.2s 发射 1 发子弹
        if self.elapsedtime > 0.2:
            self.elapsedtime = 0
            # 如果玩家飞机精灵可见,则表示玩家飞机精灵没有被击毁
            if self.player.visible:
                bullet = Bullet()
                self.add(bullet, 2)
                bullet.shoot_bullet(self.player)
        for node in self.get_children():
            # 移除不可见的子弹精灵,释放内存
            if not node.visible and isinstance(node, Bullet):
                self.remove(node)
        # 碰撞检测
        self.test_collision()
```

```python
            #更新状态栏
            self.updatestatusbar()
    def updatestatusbar(self):
        #添加玩家飞机精灵生命值
        self.lifelabel.element.text = 'x' + str(self.player.hit_points)
        self.scorelabel.element.text = str(self.score)
    def test_collision(self):
        """检测碰撞"""
        for node in self.get_children():
            #子弹精灵与敌人精灵的碰撞检测
            if isinstance(node, Bullet) and node.visible:
                bulletrect = node.get_rect()
                #子弹精灵与陨石的碰撞检测
                if bulletrect.intersect(self.stone.get_rect()):
                    self.handle_bullet_enemy_collision(self.stone)
                    node.visible = False
                    continue
                #子弹精灵与敌机1的碰撞检测
                if bulletrect.intersect(self.enemyfighter1.get_rect()):
                    self.handle_bullet_enemy_collision(self.enemyfighter1)
                    node.visible = False
                    continue
                #子弹精灵与敌机2的碰撞检测
                if bulletrect.intersect(self.enemyfighter2.get_rect()):
                    self.handle_bullet_enemy_collision(self.enemyfighter2)
                    node.visible = False
                    continue
                #子弹精灵与行星的碰撞检测
                if bulletrect.intersect(self.planet.get_rect()):
                    self.handle_bullet_enemy_collision(self.planet)
                    node.visible = False
                    continue
        #检测玩家飞机精灵与敌人精灵的碰撞
        if self.player.visible:
            playerrect = self.player.get_rect()
            #玩家飞机精灵与陨石的碰撞检测
            if playerrect.intersect(self.stone.get_rect()):
                self.handle_player_enemy_collision(self.stone)
                return
            #玩家飞机精灵与敌机1的碰撞检测
            if playerrect.intersect(self.enemyfighter1.get_rect()):
                self.handle_player_enemy_collision(self.enemyfighter1)
                return
            #玩家飞机精灵与敌机2的碰撞检测
            if playerrect.intersect(self.enemyfighter2.get_rect()):
                self.handle_player_enemy_collision(self.enemyfighter2)
                return
            #玩家飞机精灵与行星的碰撞检测
            if playerrect.intersect(self.planet.get_rect()):
                self.handle_player_enemy_collision(self.planet)
```

```python
                        return
    def handle_bullet_enemy_collision(self, enemy):
        """子弹精灵与敌人精灵碰撞后的处理"""
        # 敌人精灵生命减1
        enemy.hit_points -= 1
        # 当敌人精灵生命小于或等于0时
        if enemy.hit_points <= 0:
            # 爆炸
            self.doexplosion(enemy.position)
            # 敌人精灵消失
            enemy.visible = False
            enemy.spawn()
            # 消灭敌人精灵后的计分
            if enemy.type == EnemyType.Stone:
                self.score += EnemyScore[EnemyType.Stone]
                self.scoreplaceholder += EnemyScore[EnemyType.Stone]
            elif enemy.type == EnemyType.Fighter1:
                self.score += EnemyScore[EnemyType.Fighter1]
                self.scoreplaceholder += EnemyScore[EnemyType.Fighter1]
            elif enemy.type == EnemyType.Fighter2:
                self.score += EnemyScore[EnemyType.Fighter2]
                self.scoreplaceholder += EnemyScore[EnemyType.Fighter2]
            elif enemy.type == EnemyType.Planet:
                self.score += EnemyScore[EnemyType.Planet]
                self.scoreplaceholder += EnemyScore[EnemyType.Planet]
# 当该变量大于或等于1000分时,玩家飞机精灵生命值加1,并将scoreplaceholder
# 的值恢复为0
            if self.scoreplaceholder >= 1000:
                self.player.hit_points += 1
                self.scoreplaceholder -= 1000
    def handle_player_enemy_collision(self, enemy):
        """玩家飞机精灵与敌人精灵碰撞后的处理"""
        # 敌人精灵消失
        enemy.visible = False
        enemy.spawn()
        # 爆炸
        self.doexplosion(enemy.position)
        # 玩家飞机精灵消失
        self.player.visible = False
        # 玩家飞机精灵生命值减1
        self.player.hit_points -= 1
        # 当玩家飞机精灵生命值小于或等于0时
        if self.player.hit_points <= 0:
            logger.info('GameOver')
            # 游戏结束场景
            next_scene = gameover_scene.create_scene(self.score)
            ts = cocos.scenes.FadeTransition(next_scene, 1.0)
            cocos.director.director.push(ts)
        else:
            ac1 = cocos.actions.Place((self.s_width //2, 70))
```

```
                ac2 = cocos.actions.Show()
                ac3 = cocos.actions.FadeIn(0.8)
                action = ac1 + ac2 + ac3
                self.player.do(action)
    def doexplosion(self, p):
        """爆炸"""
        for node in self.get_children():
            if isinstance(node, BigExplosion):
                self.remove(node)
                break
        sp = BigExplosion()
        sp.position = p
        self.add(sp, 2)
        #播放音效
        tools.playeffect('Explosion.wav')
def create_scene():
    scene = cocos.scene.Scene()
    gameplay_layer = GamePlayLayer()
    scene.add(gameplay_layer)
    return scene
```

运行 game_main.py 文件,然后单击"开始游戏"按钮,当玩家飞机精灵的生命值为 0 的时候,其运行结果如图 6-37 所示。

图 6-37　游戏结束场景

此时,游戏结束场景中的最高分可以正常存储并显示。

## 图 书 推 荐

| 书 名 | 作 者 |
| --- | --- |
| 鸿蒙应用程序开发 | 董昱 |
| HarmonyOS 应用开发实战（JavaScript 版） | 徐礼文 |
| 鸿蒙操作系统开发入门经典 | 徐礼文 |
| 鸿蒙操作系统应用开发实践 | 陈美汝、郑森文、武延军、吴敬征 |
| HarmonyOS 移动应用开发 | 刘安战、余雨萍、李勇军 等 |
| JavaScript 基础语法详解 | 张旭乾 |
| 华为方舟编译器之美——基于开源代码的架构分析与实现 | 史宁宁 |
| 鲲鹏架构入门与实战 | 张磊 |
| 华为 HCIA 路由与交换技术实战 | 江礼教 |
| Android Runtime 源码解析 | 史宁宁 |
| 深度探索 Go 语言——对象模型与 runtime 的原理、特性及应用 | 封幼林 |
| Flutter 组件精讲与实战 | 赵龙 |
| Flutter 组件详解与实战 | ［加］王浩然（Bradley Wang） |
| Flutter 实战指南 | 李楠 |
| Dart 语言实战——基于 Flutter 框架的程序开发（第 2 版） | 亢少军 |
| Dart 语言实战——基于 Angular 框架的 Web 开发 | 刘仕文 |
| IntelliJ IDEA 软件开发与应用 | 乔国辉 |
| Vue＋Spring Boot 前后端分离开发实战 | 贾志杰 |
| Vue.js 企业开发实战 | 千锋教育高教产品研发部 |
| Python 从入门到全栈开发 | 钱超 |
| Python 全栈开发——基础入门 | 夏正东 |
| Python 人工智能——原理、实践及应用 | 杨博雄 主编，于营、肖衡、潘玉霞、高华玲、梁志勇 副主编 |
| Python 深度学习 | 王志立 |
| Python 预测分析与机器学习 | 王沁晨 |
| Python 异步编程实战——基于 AIO 的全栈开发技术 | 陈少佳 |
| Python 数据分析实战——从 Excel 轻松入门 Pandas | 曾贤志 |
| Python 数据分析从 0 到 1 | 邓立文、俞心宇、牛瑶 |
| Python Web 数据分析可视化——基于 Django 框架的开发实战 | 韩伟、赵盼 |
| Python 玩转数学问题——轻松学习 NumPy、SciPy 和 matplotlib | 张骞 |
| Pandas 通关实战 | 黄福星 |
| 深入浅出 Power Query M 语言 | 黄福星 |
| FFmpeg 入门详解——音视频原理及应用 | 梅会东 |
| 云原生开发实践 | 高尚衡 |
| 虚拟化 KVM 极速入门 | 陈涛 |
| 虚拟化 KVM 进阶实践 | 陈涛 |
| 物联网——嵌入式开发实战 | 连志安 |
| 人工智能算法——原理、技巧及应用 | 韩龙、张娜、汝洪芳 |
| 跟我一起学机器学习 | 王成、黄晓辉 |

# 图 书 推 荐

| 书　名 | 作　者 |
| --- | --- |
| TensorFlow 计算机视觉原理与实战 | 欧阳鹏程、任浩然 |
| 分布式机器学习实战 | 陈敬雷 |
| 计算机视觉——基于 OpenCV 与 TensorFlow 的深度学习方法 | 余海林、翟中华 |
| 深度学习——理论、方法与 PyTorch 实践 | 翟中华、孟翔宇 |
| 深度学习原理与 PyTorch 实战 | 张伟振 |
| ARKit 原生开发入门精粹——RealityKit＋Swift＋SwiftUI | 汪祥春 |
| HoloLens 2 开发入门精要——基于 Unity 和 MRTK | 汪祥春 |
| Altium Designer 20 PCB 设计实战(视频微课版) | 白军杰 |
| Cadence 高速 PCB 设计——基于手机高阶板的案例分析与实现 | 李卫国、张彬、林超文 |
| Octave 程序设计 | 于红博 |
| ANSYS 19.0 实例详解 | 李大勇、周宝 |
| AutoCAD 2022 快速入门、进阶与精通 | 邵为龙 |
| SolidWorks 2020 快速入门与深入实战 | 邵为龙 |
| SolidWorks 2021 快速入门与深入实战 | 邵为龙 |
| UG NX 1926 快速入门与深入实战 | 邵为龙 |
| 西门子 S7-200 SMART PLC 编程及应用(视频微课版) | 徐宁、赵丽君 |
| 三菱 FX3U PLC 编程及应用(视频微课版) | 吴文灵 |
| 全栈 UI 自动化测试实战 | 胡胜强、单镜石、李睿 |
| FFmpeg 入门详解——音视频原理及应用 | 梅会东 |
| pytest 框架与自动化测试应用 | 房荔枝、梁丽丽 |
| 软件测试与面试通识 | 于晶、张丹 |
| 智慧教育技术与应用 | [澳]朱佳(Jia Zhu) |
| 敏捷测试从零开始 | 陈霁、王富、武夏 |
| 智慧建造——物联网在建筑设计与管理中的实践 | [美]周晨光(Timothy Chou)著；段晨东、柯吉译 |
| 深入理解微电子电路设计——电子元器件原理及应用(原书第 5 版) | [美]理查德·C.耶格(Richard C. Jaeger)、[美]特拉维斯·N.布莱洛克(Travis N. Blalock)著；宋廷强译 |
| 深入理解微电子电路设计——数字电子技术及应用(原书第 5 版) | [美]理查德·C.耶格(Richard C. Jaeger)、[美]特拉维斯·N.布莱洛克(Travis N. Blalock)著；宋廷强译 |
| 深入理解微电子电路设计——模拟电子技术及应用(原书第 5 版) | [美]理查德·C.耶格(Richard C. Jaeger)、[美]特拉维斯·N.布莱洛克(Travis N. Blalock)著；宋廷强译 |

# 图书资源支持

感谢您一直以来对清华版图书的支持和爱护。为了配合本书的使用,本书提供配套的资源,有需求的读者请扫描下方的"书圈"微信公众号二维码,在图书专区下载,也可以拨打电话或发送电子邮件咨询。

如果您在使用本书的过程中遇到了什么问题,或者有相关图书出版计划,也请您发邮件告诉我们,以便我们更好地为您服务。

**我们的联系方式:**

地　　址: 北京市海淀区双清路学研大厦 A 座 714

邮　　编: 100084

电　　话: 010-83470236　010-83470237

客服邮箱: 2301891038@qq.com

QQ: 2301891038(请写明您的单位和姓名)

---

**资源下载:** 关注公众号"书圈"下载配套资源。

资源下载、样书申请

书圈

图书案例

清华计算机学堂

观看课程直播